高等院校计算机课程设计指导丛书

数据库
课程设计

周爱武 汪海威 肖云 编著

第2版

机械工业出版社
CHINA MACHINE PRESS

图书在版编目（CIP）数据

数据库课程设计 / 周爱武，汪海威，肖云编著 . —2 版 . —北京：机械工业出版社，2016.10
（2023.8 重印）
（高等院校计算机课程设计指导丛书）

ISBN 978-7-111-55205-5

I. 数… II.① 周… ② 汪… ③ 肖… III. 数据库系统－课程设计－高等学校－教学参考资料 IV. TP311.13-41

中国版本图书馆 CIP 数据核字（2016）第 255115 号

　　本书遵循数据库设计的具体要求，独立于具体的数据库教材，以多个实际应用系统为案例，引导读者理解应用需求，逐步完成数据库设计的全过程。本书重点讲解数据库应用系统的需求分析、概念设计、逻辑设计、物理设计和实施过程，对每个案例都设计了大量常用的数据库访问操作，目的是让读者掌握数据库操作的基本技能，加强实践动手能力，力争让读者看得懂、学得会、用得上、记得牢。本书最后还给出一个应用系统开发的具体步骤和主要代码，读者可以参照其进行应用系统开发的锻炼。

　　本课程设计在突出基础知识训练的同时，也注重技能训练，可以作为高等学校计算机及相关专业数据库课程设计的教材或教学参考书，也可以供软件开发人员和相关技术人员阅读使用。

出版发行：机械工业出版社（北京市西城区百万庄大街 22 号　邮政编码：100037）
责任编辑：佘　洁　　　　　　　　　　　　责任校对：殷　虹
印　　刷：固安县铭成印刷有限公司　　　　版　　次：2023 年 8 月第 2 版第 10 次印刷
开　　本：185mm×260mm　1/16　　　　　印　　张：16.5
书　　号：ISBN 978-7-111-55205-5　　　　定　　价：39.00 元

客服电话：（010）88361066　68326294

前　言

《数据库课程设计》一书自 2012 年出版以来，受到广大读者的一致好评和欢迎。本书作为第 2 版，主要做了以下修订：根据数据库技术的发展和读者的反馈，将第 1 版中的数据库管理系统升级为应用更加广泛的 SQL Server 2008，对第 1 版案例中的数据库操作语句和截图都做了必要的修正；对应用案例进行了调整，选用了对读者更有应用价值的案例。

编写数据库课程设计的目的是希望通过课程设计的综合训练，培养读者分析问题、解决问题的实际应用能力，最终目标是通过课程设计的练习，帮助读者系统地掌握数据库应用的基本理论和应用技术，为成为卓越的软件工程人才打下坚实的基础。

本书主要有如下 7 个特点。

（1）通用。本书独立于具体的数据库原理教科书，涵盖了数据库设计的全过程，读者可以以"不变"应"万变"。

（2）思路清晰。所选择的课程设计案例既能覆盖所要掌握的知识点，又能接近工程实际需要。每个案例都贯穿了数据库课程设计的各个阶段，可以训练读者实际分析问题、理解问题、解决问题的能力。

（3）通俗易懂。以案例为线索，用读者容易理解的简洁语言来描述复杂的概念。通过详细的案例解决步骤，循序渐进地启发读者完成数据库设计的全过程。课程设计按照需求分析、概念设计、逻辑设计、物理设计和实施、数据库维护的规范步骤，对应用案例进行数据库设计，帮助读者理解数据库在实际应用中的解决方案。

（4）重在实用。强调动手实践，从需求分析到数据库实施、数据操纵，让读者在做完一个课程设计案例后能够融会贯通，并能将所学知识应用到以后的实际数据库系统开发工作中。

（5）由浅入深。课程设计分为基础部分与提高训练，最后提供了一个应用系统实例，基于 JSP 开发平台进行数据库应用程序的开发，从而进一步锻炼读者解决实际应用问题的能力，并能够满足不同学校和不同学生的要求。

（6）团队合作。课程设计以小组为单位进行训练，小组成员既要有相互合作的精神，又要分工明确，每个成员都必须充分了解整个数据库设计的全过程。

本书的第 1 版曾被国内许多院校使用，有的学校还将其用作毕业设计的参考资料。本次修订也得到了他们的支持和帮助，在此对他们表示感谢！同时也希望他们在使用中继续不吝赐教。

本书是笔者在多年从事数据库原理和数据库课程设计教学的基础上编写的，书中根据笔者多年的教学经验，针对实际应用问题，强调数据库课程设计的系统性和实践性，案例选择面向学生、贴近实际，力争让学生看得懂、学得会、记得牢、用得上。

本书的结构安排如下：第 0 章首先介绍课程设计的目标、要求、管理及评价体系；第 1 章回顾了数据库的基本原理和数据库设计的过程；第 2 ～ 5 章安排了 4 个具体的贴近实际的案例，以案例为线索，带领读者逐步进行从需求分析到数据库实施的数据库设计全过程，其中的每个案例均完全独立，自成体系；第 6 章以网上书店系统作为案例，以 JSP 为开发平台，介绍了数据库应用系统开发的具体方法、步骤，并附有主要代码；第 7 章简要介绍了数据库应用系统的开发环境，进行开发的同学可以参考其中的内容；第 8 章提供了一些数据库课程设计的选题，以供进行数据库课程设计的学生参考选择。

中国科学技术大学刘振安教授，安徽大学计算机科学与技术学院及安徽中澳科技职业学院的领导、教师和学生对本书的编写工作均给予了大力支持，并提出了很多宝贵的意见和建议，在此表示衷心的感谢。

由于作者水平有限，书中难免出现一些疏漏和错误，殷切希望读者提出宝贵的批评意见和修改建议。

编者

2016 年 8 月于安徽大学

目　　录

第0章

概　　述

　　数据库是计算机科学技术中发展最快、应用最广的领域之一，在信息处理领域有着至关重要的地位和作用。"数据库原理"或"数据库技术"是各所大学计算机科学与技术学科、信息管理学科及相关专业的必修课程，通过"数据库原理"或"数据库技术"课程的学习，学生能够掌握数据库的基本概念和基本原理，可以利用数据库进行一些简单的数据管理工作。以往各高校的数据库教学普遍存在着以课堂理论教学为主，理论和实践明显脱节的情况。在实际应用中，仅有理论知识和简单的操作经验还远远不够，必须要通过大量的应用实践，学生才能做到真正理解数据库的基本原理，并能够自如地运用所学的知识，对实际应用领域进行数据库设计，熟练掌握数据库管理的基本技能。因此，开设一门"数据库课程设计"综合实践课程，让学生参加数据库课程设计的全过程是非常有必要的，这不仅有利于巩固所学的数据库课程的理论知识，熟练掌握数据库的操作技能，还能培养学生灵活运用所学知识分析、解决实际问题的能力。同时，课程设计对于培养学生的团队协作精神、创新能力，以及可持续发展的能力也能起到积极的作用。

　　本章将首先简要介绍数据库课程设计的目标、结构、规范要求和评价标准。

0.1　数据库课程设计目标

　　数据库课程设计是数据库原理课程的后续实践课程，独立于具体的数据库原理教材，围绕数据库原理课程的教学内容，结合数据库系统的特点，通过分析一些中小型应用系统的数据管理需求，进行应用系统的数据库设计。在 SQL Server 数据库管理系统的平台支持之下建立数据库，并进行各种数据访问操作的实践，从而加深学生对数据库课程中应知必会知识点的理解，并能在实际工作中加以灵活运用。同时，遵循学生的认知规律，课程设计项目的规模和需求大小适当，选择的案例贴近学生生活，循序渐进，逐步提高学生的数据库实践和应用能力。

　　数据库课程设计可以训练并培养学生完整、系统的数据库设计能力。一般来讲，课程设计比教学实验要更复杂一些，涉及的深度也更广一些，并且更加注重实际应用的系统性，通过课程设计中多个案例的综合训练，重点锻炼学生分析问题、解决问题的能力。最终的目标是通过数据库课程设计的形式，帮助学生系统地掌握数据库课程的主要内容，使学生真正了解数据库应用系统的设计流程和方法，更好地巩固数据库课程的学习内容。另外，数据库课程设计中的每一个课题都是一个小的系统，可以由几个学生以小组的形式合作完成，由此也可以培养和锻炼学生的团队协作精神。

　　数据库设计有科学的设计方法和设计工具，要真正掌握并熟练运用数据库设计的方法进行数据库应用系统的开发必须要有针对性地进行训练，数据库课程设计从实际应用的角度出发，按照数据库设计的阶段逐步进行训练，使学生不仅具有扎实的数据库理论基础，还具有较强的数据库基本技能和良好的基本素质，从而培养知识、能力、素质三者协调发展的具有创新意识的高科技人才。

完成数据库课程设计的任务，可以促进学生有针对性地主动学习和查阅与数据库有关的基本教学内容及相关资料，从而实现如下目标。

1）完成从理论到实践的知识升华过程。学生通过数据库设计实践进一步加深对数据库原理和技术的了解，将数据库的理论知识运用于实践，并在实践过程中逐步掌握数据库的设计方法和过程。

2）提高分析和解决实际问题的能力。数据库课程设计是数据库应用系统设计的一次模拟训练，学生通过数据库设计的实践积累经验，可提高实际分析问题和解决问题的能力。

3）培养创新能力。提倡和鼓励学生在开发过程中使用新方法和新技术，激发学生实践的积极性与创造性，开拓思路设计新系统，提出新创意，培养创造性的工程设计能力。

4）培养学生的团队协作精神，建立群体共识。数据库设计是一项系统工程，需要靠集体的有效协作才能顺利、高效地完成，在数据库设计的过程中可以让学生充分体会团队协作的重要性。

作为实践教学的一个重要方面，数据库课程设计对于巩固数据库课程的知识点、提高实际操作技能、培养学生灵活运用知识解决实际问题的能力具有非常关键的作用；同时，对于培养学生的团队协作精神、创新能力及可持续发展的能力也能够起到积极的推进作用。

0.2　数据库课程设计结构

从培养掌握基本技能的应用型人才的角度出发，数据库课程设计重在锻炼学生分析、解决实际问题的能力，所以本教程将首先介绍课程设计的目标、规范要求和评价标准，然后简要回顾数据库的基本原理、基本概念；再通过 4 个实际应用系统需求的简要描述和数据库设计案例，带领读者逐步进行数据库的需求分析、概念结构设计、逻辑结构设计、物理设计和实现数据库的各种操作；最后，为满足对应用系统开发有兴趣、有能力的读者的需求，介绍了应用系统开发环境和工具，并以"网上书店系统"为例，介绍应用系统开发的具体过程。读者可以在熟悉数据库设计工作和开发工具的基础上，参照开发实例，对已经设计完成的各个数据库进行应用系统的功能设计和编程工作。

0.3　课程设计规范要求

0.3.1　课程设计要求

数据库课程设计作为一门独立的计算机专业实践课程，为提高学生的学习、实践能力提供了一次很好的锻炼机会。但是，与理论课程教学模式不同，课程设计是一个让学生自己动手实践并在实践过程中获得感性认识的过程，因此，不可能简单地用命题考试的方式进行考核，必须对课程设计进行全过程的规范化管理，要求学生按照规定认真完成课程设计的任务，并提交规范的课程设计报告，记录课程设计中各个步骤的成果，认真总结课程设计的收获及体会。

根据实验条件和学生的动手能力，数据库课程设计可以让每个学生独立完成一个选题，也可以将 3 至 4 个学生编成一组，完成多个选题的设计工作，有能力的学生（小组）可以在完成数据库结构设计的基础上，借助应用开发工具开发数据库应用系统的原型，从而进一步锻炼、提升实践能力和应用水平。

0.3.2　课程设计的过程

1）在深入理解数据库课程设计要求的基础上，以个人或小组为单位，进行选题，明确设计目标。

2）按照数据库设计的步骤进行设计，认真记录设计的每一个阶段的成果；要求每一阶段的成果都要经过认真审核，以确保设计正确合理。

3）在所设计的数据库中输入实例数据，选择适当的测试用例，利用 SQL 进行各种数据操作，检验语句运行结果。

4）有编程能力的学生可以进一步分析应用系统的数据处理需求，设计应用系统的功能，编写数据库应用程序，进行数据库应用系统开发实践。

5）进行课程设计成果验收。课程结束时，每人（个人完成课程设计）或分组（分组完成课程设计）讲解所完成的工作，展示设计完成的数据库结构，演示数据访问操作和结果，并回答指导教师及同学的提问。

6）提交规范的课程设计报告。

0.3.3　课程设计报告的格式

数据库课程设计报告是本课程的重要成果文档，应该能够完整地反映学生在数据库课程设计中所做的工作和收获，所以报告应尽量做到格式规范、内容充实、条理清楚、重点突出。

课程设计报告主要包括以下内容（可供参考的基本格式要求）。

课程设计题目

摘要（200~300 字）

目录

1. 概述

包括课程设计选题、项目背景、课程设计报告的编写目的、课程设计报告的组织等内容。

2. 课程设计任务的需求分析

2.1 设计任务

2.2 设计要求

2.3 需求描述的规范文档

3. 概念结构设计

3.1　概念结构设计工具（E-R 模型）

3.2　XXX 子系统（局部）

3.2.1 子系统描述

3.2.2 分 E-R 图

3.2.3 说明

3.3　YYY 子系统

3.3.1 子系统描述

3.3.2 分 E-R 图

3.3.3 说明

......

3.x 总体 E-R 图

 3.x.1 E-R 图的集成

 3.x.2 总体 E-R 图

4. 逻辑结构设计

4.1 关系数据模式

4.2 视图的设计

4.3 优化

5. 数据库物理设计与实施

5.1 数据库应用的硬件、软件环境介绍

5.2 物理结构设计

5.3 索引的设计

5.4 建立数据库

5.5 加载测试数据

6. 数据操作要求及实现

根据需求中给出的数据处理要求，设计访问数据库的具体要求，并用 SQL 加以实现。运行
SQL 语句进行测试（这部分以实际操作演示为主，报告中可以只选取部分重点功能加以描述）。

6.1 数据查询操作

6.2 数据更新操作

6.3 数据维护操作

6.4 其他

7. 收获、体会和建议（如果是小组合作完成，则必须附上小组各成员工作量的大小、完
成情况及组内成绩评定等内容）

8. 主要参考文献

0.3.4　课程设计的管理

整个课程设计大约需要 20 ~ 30 学时，可以以个人或小组为单位进行。为方便管理，建
议分组进行，以锻炼学生的团队合作精神。鉴于高校教育的特点，课程设计指导老师可能并
不了解学生的实践能力，最好与班级管理人员（辅导员老师、班委）配合在课前对全班同学进
行分组，以保证每个小组成员结构合理，根据实践能力均衡搭配，使所有同学都能从课程设
计中获得良好的锻炼和进步。一般 3 ~ 4 人一组为宜，须设置组长一名，组长的职责如下。

1）制定具体课程设计计划，人员任务安排。

2）组织小组成员按时完成课程设计任务。

3）协调小组成员完成各部分功能。

4）控制项目进度，确保设计按计划进行。

5）及时与指导教师沟通，定期汇报项目进展情况。

6）组织小组成员完成课程设计报告和内部成绩评定。

0.4　课程设计的考评

数据库课程设计是操作性很强的实践性课程，除了要考查学生数据库基本理论的掌握情

况，还要重点考查学生利用数据库技术分析、解决实际应用问题的规范性和动手能力。指导教师应全程跟踪指导整个课程设计过程，了解每一位学生课程设计任务完成的情况，并根据提交的课程设计报告、数据库的运行演示和学生回答问题的情况评定成绩。

1. 工作量要求

数据库课程设计的工作量一般应该是每位同学完成一个选题的设计，如果是分组进行的，则应根据小组成员的人数，选择完成相应数量的选题设计工作。如果在完成数据库结构设计的基础上，还较好地进行了系统开发工作，则可以考虑在成绩评定时将成绩提升一个档次。

2. 考评标准

1）设计报告规范、完整，概念原理论述清楚，数据库设计结构合理，运行演示功能丰富正确，用户界面友好，能够完善地表现数据库设计各阶段功能，且回答问题准确明了，可以评为优秀（A）。

2）设计报告规范、完整，概念原理论述清楚，数据库设计结构合理，运行演示功能正常，能够表现数据库设计各阶段功能，且回答问题正确，可以评为良好（B）。

3）设计报告规范，概念原理论述基本清楚，数据库设计结构合理，运行演示功能基本正常，基本能够表现数据库设计各阶段功能，回答问题基本正确，可以评为中等（C）。

4）设计报告基本规范，概念原理论述基本清楚，数据库设计结构基本合理，部分完成，能够部分表现数据库设计各阶段功能，回答问题部分正确，可以评为及格（D）。

5）设计报告不规范，概念原理论述不清楚，数据库设计结构不合理，大部分功能未完成，基本不能运行，回答问题大部分不正确，可以评为不及格（E）。

以上标准只能作为参考，指导老师应该根据课程设计的实施过程灵活掌握。具体成绩评定可参照如下方法。

1）如果不分组，每个学生独立完成选题的设计，则对每个学生进行考评。

2）如果分组进行，则先进行组间考评，再进行组内成员成绩评定。先按上述标准考评各组的选题完成情况，对所有小组进行评判，分出等级，然后结合课程设计报告中的组内成绩评定，进一步给小组成员评定成绩。一般来说，每个小组内成员的成绩应该区分成不同的档次，完成情况优秀的小组的成员可以多评定一个优秀，完成情况较差的小组可以没有优秀。

0.5　数据库课程设计教学安排

数据库课程设计一般安排 20~30 学时，各学校可以根据实际情况进行调整，并在完成数据库理论教学和实验课程之后进行，教师可以根据实际教学情况和学生的水平灵活安排教学要求。可以每个学生一个选题，完成一个应用系统数据库设计的全过程，但一般不要求完成应用系统的开发；也可以分组进行，3~4 人一组，完成多个应用系统的数据库设计全过程或完成数据库设计和应用系统开发的全过程。

数据库课程设计教程中给出了多个案例，学生可以参照进行练习，然后选择给出的课程设计题目或自拟题目完成相应的数据库设计工作并写出课程设计报告，这部分任务是每个（组）同学都必须完成的。数据库应用系统的开发可以作为提高部分，供有开发能力的同学选做。

第1章
数据库基础知识回顾

数据库课程设计是在学习了"数据库原理"和"数据库实验"课程之后开设的，学生应该已经掌握了数据库系统的基本概念、数据库设计的基本步骤，并能够熟练使用数据库语言 SQL 进行数据库访问操作，本章将简要回顾和总结一下相关的基本知识点。

1.1 数据库系统的概念

数据库技术产生于 20 世纪 60 年代中期，发展到今天仅仅只有 40 多年的历史，它已经历三代演变，造就出了 C.W.Bachman、E.F.Codd、James Gray 三位图灵奖得主；它发展了以数据建模和数据库管理系统（DBMS）核心技术为主导，内容丰富、领域宽广的新学科，并且带动了一个巨大的软件产业——数据库管理系统（DBMS）产品及其相关工具和解决方案。

1.1.1 数据库、数据库系统、数据库管理员和数据库管理系统

1. 数据库

数据库（DataBase，DB）是长期存储在计算机内、有组织的、大量的、可共享的数据集合，它可供各种用户共享，具有最小冗余度和较高的数据与程序的独立性。在多用户同时使用数据库时能够进行并发控制，且能及时有效地处理数据，提供安全性和完整性保护，并在发生故障后能够对系统进行恢复。

2. 数据库系统

数据库系统是基于数据库的计算机应用系统，是目前最成功、最为普及的计算机应用领域。数据库系统包括如下 6 个方面。

1）以数据为主题的数据库。

2）管理数据库的系统软件：数据库管理系统（DBMS）。

3）数据库应用系统：为方便用户操作数据库而专门编制的应用程序系统。

4）支持数据库系统运行的计算机硬件环境、操作系统环境；现代数据库系统一般都运行在计算机网络、Internet 环境之中。

5）用户：管理和使用数据库系统的人，其中特别重要的用户是数据库管理员。

6）方便使用和管理系统的说明书（技术说明书、使用说明书等）。

3. 数据库管理员

数据库管理员（DataBase Administrator，DBA）是专门从事数据库管理工作的人员，DBA 通常指数据库管理部门，职责是全面地管理和控制数据库系统，在数据库系统中的作用十分重要。DBA 的具体职责包括如下 5 点。

1）决定数据库的信息内容和结构。

2）决定数据库的存储结构和存取策略。

3）定义数据的安全性要求和完整性约束条件。

4）监督和控制数据库的使用和运行。

5）数据库系统的改进和重组。

4. 数据库系统的特点

与传统的人工管理和文件系统管理数据方式相比较，采用数据库系统进行数据管理有着无可比拟的优点，这是数据库系统能够得到广泛、长期的应用的重要原因。总结起来，数据库系统具有如下一些重要特点。

（1）数据结构化

数据库系统中的数据具有面向全组织领域的、复杂的数据结构，这一点体现了数据库与文件系统的根本区别。

（2）数据共享性好，冗余度小，易扩充

数据库系统中的数据由全系统的所有用户共享，多用户可以通过计算机网络并发访问数据库。而且通过科学规范的数据库设计手段，数据库具有最小的数据冗余度，易于扩充和维护。

（3）较高的数据与程序的独立性

数据库系统中的数据具有较高的数据与程序的独立性。所谓数据与程序的独立性，又称为数据独立性，是指应用程序与存储数据之间相互独立的特性。即当修改数据的组织方法和存储结构时，应用程序全部或部分不用修改的特性。数据与程序的独立性进一步可以分为物理数据独立性和逻辑数据独立性两种类型。

1）物理数据独立性又称为存储数据独立性，是指当数据库系统中数据的存储方法和存储结构发生改变时，应用程序不需要改变的特性。

2）逻辑数据独立性又称为概念数据独立性，是指数据库系统中全局数据结构发生了改变，但局部数据结构可以不变，因此相关的应用程序不需要改变的特性。

数据与程序的独立性给应用程序的编写带来了极大的方便。

（4）统一的数据控制功能

数据库系统的数据由数据库管理系统（DBMS）软件进行统一管理和控制，包括数据的安全性、数据的完整性、并发控制和数据库故障恢复等多个方面。

5. 数据库管理系统

数据库管理系统（DataBase Management System，DBMS）是为数据库的建立、使用和维护而配置的软件，它建立在操作系统的基础之上，对数据库进行统一的管理和控制。数据库管理系统是数据库系统的核心。

数据库管理系统是由数据定义语言（Data Definition Language，DDL）及其翻译处理程序、数据操纵语言（Data Manipulation Language，DML）及其翻译处理程序、数据库运行控制程序和一些实用程序组成的。

数据库管理系统（DBMS）的具体功能主要包括如下 6 个方面。

（1）数据库定义

数据库定义功能用于定义构成数据库结构的各种模式，以及它们之间的映射和相关的数据约束条件。数据库管理系统提供的数据定义语言（SQL 的功能之一）可用于定义数据库的外模式、模式和内模式。

（2）数据库操纵

数据库操纵功能用于接收、分析和执行用户访问数据库的各种操作请求，并完成对数据库的查询、插入、修改、删除等操作。数据库管理系统提供的数据操纵语言（SQL 的功能之一，也是最为核心的功能）可用于实现上述数据库操作。

SQL 可以以宿主型（嵌入开发工具语言中运行）和自含型（在 DBMS 环境中运行）两种方式工作。

（3）数据库运行管理

数据库运行管理功能用于控制和管理整个数据库系统的运行，包括多用户对数据库访问的并发控制、安全性检查、完整性约束条件的检查和执行、数据库内部维护等。

（4）数据的组织、存储和管理

数据的组织、存储和管理功能用于分门别类地组织、存储和管理数据字典、用户数据、存取路径等多种数据。

（5）数据库的建立和维护

数据库的建立和维护功能包括数据库数据的初始装入、数据库的转储与恢复、数据库的重组织与重构造、性能的监视与分析等。

（6）数据通信接口

数据通信接口提供了数据库系统与其他软件系统进行通信的功能。

1.1.2　数据库系统的发展

在计算机出现之前，人类社会最先是采用人工方式来管理数据，可以想象这种管理方式是何等的复杂、繁琐而又效率低下，严重地制约着数据管理的发展和应用。计算机研制成功之后，很快就被应用于数据管理领域。早期，计算机采用文件系统进行数据管理，其为每一类数据建立一个数据文件，并编写专门的程序对数据文件进行数据的各种加工处理操作。这种方式相对于手工管理是前进了一大步，但考虑到实际应用数据的海量性和管理的复杂性，效率依然低下，且数据与程序不具有独立性，给编程工作带来了很大的困难。随着计算机技术的飞速发展，20 世纪 60 年代数据库技术应运而生。数据库技术一经产生，便显示了其在数据管理领域的强大优势，得到了迅速的发展和广泛的应用。迄今为止，数据库技术已经经历了传统数据模型（层次数据模型、网状数据模型）到关系数据模型的发展，关系数据模型由于其有雄厚的数学基础作为支持，发展最为成熟，应用最为广泛，是我们学习数据库技术的重点内容。20 世纪后期，数据库技术又向新一代的面向对象的数据模型方向发展，并且有了成功的产品和应用案例，但是到目前为止，关系数据模型依然占据着数据库应用的绝对市场份额。

1. 数据模型

采用数据库进行数据管理，首要的问题就是要将现实世界应用领域中的客观事物正确地转换为数据库中的数据。如何将现实世界中的客观事物转换为数据库系统（机器世界）中形式化的结构数据，这需要借助数据模型作为工具。数据模型（Data Model）是数据库系统中用于提供信息表示和数据操作手段的工具，是对现实世界中的数据和信息进行抽象、表示和处理的工具。

数据模型需要满足如下三个要求。

- 较真实地模拟现实世界。
- 容易为人所理解。
- 便于在计算机上实现。

数据模型按应用目的可以分为两个层次：

（1）E-R模型（信息模型，概念数据模型）

将现实世界中的客观事物转换为数据库系统中形式化的有结构的数据，是一项非常复杂的任务，一步到位进行转换很困难，且容易产生错误和不一致的问题。为保证转换结果的科学性和正确性，引入了概念数据模型作为转换的中间步骤。概念数据模型又称为信息模型，是人们对现实世界认知、抽象的第一步结果。一般采用直观易懂的E-R图来描述现实世界的信息结构，所以其又称为E-R模型，是按用户的观点对现实世界的数据和信息进行建模，主要用于数据库设计阶段。

（2）数据模型

数据模型是按照在计算机上实现的观点对数据进行建模，面向计算机，其主要用于数据库管理系统的实现，每一个数据库管理系统产品都是基于特定的数据模型研制的。数据模型是数据库系统的核心和基础。

2. 客观事物之间的联系

数据库中的数据用来描述现实世界客观存在的事物，现实世界的事物彼此之间是有联系的，这种联系反映在信息世界中可分为两类：实体集内部的联系和各种实体集之间的联系。数据库系统研究的重点是现实世界中各种实体集之间的联系。

两个实体集之间的联系可以分为如下三种类型。

（1）一对一联系（1:1联系）

如果实体集 A 与实体集 B 之间存在联系，并且对于实体集 A 中的每一个实体，实体集 B 中至多有一个实体与之联系；反之，对于实体集 B 中的每一个实体，实体集 A 中至多有一个实体与之联系，则称实体集 A 与实体集 B 之间具有一对一联系。

例如：班级集合与班长集合之间是一对一的联系。对于班级集合中每一个班级，在班长集合中至多有一个班长与之对应（可能还没有选定）；反之，对于班长集合中每一个班长，在班级集合中至多有一个班级与之对应。

（2）一对多联系（1:n联系）

如果实体集 A 与实体集 B 之间存在联系，并且对于实体集 A 中的每一个实体，实体集 B 中有 n ($n \geq 0$) 个实体与之联系；反之，对于实体集 B 中的每一个实体，实体集 A 中至多有一个实体与之联系，则称实体集 A 与实体集 B 之间具有一对多联系。

例如：一般来说，班级与学生、班主任与学生集合之间都是一对多的联系。一个班级有多个学生，每个学生只属于一个班级；一个班主任管理多个学生，每个学生只归一个班主任管理。

（3）多对多联系（m:n联系）

如果实体集 A 与实体集 B 之间存在联系，并且对于实体集 A 中的每一个实体，实体集 B 中有 n ($n \geq 0$) 个实体与之联系；反之，对于实体集 B 中的每一个实体，实体集 A 中也有 n ($n \geq 0$) 个实体与之联系，则称实体集 A 与实体集 B 之间具有多对多联系。

例如：学生与教师，学生与课程，供应商、项目、零件集合之间一般是多对多联系。一个学生可以听多个教师授课，每个教师可以教授多个学生；一个学生可以学习多门课程，每门课程可以有多个学生学习；每个供应商可以供应多个项目多种零件，每个项目可以使用多个供应商供应的多种零件，每种零件可以被多个供应商供应给多个项目。

注意：现实世界中各个实体集之间的联系并不是一成不变的，联系的类型与应用领域管理的语义（规定）有关，规定不同，联系的类型可能就会不同，必须具体问题具体分析，才能得出正确的实体集之间的联系类型。

3. 实体 – 联系方法（E-R 方法）

为了将现实世界中的客观事物正确地转换为数据库中的数据，必须对现实世界进行数据建模，现实世界中的客观事物缤纷复杂，一步到位建立数据模型容易出错，所以通常都是先对现实世界中的客观事物建立信息模型，再将信息模型转换为数据模型。

通常用 E-R 图描述现实世界的信息结构（称为 E-R 模型，概念模型），所以建立概念模型的方法也称为实体 – 联系方法（Entity-Relationship Approach）。

E-R 图中的符号及其含义分别如下。

• 矩形框：表示实体型。

• 菱形框：表示实体之间的联系。

• 椭圆框：表示实体或联系的属性。

E-R 图示例如图 1-1 所示。

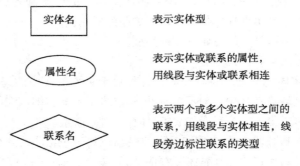

图 1-1　E-R 图示例

图 1-2 给出了实体和属性的 E-R 图示例。

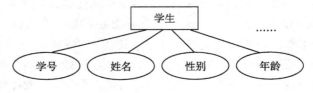

图 1-2　实体和属性的 E-R 图示例

图 1-3 给出了两个实体型（集）之间联系的 E-R 图示例。

图 1-4 给出了三个（两个以上）实体型（集）之间联系的 E-R 图示例。其中"供应量"描述某供应商供应某项目某种零件的数量，所以是三个实体集之间联系的属性。

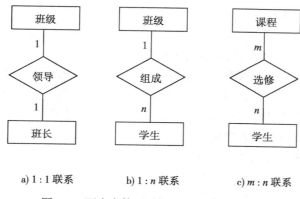

a) 1 : 1 联系　　　　　b) 1 : n 联系　　　　　c) m : n 联系

图 1-3　两个实体型（集）之间的三种联系

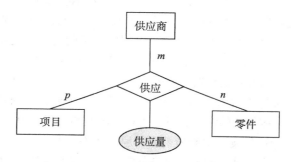

图 1-4　三个（两个以上）实体型（集）之间联系的 E-R 图示例

4. 数据模型的三要素

E-R 模型是我们认识世界、将现实世界转换为数据库中数据的第一步，我们的目标是要将现实世界客观存在的实体、实体之间的联系转换为数据库中的数据。数据库管理系统是基于数据模型实现的。为了数据管理的需要，面向机器的数据模型需要从三个方面进行实现，即数据模型具有如下三个要素。

（1）数据结构

在数据模型中，数据结构是所研究的对象类型的集合，亦即对数据库中所管理数据的结构的描述。数据库由这些对象组成，包括：与数据类型、内容、性质有关的对象，与数据之间联系有关的对象。数据结构用于描述数据库系统的静态特性。

（2）数据操作

数据操作指对数据库中各种对象（型）的实例（值）所允许执行的操作的集合，包括操作类型和操作规则，要定义每一个操作的确切含义、操作符号、操作规则及实现操作的语言。数据操作用于描述数据库系统的动态特性。

（3）数据的约束条件

数据的约束条件用于保证数据库中数据的正确、有效和相容。约束条件指一组数据完整性规则的集合，描述数据模型中的数据及其联系所应该具有的制约、依存规则及语义约束条件等。

通常是按照数据结构的类型来命名数据模型，如层次数据模型、网状数据模型、关系数据模型和面向对象数据模型等。

5. 数据库技术的发展历程

数据库技术产生于 20 世纪 60 年代中期，发展异常迅速，已经历了三代演变。

（1）第一代数据库：层次和网状数据库系统

第一代数据库以层次数据模型和网状数据模型为基础，统称为非关系数据模型。非关系数据库管理系统的代表作是 IMS 系统（1969 年由 IBM 公司研制的层次数据库管理系统）和 CODASYL 组织的数据库任务组提出的 DBTG 报告（网状数据模型的基础和代表）。非关系数据库产品不多，且很快就被关系数据库取代了。

（2）第二代数据库：关系数据库系统

1970 年，IBM 公司 San Jose 实验室的研究员 E.F.Codd 发表了一篇论文——《大型共享数据库数据的关系模型》，其中提出了关系数据模型的理论，从而奠定了关系数据库的基础。E.F.Codd 博士也由此被称为关系数据库的奠基人、关系数据库之父。

因为有着雄厚的数学理论作为基础，关系数据模型从一问世起，就显示了强大的生命力，很快就取代了第一代非关系数据库系统，成为数据库市场的主流。现在流行的数据库管理系统产品，如 Oracle、Sybase、DB2、SQL Server 等，都是基于关系数据模型的数据库管理系统。

（3）第三代数据库：面向对象数据库系统

第三代，即新一代数据库技术，是以面向对象模型为主要特征的数据库系统，是将面向对象的方法和数据库技术相结合的产物，目前正处于研究和发展之中。

数据库技术还可与计算机及其他领域的多学科技术有机结合，从而形成各种特定的数据库技术，如空间数据库、多媒体数据库、时态数据库、演绎数据库、XML 数据库、移动数据库、嵌入式数据库等。

数据库技术还是数据仓库存储数据、管理资源的基本手段。

随着 Internet 的发展与普及，数据库的应用环境发生了巨大的变化，Web 数据库也因此得到了空前的发展，产生了多种将 Web 技术与数据库技术结合起来的产品。

1.1.3 数据库系统的结构

可以从两个不同的角度来讨论数据库系统的结构。

从数据库管理系统实现的角度来看，数据库系统具有三级模式结构，三级模式之间具有两级映像功能。

从数据库最终用户的角度来看，数据库系统结构可分为单用户结构、主从式结构、分布式结构、客户端 / 服务器结构、浏览器 / 服务器结构等，这些也称为数据库系统的体系结构。

1. 数据库系统的三级模式结构

数据库系统具有模式、外模式、内模式三级模式结构。

（1）模式

模式（schema），又称为概念模式，用于描述数据库数据的全局逻辑结构及特征，即对数据模型的描述。模式是数据库全体用户所看到的数据视图的总体。

模式比内模式抽象，且与具体的应用程序、语言无关，数据库系统以某种数据类型为基础，定义数据的逻辑结构、数据之间的联系，以及与数据有关的安全性、完整性要求。

DBMS 提供了模式定义语言，用模式定义语言写出的一个数据库逻辑结构定义的全部语句称为该数据库的模式。

（2）外模式（子模式、用户模式）

外模式是某类数据库用户所看到的数据视图，是数据库局部数据的逻辑结构和特征的描述。外模式与数据库应用程序相关，一个外模式可以为多个应用所用，但一个应用只能启用一个外模式。数据库系统中不同类型的用户，其外模式一般不同。

DBMS 提供了外模式定义语言，用外模式定义语言写出的用户数据视图的逻辑定义的全部语句称为该类用户的外模式。

（3）内模式（存储模式）

内模式是数据在数据库系统内部的表示，是数据的低层描述，定义了数据的存储方式和物理结构。例如：记录是顺序存储还是按 B 树 / B^+ 树结构存储，索引的组织方式，是否压缩、加密等。

数据库管理系统提供了内模式定义语言来描述和定义数据库的内模式。

2. 数据库的二级映像功能与数据独立性

（1）数据独立性的概念

所谓数据独立性是指应用程序与存储数据之间相互独立的特性。即当修改数据的组织方法和存储结构时，应用程序不用修改的特性。数据独立性可以进一步分为物理数据独立性和逻辑数据独立性。

数据库系统的数据独立性可通过数据库系统的三级模式结构和三级模式之间的两级映像而获得。

（2）数据库的两级映像与数据独立性

数据库系统的三级模式之间存在着两级映像，分别是外模式 / 模式映像和模式 / 内模式映像，这两级映像保证了数据库系统具有高度的数据独立性。

1）外模式 / 模式映像。外模式 / 模式映像定义了某个外模式与模式之间的对应关系。外模式 / 模式映像的定义通常包含在外模式中，当数据库的模式发生改变时（即全局数据结构发生变化时），通过对外模式 / 模式映像做相应的修改，可以保证数据库的某些外模式不变，基于这些外模式所编写的应用程序也不需要改变，从而保证了逻辑数据独立性。

若全局数据结构发生变化，所有的外模式不会都不变，部分外模式肯定是要修改的，相应的应用程序也需要改写，所以数据库系统只能获得部分的逻辑数据独立性。

2）模式 / 内模式映像。模式 / 内模式映像定义了数据全局逻辑结构与数据存储结构之间的对应关系。当数据的存储结构发生改变时，通过修改模式 / 内模式映像，可以保证模式不变。模式不变，则所有外模式不变，相应的应用程序也不需要修改，从而保证了物理数据独立性（也称为存储数据独立性）。数据库系统可以保证完全的物理数据独立性。

图 1-5 显示了数据库系统的三级模式结构。

3. 数据库系统的体系结构

从最终用户的使用角度来看，数据库系统的体系结构多种多样，主要可分为如下 5 种结构。

（1）单用户结构

数据库系统位于一台个人计算机上，只支持一个用户访问。这种结构一般应用于个人计算机系统。

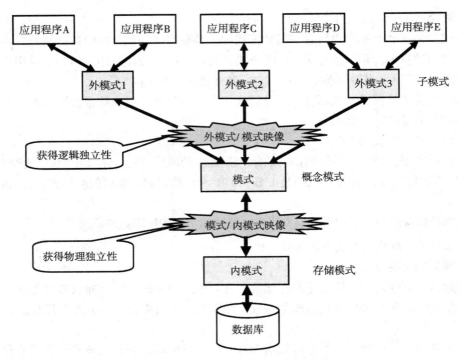

图 1-5　数据库系统的三级模式结构

（2）主从式结构

这种结构应用于主从式计算机系统中，数据库系统存储在计算机主机上，多个用户可通过终端共享主机上的数据库资源。

（3）分布式结构

数据库系统运行在分布式计算机系统环境之中，全局数据库的数据可以分割存储在系统的多台数据库服务器之上，由统一的分布式数据库管理系统进行管理，在逻辑上是一个整体，亦即数据库具有物理分布性和逻辑整体性。

（4）客户端／服务器结构

客户端／服务器（Client/Server，C/S）结构是计算机应用系统架构的一种，工作于局域网环境下。C/S 结构的基本原则是将计算机应用任务分解成多个子任务，由多台计算机分工完成，即采用"功能分布"原则。在数据库应用系统中，网络中的部分计算机安装客户端应用程序 Client（称为客户机），Client 程序的任务是完成数据预处理、数据表示及用户接口等功能，将用户的数据访问要求提交给服务器 Server 程序，并能够将服务器程序返回的结果以特定的形式显示给用户；服务器端计算机则安装数据库管理系统软件，接收客户端程序提出的服务请求，完成 DBMS 的核心功能并将操作结果传送给客户端。这种客户机请求数据访问服务、服务器提供服务的处理方式是一种常用的计算机应用模式。

（5）浏览器／服务器结构

浏览器／服务器（Browser/Server，B/S）结构是 Web 兴起后的一种网络应用结构模式，B/S 结构以 Web 浏览器作为客户端最主要的应用软件。这种结构统一了客户端，将系统功能实现的核心部分集中到服务器上，简化了系统的开发、维护和使用。客户机上只要安装一个浏览器（Browser）软件，数据库服务器只需安装 Oracle、Sybase、Informix 或 SQL Server 等数据库管理系统之一即可。客户端浏览器通过 Web 服务器及其他应用中间件同数据库服务器进行数据交互。

B/S 结构最大的优点就是可以在任何地方进行操作而不用安装任何专门的软件,只要有一台能上网的计算机就能使用,客户端维护工作量基本为零,系统的扩展非常容易。管理软件集中在服务器端,维护方便,但相应地服务器的负荷较重,且为系统安全考虑,通常需要有备份措施,以预防系统意外"崩溃"。

1.1.4 关系数据库

1970 年,IBM 公司的研究员,有"关系数据库之父"之称的埃德加·弗兰克·科德(Edgar Frank Codd)博士在刊物《Communication of the ACM》上发表了题为"A Relational Model of Data for Large Shared Data banks"(大型共享数据库数据的关系模型)的论文,文中首次提出了数据库关系模型的概念,奠定了关系模型的理论基础。后来 Codd 又陆续发表了多篇文章,论述了关系数据库的范式理论和衡量关系系统的 12 条标准,用数学理论奠定了关系数据库的基础。IBM 公司的 Ray Boyce 和 Don Chamberlin 将该关系数据库的 12 条准则的数学定义以简单的关键字语法表现出来,里程碑式地提出了 SQL。由于关系模型简单明了,具有坚实的数学理论基础,所以一经推出就受到了学术界和产业界的高度重视和广泛响应,并很快成为数据库市场的主流。20 世纪 80 年代以来,计算机厂商推出的数据库管理系统产品几乎都支持关系数据模型,数据库领域当前的研究和应用也大都以关系模型为基础。

1. 关系数据结构

关系数据模型采用单一的数据结构——关系,现实世界的实体及实体之间的各种联系均用关系来表示。所谓关系,即我们通常理解的二维表。从用户的角度来看,关系模型中数据的逻辑结构是一张二维表。

2. 关系操作

(1)常用的关系操作

常用的关系操作有数据查询,包括选择、投影、连接、除、并、交、差;数据更新,包括数据插入、删除、修改。查询操作的表达能力是关系操作最主要的部分。

(2)关系操作的特点

关系操作是集合操作方式,即操作的对象和操作结果都是集合(关系是元组的集合)。

(3)关系操作的描述

关系代数:用对关系的运算来表达查询要求,其典型代表是 ISBL。

关系演算:用谓词来表达查询要求,有元组关系演算语言和域关系演算语言两种。元组关系演算语言的谓词变元的基本对象是元组变量;域关系演算语言的谓词变元的基本对象是域变量。

SQL:具有关系代数和关系演算双重特点的语言,是一种高度非过程化的语言,能够嵌入高级语言中使用。

关系代数、元组关系演算、域关系演算及 SQL 在表达能力上是完全等价的。

3. 关系完整性约束

关系数据模型具有实体完整性、参照完整性和用户定义的完整性三类约束。

（1）实体完整性

关系的每一个元组代表客观存在的一个实体或一个联系，是确定的并且相互之间可以区分。实体完整性通过定义关系的主键实现，表现为关系的主键的值必须具有唯一性且主属性不能为空值。实体完整性通常由关系数据库管理系统自动支持。

（2）参照完整性

参照完整性用于实现相互有联系的实体之间的参照关系，通过外键约束实现。具体表现为参照关系中外键属性的取值只能是被参照关系的主键值或空值，而不能取其他值。例如，学校数据库中有学生关系、院系关系，学生关系的主键是学号，院系关系的主键是院系名，学生关系中院系名设为外键，则学生关系的院系名属性取值只能是院系关系中存在的院系名值或为空值。参照完整性通常也由关系数据库管理系统自动支持。

（3）用户定义的完整性

用户定义的完整性反映的是应用领域需要遵循的约束条件，体现了具体应用领域的语义约束。关系数据库管理系统一般会提供多种机制供用户定义需要的约束条件，并在系统运行中实现所定义的约束。

4. 主要的关系数据库产品

当前，关系数据库管理系统（RDBMS）产品众多，其中主流的产品主要有：Oracle 公司（甲骨文公司）的 Oracle 数据库管理系统、微软公司的 SQL Server、IBM 公司的 DB2、Sybase 公司的 Sybase、Informix 公司（英孚美软件公司）的 Informix 等。

1.2　数据库设计的基本步骤

数据库设计是指对一个给定的应用需求，构造最优的数据库模式，建立数据库及其应用系统，使之能够有效地存储和处理数据，满足各种用户的应用需求（包括信息需求和处理需求）。数据库设计通常在一个通用的DBMS 支持下进行。

数据库设计包含两方面的内容：结构（数据）设计，设计数据库框架或数据库结构；行为（处理）设计，设计应用程序、事务处理等。本课程设计的重点是进行数据库的结构（数据）设计。

数据库设计可以分为 6 个基本步骤：需求分析、概念结构设计（E-R 模型设计）、逻辑设计、物理设计、数据库实施和数据库运行维护，如图 1-6 所示。

在数据库设计的每个阶段，都要对阶段性成果进行认真的检查，确认正确后再进入下一阶段；在后面的几个阶段中，如果发现有错误，都需要回到前一阶段，甚至回到需求分析阶段，重新进行分析、设计，最后得出正确无误的数据库模式。针对数据库结构设计的各个步骤，简要介绍如下。

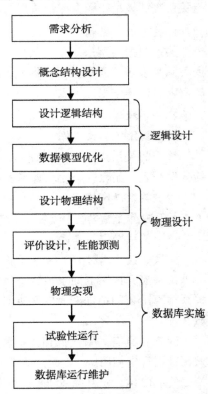

图 1-6　数据库设计的基本步骤

1.2.1 需求分析

需求分析的任务是了解现实世界中应用领域的具体需求，确定系统的基本数据管理功能，查找相关资料，画出基本的数据流图（Data Flow Diagram，DFD）和数据字典（Data Dictionary，DD）；这个过程需要对现实世界应用领域要处理的对象（组织、部门、企业等）进行详细调查，在了解原系统工作概况、明确用户的各种需求、确定新系统功能的过程中，收集支持系统目标的基础数据及其处理要求。

从数据库结构设计的角度出发，需求分析的重点是调查、收集、分析用户在数据管理中的信息要求、处理要求、安全性和完整性要求，强调必须要有用户参与。调查方法可以是跟班作业，开调查会，设计调查表请用户填写、询问、查阅记录，等等。

需求分析的常用方法是结构化分析（Structured Analysis，SA）方法，从最上层的系统组织机构入手，采用自顶向下、逐层分解的方法分析应用系统，并用数据流图（DFD）和数据字典（DD）描述系统。

需求分析的过程如图 1-7 所示。

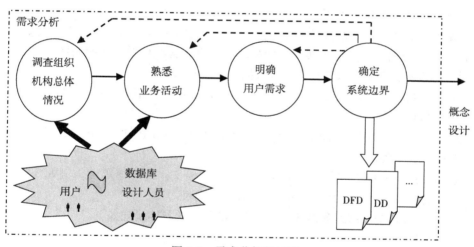

图 1-7　需求分析的过程

经过与用户的充分交流，确认需求分析的结果正确之后，可以进入数据库设计的下一步：数据库概念结构设计。

1.2.2 概念结构设计

概念结构设计是将需求分析得到的用户需求抽象为概念结构（即信息结构）的过程。其任务是确定系统的概念模型，画出系统 E-R 图。概念结构设计是数据库设计的关键步骤。概念结构独立于数据库的逻辑结构，也独立于具体的支持数据库的 DBMS。

概念结构设计的常用工具是 E-R 图。E-R 图即实体 – 联系图，其特点是能够真实、充分地反映现实世界。E-R 图中的对象有实体（矩形框）、属性（椭圆框）、联系（菱形框）及联系的类型（包括一对一、一对多、多对多三种类型的联系），易于理解、更改和向数据模型转换。

概念模型设计常用的方法是自底向上，设计数据库概念结构的步骤如图 1-8 所示，大致可分为两步进行。

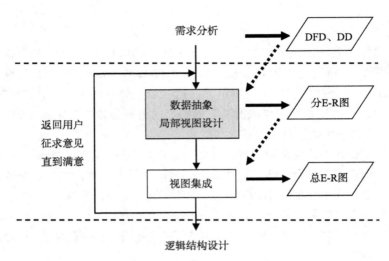

图 1-8　概念结构设计过程图

1. 数据抽象和局部视图设计

概念结构设计的第一步是根据需求分析的结果（DFD、DD）对现实世界的数据进行抽象，确定实体、实体的属性、实体与实体之间的联系，设计各个局部的数据视图（即分 E-R 图）。对现实世界的数据进行抽象时有如下三种数据抽象机制。

1）分类：抽象实体值和实体型之间的"is member of"的语义；例如，"王红"is member of"学生"实体型。

2）聚集：抽象实体型和其组成成分（属性）之间的"is part of"的语义；例如，"姓名"is part of"学生"实体型。

3）概括：抽象实体型之间的"is subset of"的语义；即为继承性，例如，"研究生"is subset of"学生"实体型，继承了"学生"实体型的属性。

设计应用领域各个局部的数据视图（即分 E-R 图）的具体步骤如下。

（1）选择局部应用

在多层数据流图中，选择一个适当层次的数据流图，让这组图中的每个部分对应一个局部应用，以此作为出发点，设计该局部的分 E-R 图。

注意：中层数据流图能较好地反映系统中各局部应用的子系统组成，选择中层数据流图开始进行分 E-R 图设计能够比较容易地获得正确的结果。

（2）逐一设计分 E-R 图

先从已定义的数据字典中抽取数据，参照数据流图，标定局部应用中的实体、属性、码（或称为"键"），确定实体之间的联系及类型，逐一画出每个局部应用的分 E-R 图，然后再进行适当的调整。

实体与属性划分的基本准则如下所示。

1）属性不能具有需要描述的性质，即属性必须是不可再分的数据项。

2）属性不能与其他实体具有联系，联系只能发生在实体之间。

2. 视图的集成

视图集成的目的是消除各个局部分 E-R 图中可能存在的冲突，使合并后的总 E-R 图成为被整个应用系统中所有用户共同理解和共同接受的统一的概念模型。视图集成是数据库概念结构设计的第二步：将各个局部视图（分 E-R 图）综合成一个整体的概念结构，即总体 E-R图。集成的具体步骤如下所示。

（1）视图合并

视图合并的目的是消除冲突，合并分 E-R 图，生成初步 E-R 图；各个分 E-R 图中的冲突是不同应用、不同设计人员所设计的分 E-R 图中可能出现的不一致现象。冲突的类型分为：属性冲突、结构冲突和命名冲突。

属性冲突包括属性域冲突（属性值的类型、取值范围或取值集合不同）和属性取值单位冲突两种情况。

结构冲突指同一对象在不同的分 E-R 图中有不同的抽象、同一实体在不同的分 E-R 图中属性不同或实体之间的联系在不同的分 E-R 图中不同。

命名冲突有同名异义（两个对象具有相同的名字，但是含义不同）和异名同义（不同局部中出现的对同一个对象的不同命名）两种情形。

（2）视图修改与重构

视图修改与重构的作用是消除初步 E-R 图中不必要的冗余数据和冗余联系，从而生成基本的 E-R 图（这一步将以关系的规范化理论作为指导）。

视图集成的过程如图 1-9 所示。

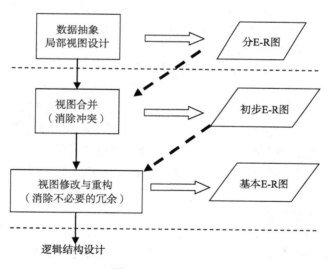

图 1-9　视图的集成

对概念结构设计得到的全局 E-R 图进行认真审核，确认其能够准确地描述现实世界应用领域中的实体及实体之间的联系，然后可以进入下一阶段的数据库逻辑设计。

1.2.3　逻辑结构设计

数据库逻辑设计阶段的任务是将概念结构（E-R 模型）转换为与选用的 DBMS 所支持的数据模型相符合的数据模型。当采用关系数据库管理系统时，数据库逻辑结构设计就是将应用系统的 E-R 图转换成关系数据模型，给出应用系统数据库中的关系及每个关系的模式结构。

数据库逻辑结构设计的步骤如图 1-10 所示。

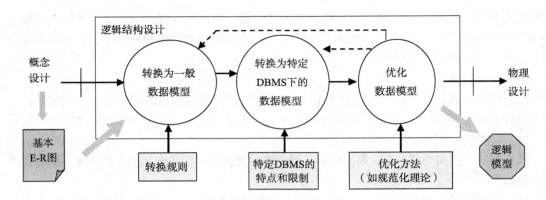

图 1-10   逻辑结构设计步骤

首先，按照转换规则，将概念模型 E-R 图中的实体和联系转换为数据模型，在关系DBMS 的支持下就是转换为关系模式，并确定关系模式的属性和码。

E-R 图向关系数据模型转换的基本规则如下。

一个实体型转换为一个关系模式，实体的属性就是关系的属性，实体的码就是关系的码。

一个联系转换为一个关系模式，与该联系相连的各个实体的码及联系的属性即为该关系的属性，该关系的码可分为如下三种情况。

- 1 : 1 联系。任一相连实体的码都可以作为该关系的主键。
- 1 : n 联系。n 端（多端）实体的码作为该关系的主键。
- m : n 联系。各端实体的码的组合为该关系的主键。

第二步，对具有相同码的关系模式进行必要的合并。

需要注意的是，具有相同码的关系模式可以合并。也就是说在实际应用中，通常都将 1 : 1联系和 1 : n 联系所转换的关系模式和实体的关系模式进行合并，而不是以单独的关系模式存在。其中 1 : 1 联系可以和联系的任意一端实体的关系模式合并，将联系的属性和另一端关系模式的码加入该关系模式中即可；1 : n 联系则需要和多端的关系模式合并，在多端关系模式中加入联系的属性和"1"端关系模式的码即可；m : n 联系不能与实体合并，必须转换为单独的关系模式。

最后，对数据模型进行优化。

在数据库逻辑设计的最后，为进一步提高数据库应用系统的性能，通常需要对数据模型的结构进行适当修改和调整，这称为数据模型的优化。关系数据模型的优化通常以规范化理论为指导，具体方法如下。

1）按需求分析得到的语义，确定关系模式的数据依赖。

2）对各个关系模式的数据依赖进行极小化处理，消除冗余的数据依赖。

3）按照规范化理论对关系模式逐一进行分析，考查是否存在非主属性对码的部分函数依赖、传递函数依赖、多值依赖等，确定各关系模式属于第几范式。

4）按需求分析得到的处理要求，分析模式是否合适，对关系模式进行必要的分解或合并。

在实际应用中，一般需要将关系模式规范化到第三范式。

生成整个应用系统的模式后，还要根据局部应用的需求，结合 DBMS 的特点，设计用户的外模式。用户外模式的设计一般是利用 RDBMS 提供的视图机制进行的，注重考虑用户的习惯和使用方便，主要包括如下三点。

1）使用更符合用户习惯的别名。

2）针对不同级别的用户定义不同的外模式，以满足系统对安全性的要求。

3）简化用户对系统的使用。

1.2.4 数据库物理设计

数据库物理设计将为给定的逻辑数据模型选取一个最适合应用环境的物理结构，即设计数据库的存储结构和物理实现方法。数据库物理设计依赖于选定的计算机系统。

数据库的物理设计通常分两步来进行。

第一步，确定数据库的物理结构。设计内容一般包括如下 4 点。

1）确定数据的存储结构。

2）存取路径的选择（确定如何建立索引）。

3）确定数据的存放位置。

4）确定系统的配置。

第二步，评价数据库的物理结构。对数据库运行的时间效率、空间效率、维护代价和各种用户要求进行估算、权衡、比较、评价，从而选择一个较优的方案。若不符合用户的要求，则重新修改。

数据库物理设计阶段没有通用的方法可供参考，其目标是使设计得到的数据库运行效率高、存储空间利用率高、事务吞吐量大。设计的基本原则如下所示。

1）详细分析事务，以获得物理设计所需要的参数。

2）全面了解 DBMS 的功能。

3）确定数据存取方法时必须清楚如下三点。

① 查询事务的信息。

② 更新事务的信息。

③ 事务的运行频率和性能要求。

1.2.5 数据库实施

数据库的实施是指根据逻辑设计和物理设计的结果，在数据库管理系统的环境中建立数据库，建立数据库中的对象；同时编写与调试应用程序，组织数据入库，进行测试和试运行的过程。数据库实施工作主要包括以下 4 项。

1）用 DDL 定义数据库模式结构。即在 DBMS 的支持下，创建数据库，定义数据库中的表、索引、视图等对象。

2）组织数据入库，将应用领域中的实际数据输入到创建成功的数据库中，数据量大的时候应该设计并编制一个数据输入子系统。

3）编制与调试应用程序，这项工作应该与数据库结构设计并行进行。

4）数据库试运行。数据库试运行即联合调试阶段，包括应用系统的功能测试、性能测试。试运行时需要注意分期分批输入数据，并做好数据库的数据转储和恢复工作。

1.2.6 数据库运行与维护

数据库运行与维护是指将数据库系统投入实际使用，并进行评价、调整与修改。数据库的投入运行标志着数据库系统开发任务的基本完成和维护工作的开始。运行与维护工作主要由数据库管理员（DataBase Administrator，DBA）来负责，主要包括以下内容。

1）数据库的转储和恢复：根据实际应用领域对数据管理的要求，制定数据库转储计划，实施数据转储，并在数据库发生故障时利用转储的数据库副本和日志文件进行数据库恢复。

2）数据库的安全性、完整性控制：对数据库系统的角色、用户进行访问权限的设置和分配，确保数据库的安全，另外根据应用领域的需求定义完整性约束条件并在实施数据库时加以定义。

3）数据库性能的监督、分析和改进：在数据库系统运行的过程中监督数据库系统的性能，进行性能分析，并对数据库进行必要的改进。

4）数据库的重组织和重构造：随着应用领域及运行环境的发展变化，原有的数据库系统可能会不能完全适应新的应用需求，必要时要进行数据库系统的重新组织和构造。

数据库系统的运行与维护是一项长期的任务，也是数据库设计工作的延续和提高。

1.3 SQL

1.3.1 SQL 概述

SQL 是 Structured Query Language（结构化查询语言）的简写，SQL 是用于访问和操作数据库的标准计算机语言，是国际标准化组织（ISO）和美国国家标准学会（ANSI）支持的标准计算机数据库语言，是关系型数据库管理系统支持的数据库语言。SQL 功能强大，使用户有能力访问数据库，并实现几乎所有的数据管理工作。

SQL 介于关系代数与关系演算之间，功能包括：数据定义、数据查询、数据更新、数据控制，是关系数据库领域中的主流语言。

SQL 结构简洁，功能强大，简单易学，所以自从推出以来，SQL 得到了广泛的应用。如今无论是像 Oracle、Sybase、Informix、SQL Server 这些大型的数据库管理系统，还是像 Visual Foxpro、Access 这些 PC 上常用的数据库开发系统，都支持 SQL 作为数据查询语言。

1. SQL 的发展过程

1970 年，E.F. Codd 发表了关系数据库理论（relational database theory）。

1974 年，Boyce 和 Chamberlin 提出 SQL，1975 ~ 1979 年在 IBM 公司研制的 System-R 上，以 Codd 的理论为基础开发了"Sequel"，并重命名为"SQL"。

1979 年，Oracle 公司发布了 SQL 商业版。

1981 ~ 1984 年，出现了 SQL 的其他商业版本，分别来自 IBM（DB2）、DataGeneral（DG/SQL）、Relational Technology（INGRES）。

1986 年，ANSI 和 ISO 推出第一个标准：SQL/86。

1989 年公布的 SQL/89 标准，增加了参照完整性约束（referential integrity）。

1992 年推出 SQL/92 标准，被数据库管理系统（DBMS）生产商广泛接受。

自 1997 年起，SQL 成为动态网站的后台支持。

SQL/99 标准支持 Core level 和其他 8 种相应的 level，包括递归查询、程序和流程控制、支持基本的对象（object）概念、支持包括对象标识 oids。

SQL/2003 标准包含了 XML 的相关内容，自动生成列值（column values）。

2005 年 9 月，Tim O'Reilly 提出了 Web 2.0 的理念，称数据将是核心，SQL 将成为"新的 HTML"。

SQL/2006 标准定义了 SQL 与 XML（包含 XQuery）的关联应用。

2006 年，Sun 公司将以 SQL 为基础的数据库管理系统嵌入 Java V6。

2007 年，SQL Server 2008 在 SQL Server 2005 的基础上增强了它的安全性，主要包括：简单的数据加密，外键管理，增强了审查，改进了数据库镜像，加强了可支持性。

2. SQL 的特点

（1）一体化的语言

SQL 是一体化的语言，具有集数据定义、数据查询、数据更新、数据控制功能为一体的特点，且数据结构单一，实体与实体之间的联系都用统一的关系模式来表示。

（2）高度非过程化的语言

SQL 是高级的非过程化语言，允许用户在高层数据结构（模式、外模式）上工作。它不要求用户指定数据的存放位置、存放方法，也不需要用户了解具体的数据存放方式，所以具有完全不同底层结构的数据库系统可以使用相同的 SQL 作为数据输入与管理的工具。用户只需要用 SQL 表达自己的操作要求，即用 SQL 的规范格式说明要求数据库管理系统"做什么"，而不需要具体说明"如何去做"，具体的数据操作将由数据库管理系统根据优化的策略自动实现。SQL 的这个非过程化的特点给数据库用户带来了极大的方便。

（3）面向集合的操作方式

SQL 中数据操纵语句的操作对象和操作结果都是关系，即元组（记录）的集合，所以是面向集合的操作方式。

（4）同一种语法结构提供了两种使用方法

SQL 有自含式和嵌入式两种工作方式，具有相同的语法结构。其中在数据库管理系统（DBMS）的支持下以联机交互方式运行称为自含式语言，而嵌入开发工具主语言中的使用方式称为嵌入式语言。

（5）语言简洁、易学易用

SQL 功能强大，但其具体的语言成分、语法规定并不复杂，比较接近英语的表达方式，十分简洁、易学易用。

3. SQL 的基本概念

（1）基本表（base table）

基本表是关系数据库中独立存储的二维表，一个基本关系对应一个基本表，每个基本表逻辑上对应着数据库管理系统管理下的一个存储文件，可以附带若干个索引作为存取路径。

一个数据库的所有基本表的逻辑结构的描述定义构成了该数据库的模式。

（2）视图（view）

视图是从一个或几个基本表或其他视图中导出的虚表。视图本身不独立存储在数据库中，视图中涉及的数据存放在相关的基本表中，即数据库中只存放视图的定义，不单独存放与它对应的数据。在用户眼中，视图和基本表一样都是关系，都可以用 SQL 进行查询，但对视图的更新操作是有限制的，只有基本关系的行列子集视图可以更新，对视图的更新都转换为了对相应基本表的更新。

数据库用户的外模式可以是视图，也可以是基本表。

视图的主要作用有如下 4 点：

1）简化用户的操作。通过视图的定义，可以将用户不关心的数据隐藏起来，使用户可以只注意他所关心的数据。

2）能使用户以多种角度看待同一数据。视图机制为不同用户使用同一个数据库的数据提供了灵活性和方便性。例如，在学校管理系统中，学生基本表里定义了学生的所有属性信息，包括学生基本情况、选课相关信息、财务信息、奖惩信息，等等，可以通过定义视图，让学校的教务部门、学生管理部门、财务部门、院系等人员只看到他们所关心的那一部分信息。

3）对重构数据库提供了一定程度的逻辑独立性。在数据库的全局逻辑结构发生改变后，可以通过修改视图的定义，使得部分用户的视图依然保持着原来的关系，即用户的外模式保持不变，从而获得逻辑数据独立性。

4）能够对机密数据提供安全保护。视图机制可以对不同的用户定义不同的视图，使机密数据不出现在用户视图中，从而自动提供了对机密数据的保护。

（3）索引

索引是数据库用户根据访问数据库的需要在基本表上建立的物理存取路径，是数据库内模式的一部分。索引的作用是可以加快数据查询速度，还可以保证数据的唯一性，加快连接运算的速度。

索引是一个单独的、物理的数据结构，它是某个表中一列或若干列值的集合，以及相应的指向表中物理标识这些值的数据页的逻辑指针的列表清单。可以基于数据库表中的单列或多列创建索引，多列索引使用户可以区分其中某列可能有相同值的行。如果经常同时搜索两列或多列，或者按两列或多列排序时，多列索引也很有帮助。例如，如果经常在同一查询中为院系和专业两列设置查询条件，那么在这两列上创建多列索引将会加快查询速度。

数据库应用系统一般由数据库管理员（或数据库中数据的拥有者 DBO）在 DBMS 中创建数据库时根据数据访问的需要完成索引的设计、建立、删除和维护工作。

根据数据管理的功能要求，可以在数据库设计时创建三种索引：唯一索引、主键索引和聚集索引。

1）唯一索引。唯一索引是不允许表中任何两行具有相同索引值的索引。当现有数据表中存在重复的索引键值时，数据库一般不允许将新创建的唯一索引与表一起保存。建立唯一索引，数据库可以防止在表中添加具有重复索引键值的新数据。例如，如果在学生表中学生的姓名上创建了唯一索引，则任何两个学生都不能同名。

2）主键索引。数据库中基本表有一列或几列的组合，其值能够唯一标识表中的每一行，该列（列组合）称为基本表的主键。在数据库管理系统中为基本表定义主键后，一般 DBMS 将自动创建主键索引，主键索引是唯一索引的特定类型，该索引要求主键中的每个键值都唯一。当在查询中使用主键索引时，能够实现对数据的快速访问。

3）聚集索引（聚簇索引）。在聚集索引中，表中行的物理顺序与索引键值的逻辑（索引）顺序相同。一个表只能创建一个聚集索引。如果某索引不是聚集索引，则表中记录的物理顺序与索引键值的逻辑顺序不一定匹配。与非聚集索引相比，聚集索引通常可提供更快的数据访问速度，但是当表中的数据经常进行更新操作时，聚集索引的维护开销会非常大。

建立索引的优点是可以大大加快数据的检索速度；如果创建了唯一性索引，可以保证数据库表中每一行数据的唯一性，可以加速表和表之间的连接操作，另外在使用分组和排序子句进行数据检索时，可以显著减少查询中分组和排序的时间。

但是，索引需要占用额外的物理存储空间，当对表中的数据进行插入、删除和修改的时候，表中的所有索引也要动态地进行维护，这属于附加的索引维护的开销，降低了数据的维护速度，因此，不是所有的基本表都必须要建立索引，也不是在基本表的所有属性列上都必须要建立索引。建立聚集索引更需要慎重权衡。

建立索引的原则主要有如下三点。

1）大表应该建立索引，这一般可以大大加快数据查询的速度。

2）一个基本表的索引不要太多。

3）根据查询要求建立索引，用户查询操作中将会频繁用到的属性列上可以建立索引。

1.3.2 SQL 语句的格式说明

为了使读者能够方便地阅读本教程中关于 SQL 的内容，首先需要简要说明一下本教程中 SQL 的书写格式，在介绍 SQL 语句的基本语法结构时，语句成分的基本格式如表 1-1 所示。

表 1-1   SQL 语句格式说明

语句成分	表达格式	说　明
SQL 关键字	大写字母	如 SELECT
用户必须提供的参数	用"< >"括起来，"<"和">"不是语句成分	SQL 语句中用户必须提供的信息，如 <表名>、<列名>
多选一选项	用"|"分隔，"|"不是语句成分	如 ASC|DESC
可选项	用"[]"括起来，"["和"]"不是语句成分	如 [TOP 2]
重复项	[,…n]，重复多次，用","分隔	
重复项	[…n]，重复多次，用" "空格分隔	
注释	用"--"引导	

1.3.3 SQL 的数据定义功能

SQL 的数据定义功能称为数据定义语言（DDL），用于定义和管理数据库中的各个对象，如数据库、数据表、视图、索引、规则、默认、存储过程、触发器等。SQL 的数据定义功能包括数据库对象的创建 CREATE、修改 ALTER 及删除 DROP 命令。这些数据对象的管理功能，一般需要十分慎重地使用。鉴于在数据库原理及数据库实验课程中已经详细介绍了数据库、基本表、视图等的管理功能，因此这里只做简单的回顾，而稍加详细地介绍索引、规则、存储过程等对象的管理。

本节所列举的例子都将基于具有如下关系模式的"学生选课"数据库，加下划线的属性（组）是各个关系的主键。

学生（<u>学号</u>，姓名，院系，年龄）

课程（<u>课程号</u>，课程名，先修课）

选课（<u>学号，课程号</u>，成绩）

1. 创建数据库

基本语法：

```
CREATE   DATABASE   <数据库名>
[ON
{ <文件说明>[,…n]}
]
[LOG ON {<文件说明>[,…n]}]
```

语句功能：执行 **CREATE DATABASE** 语句，创建一个数据库，其中，"数据库名"是用户给数据库的命名，"文件说明"则分别说明数据文件和日志文件的名称、位置、初始大小、增长速率等。一个数据库允许对应多个数据文件和多个日志文件。

如下创建学生选课数据库：

```
CREATE DATABASE 学生选课    -- 数据库名称
ON PRIMARY      -- 主数据文件说明
(
NAME='学生选课系统_data',   -- 主数据文件的逻辑名
FILENAME='D:\data\学生选课系统.mdf',   -- 主数据文件的物理路径名
SIZE=10MB,      -- 初始大小
FILEGROWTH=10%     -- 增长率
)
LOG ON     -- 日志文件说明
(
NAME='学生选课系统_log',      -- 日志文件的逻辑名
FILENAME='D:\data\学生选课系统.ldf',      -- 日志文件的物理路径名
SIZE=10MB,
MAXSIZE=200MB,
FILEGROWTH=10%
)
```

2. 管理基本表

（1）定义基本表

基本语法：

```
CREATE   TABLE   <表名>(<列定义> [,<列定义>] … [<其他参数>]);
```

其中，<列定义>格式为"<列名> <类型> [<列级完整性约束>]"，<其他参数>定义表级完整性约束条件。

语句功能：执行 **CREATE TABLE** 语句后，在当前数据库中建立一个基本表的结构（空表），表的描述存储于数据字典中。通过<列定义>说明每个数据列的名称、数据类型及列的完整性约束条件，所有列定义之后，可以通过<其他参数>定义表级的完整性约束条件。

例如，创建学生表：学生（学号，姓名，院系，年龄），其中年龄的默认值为 20 岁。语句如下。

```
CREATE TABLE 学生 (学号 CHAR(5) NOT NULL,
            姓名 CHAR(8) NOT NULL,
            院系 CHAR(20) ,
            年龄 SMALLINT DEFAULT 20); -- 定义默认值
```

创建课程表：课程（课程号，课程名，先修课）。课程号为主键。语句如下。

```
CREATE TABLE 课程 (课程号 CHAR(5) PRIMARY KEY, -- 定义主键
            课程名 CHAR(20) ,
```

```
                    先修课 CHAR(5));
```

创建选课表：选课（学号，课程号，成绩）。其中，（学号，课程号）为主键，成绩采用百分制，学号属性列是外键，参照学生关系的主键学号属性列。语句如下。

```
CREATE    TABLE    选课 (学号 CHAR(5) NOT  NULL,
                    课程号 CHAR(5) NOT  NULL ,
                    成绩   SMALLINT),
                    CONSTRAINT C1 CHECK ( 成绩 BETWEEN 0 AND 100),
                    CONSTRAINT C2 PRIMARY KEY( 学号 , 课程号 )
                    CONSTRAINT C3 FOREIGN KEY ( 学号 )
                    REFERENCE 学生 ( 学号 ); -- 定义外键约束
```

（2）修改基本表的结构

基本语法：

```
ALTER TABLE < 表名 > [ ADD (< 列定义 >[,< 列定义 >] …) [ MODIFY (< 列名 >  < 类型 >[,< 列名
>  < 类型 >] …)]  [ DROP   < 完整性约束名 >];
```

ALTER TABLE 语句可用来修改数据表的定义与属性。其中 ADD 子句用来增加新的列定义，MODIFY 子句用来改变已有属性列的定义（SQL Server 中用 ALTER 子句修改属性列定义），DROP 子句用来删除存在的完整性约束。

（3）删除基本表定义

基本语法：

```
DROP TABLE < 表名 >;
```

语句功能：执行 DROP TABLE 语句后，将基本表的定义（表框架）连同它的所有元组、索引、触发程序、约束条件、数据表的权限及由它导出的所有视图全部删除，并释放相应的存储空间。

例如：DROP TABLE 选课 ;

3. 管理视图

（1）定义视图

基本语法：

```
CREATE VIEW   < 视图名 > [ (< 列名 >[,< 列名 >]…) ]
      AS   < 子查询 >
      [WITH  CHECK  OPTION];
```

语句功能：用子查询的结果建立一个视图。

例如，建立计算机科学系学生的视图。

```
        CREATE   VIEW   学生 _ 计算机科学
            AS   SELECT   学号 , 姓名 , 年龄
                FROM   学生
                WHERE   院系 = ' 计算机科学 '
                WITH  CHECK  OPTION;
```

（2）删除视图

基本语法：

```
DROP VIEW  < 视图名 >
```

语句功能：删除视图的定义。

例如：以下语句将删除计算机科学系学生视图的定义。

```
DROP VIEW  学生 _ 计算机科学
```

4. 管理索引

（1）定义索引

基本语法：

```
CREATE  [UNIQUE] [CLUSTER] INDEX  <索引名>
ON  <基本表名>（  <列名> [<次序>]  [,<列名> [<次序>] ]…）;
```

语句功能：在基本表的"<列名> [<次序>] [,<列名> [<次序>]]…"上建立索引，如有 UNIQUE 选项，则创建唯一性索引，如有 CLUSTER 选项，则创建聚簇索引，使基本表中元组的顺序与索引项的排列顺序一致，每个基本表只能创建一个聚簇索引。

<次序>选项说明索引值的排列次序，可取值为 ASC（升序）| DESC（降序），默认值为 ASC。

可以在多个属性列上建立索引，DBMS 会自动进行选择和维护。

例如，在选课关系上按成绩降序建立索引。

```
CREATE INDEX  SC_IDX  ON 选课（成绩 DESC）;
```

在选课关系上按学号升序和课程号降序建立多列索引。

```
CREATE INDEX  SC_IDX1  ON 选课（学号 ASC,课程号 DESC）;
```

（2）删除索引

基本语法：

```
DROP  INDEX  索引名;
```

语句功能：删除索引 <索引名>。

例如：

```
CREATE  INDEX  SC_IDX1  ON  选课（学号）;
DROP  INDEX  SC_IDX1;
```

5. 管理规则和默认

默认（DEFAULT）和规则（RULE）都是数据库对象。当它们被创建后，可以绑定到一列或几列上，并且可以反复使用。当使用 INSERT 语句向表中插入数据时，如果有绑定 DEFAULT 的列，系统就会将 DEFAUTLT 指定的数据插入；如果有绑定 RULE 的列，则所插入的数据必须符合 RULE 的要求。

默认值（Default）是向输入记录时没有指定具体数据的列中自动插入的数据。默认值对象与 ALTER TABLE 或 CREATE TABLE 命令操作表时用 DEFAULT 选项指定的默认值功能相似，但是默认值对象可以用于多个列或用户自定义的数据类型，它的管理与应用同规则有许多相似之处。表的一列或一个用户自定义数据类型也只能与一个默认值相绑定。规则也是一种数据库对象，与默认的使用方法类似，规则可以绑定到表的一列或多列上，也可以绑定到用户自定义的数据类型上。它的作用与 CHECK 约束的部分功能相同，为 INSERT 和 UPDATE 语句限制输入数据的取值范围。

规则与 CHECK 约束的不同之处在于：

1）CHECK 约束是在使用 CREATE TABLE 语句建表时指定的，而规则是作为独立于表的数据库对象，通过与指定的表或数据类型绑定来实现完整性约束。

2）一列上只能使用一个规则，但可以使用多个 CHECK 约束。

3）规则可以应用于多个列，还可以应用于用户自定义的数据类型，而 CHECK 约束只能应用于它所定义的列。

（1）管理规则

定义规则的基本语法如下：

```
CREATE RULE  <. 规则名 >  AS  < 规则表达式 >
```

语句功能：定义一个规则，其约束由 < 规则表达式 > 给出。< 规则表达式 > 为一个条件表达式，用来指定满足规则的条件。该表达式可以是任何在查询的 WHERE 子句中出现的表达式，但不能包括列名或其他数据库对象名。在条件表达式中，有一个以 "@" 开头的变量，该变量代表在修改该列的记录时用户输入的数值。

例如，定义一个规则，限制年龄必须在 15 岁和 35 岁之间。

```
CREATE RULE  age_rule  AS @ 年龄 BETWEEN 15 AND 35
```

规则创建后，需要将其绑定到表的列上或用户自定义的数据类型上。当向绑定了规则的列插入或更新数据时，新的数据必须符合规则的约束。如果在列或数据类型上已绑定了规则，那么当再次向它们绑定规则时，旧规则将自动被新规则覆盖。

例如，下面的语句是执行系统存储过程 sp_bindrule 将前面定义的规则 age_rule 绑定到学生关系的年龄属性上。

```
EXEC sp_bindrule  'age_rule ', ' 学生 . 年龄 '
```

注意：在数据库中，若学生表的年龄列上已经存在 CHECK 约束时，则应该先删除它，再执行此例的代码。

使用系统存储过程 sp_unbindrule 可以将绑定到列或用户自定义数据类型上的规则解除。

使用 DROP RULE 语句可以删除当前数据库中的一个或多个规则。在删除规则时，应先将规则从它所绑定的列或用户自定义数据类型上解除。否则，执行 DROP RULE 操作时会出现错误信息，同时 DROP RULE 操作将被撤销。

下面的语句将解除 age_rule 在 "学生 . 年龄" 上的绑定，然后删除该默认对象。

```
EXEC sp_unbindrule  ' 学生 . 年龄 '
DROP RULE age_rule
```

（2）管理默认

默认对象在功能上与默认约束是一样的，但在使用上有所区别。默认约束在 CREATE TABLE 或 ALTER TABLE 语句中被定义后，将被嵌入到所定义的表的结构中。也就是说，在删除表的时候默认约束也将随之被删除。而默认对象需要用 CREATE DEFAULT 语句进行定义，作为一种单独存储的数据库对象，它是独立于表的，删除表并不能删除默认对象，需要使用 DROP DEFAULT 语句删除默认对象。

定义默认的基本语法如下：

```
CREATE DEFAULT <. 默认名 > AS < 默认值说明 >
```

语句功能：定义一个默认对象。其中 <. 默认名 > 为默认对象的名称；< 默认值说明 > 为常量表达式。常量表达式中可以包括常量、内置函数或数学表达式，但不能包括任何列名或其他数据库对象。

例如，下面的语句将定义默认 age_def，默认值为 18。

```
CREATE DEFAULT  age_def  AS  '18'
```

注意：拥有 CREATE DEFAULT 及其以上权限的角色的成员或用户才可以创建默认对象。默认拥有此权限的角色有 sysadmin 固定服务器角色成员、db_owner 和 db_addladmin 固定数据库角色成员，以上角色成员可以将创建默认的权限授予其他用户。

创建默认对象后，并不能直接使用，必须绑定到指定表的某一列或用户自定义的数据类型上。执行系统存储过程 sp_bindefault 可以将默认绑定到列或用户自定义的数据类型上。

下面的语句是执行系统存储过程 sp_bindefault 将默认 age_def 绑定到学生关系的年龄属性上。

```
EXEC sp_bindefault 'age_def ', '学生 . 年龄'
```

使用 DROP DEFAULT 语句可以删除当前数据库中的默认对象。但在删除之前，应该先使用系统存储过程 sp_unbindefault 来解除该默认对象在列或用户自定义数据类型上的绑定。否则会返回错误信息，同时 DROP DEFAULT 操作将被撤销。

解除默认对象的绑定之后，默认对象并没有消失，仍然存在数据库中，只有使用 DROP DEFAULT 语句将其删除之后默认对象才会消失。

下面的语句将解除 age_def 在"学生 . 年龄"上的绑定，然后删除该默认对象。

```
EXEC sp_unbindefault  '学生 . 年龄'
DROP DEFAULT age_def
```

注意：sysadmin 固定服务器角色成员、db_owner 和 db_addladmin 固定数据库角色成员及默认对象的所有者可以使用 DROP DEFAULT 删除默认对象，该权限不能授予其他用户。

使用系统存储过程 sp_help 可以查看对象的名称、拥有者等基本信息。使用系统存储过程 sp_helptext 可以查看对象的定义。

6. 管理存储过程

在大型数据库系统中，存储过程和触发器具有很重要的作用。无论是存储过程还是触发器，都是 SQL 语句和流程控制语句的集合。就本质而言，触发器也是一种存储过程。存储过程预先编译生成可执行代码，所以，以后对其再运行时其执行速度将会很快。关系数据库管理系统产品一般都不仅提供了用户自定义存储过程的功能，而且也提供了许多可作为工具使用的系统存储过程。

以 SQL Server 为例，存储过程的种类有如下 5 种。

（1）系统存储过程

以 sp_ 开头，用来进行系统的各项设定、获取信息和相关管理工作，如上所述的 sp_bindrule、sp_bindefault 等。

（2）本地存储过程

本地存储过程指由用户创建并完成某一特定功能的存储过程，一般所说的存储过程就是指本地存储过程。

（3）临时存储过程

临时存储过程分为两种：一种是本地临时存储过程，以"#"号作为其名称的第一个字符，该存储过程将成为一个存放在 tempdb 数据库中的本地临时存储过程，且只有创建它的用户才能执行它；另一种是全局临时存储过程，以"##"号开始，该存储过程将成为一个存储在 tempdb 数据库中的全局临时存储过程，一旦创建全局临时存储过程，以后连接到服务器的任意用户都可以执行它，而且不需要特定的权限。

（4）远程存储过程

在 SQL Server 2008 中，远程存储过程（Remote Stored Procedures）是位于远程服务器上的存储过程，通常可以使用分布式查询和 EXECUTE 命令执行一个远程存储过程。

（5）扩展存储过程

扩展存储过程（Extended Stored Procedures）是用户可以使用外部程序语言编写的存储过程，而且扩展存储过程的名称通常以"xp_"开头。

创建存储过程的基本语法如下：

```
CREATE PROCEDURE <存储过程名>
    [(参数#1,…参数#1024)]
    [WITH {RECOMPILE | ENCRYPTION }]
    [FOR REPLICATION]
    AS <程序行>
```

其中，<程序行>部分是存储过程的语句，存储过程名不能超过 128 个字符，每个存储过程中最多可以设定 1024 个参数，每个参数名前要有一个"@"符号及参数类型说明，如果是返回参数，则用 OUTPUT 关键字说明。[RECOMPILE] 选项表示每次执行此存储过程时都要重新编译一次，[ENCRYPTION] 表示所创建的存储过程的内容会被加密；[FOR REPLICATION] 选项说明该存储过程将被用于数据库复制。

例如：

```
CREATE PROCEDURE avg_student_grade
@sno, CHAR
@avg_grade   INT OUTPUT     -- OUTPUT 表示是返回参数
AS
SELECT @avg_grade = AVG(成绩)
FROM   选课
WHERE  学号 =@sno
GO
```

该例子是建立一个简单的存储过程 avg_student_grade，这个存储过程根据用户输入的学号值（由参数 @sno 获得），在选课表中查询该学号学生的平均成绩，由 @avg_grade 参数返回给调用存储过程的程序。

存储过程定义之后，可以被调用，调用存储过程的语句是：

```
EXEC   <存储过程名>
```

对于不用的存储过程，可以删除。删除存储过程的语句是：

```
DROP  PROCEDURE< 存储过程名 >
```

关于存储过程的更多内容请参看数据库管理系统的参考手册和联机帮助信息。

7. 管理触发器

触发器是数据库中一种确保数据完整性的方法，同时也是 DBMS 执行的特殊类型的存储过程，触发器都定义在基本表上，每个基本表都可以为插入、删除、修改三种操作定义触发器，即触发器具有 INSERT、UPDATE 和 DELETE 三种类型。对该基本表的插入、修改或删除操作会使得相应的触发器运行，以确保操作不会破坏数据的完整性。

触发器的用途是维护行级数据的完整性。与 CHECK 约束相比，触发器能够强制实现更加复杂的数据完整性，执行复杂操作或级联操作，实现多行数据间的完整性约束，还能按定义动态地、实时地维护相关的数据。

触发器是一种功能强、开销高的保证数据完整性的方法。执行数据库更新操作时，触发器在约束检查之后才执行，亦即那些违背约束条件的更新操作不会启动触发器执行。

每个触发器在执行时都将用到如下两个临时表。

1）Deleted 临时表：用于临时存放被删除的记录行副本（包括 DELETE 和 UPDATE 语句所影响的数据行）。注意，对于被删除的记录行，首先会从原始表中删除，并保存到触发器表；然后再从触发器表中删除，再保存到 Deleted 表。

2）Inserted 临时表：用于临时存放插入的记录行副本（包括 INSERT 和 UPDATE 语句所影响的数据行）。

Deleted 表和 Inserted 表的结构与该触发器作用的表结构相同，都是逻辑表，由系统管理，且这两个表是动态驻留在内存中的（不是存储在数据库中的），当触发器工作完成之后，它们也会被删除；这两个表是只读的，即只能运用 SELECT 语句查看（用户不能直接更改）。

使用触发器有较大的系统开销，所以不能滥用触发器，一般只有在需要实现主键、外键、CHECK 约束所不能保证的复杂参照完整性和数据的一致性，防止恶意或错误的 INSERT、UPDATE 及 DELETE 操作时，才需要定义触发器，强制执行比 CHECK 约束定义的限制更为复杂的其他限制。

触发器是一种特殊类型的存储过程，它不同于我们前面介绍过的存储过程。触发器的执行是通过事件进行触发的，而存储过程可以通过存储过程名被直接调用。当对某一个表进行诸如 INSERT、UPDATE 和 DELETE 操作时，数据库管理系统就会自动执行触发器所定义的 SQL 语句，从而确保对数据的处理必须符合由触发器中 SQL 语句所定义的规则。

定义触发器语句的基本语法如下：

```
CREATE TRIGGER < 触发器名 >
ON { < 表名 >|< 视图名 > }
[ WITH ENCRYPTION ]
{
{ { FOR |AFTER | INSTEAD OF } {[Delete] [,] [ Insert ] [ , ] [ Update ] }
    [ NOT FOR REPLICATION ]
    AS
    [ { IF Update ( column )
        [ { AND | or } Update ( column ) ]
            [ …n ]
    | IF ( COLUMNS_UpdateD ( ) { bitwise_operator } updated_bitmask)
            { comparison_operator } column_bitmask [ …n ]
    } ]
    <.SQL 语句 >[ …n ]
  }
}
```

参数说明

<触发器名>是触发器的名称。触发器名称必须符合标识符规则，并且在数据库中必须是唯一的。可以选择是否指定触发器所有者名称。

<表名>|<视图名>是在其上执行触发器的表或视图，有时称为触发器表或触发器视图。可以选择是否指定表或视图的所有者名称。

[WITH ENCRYPTION]选项表示对触发器语句进行加密，防止将触发器作为数据库复制的一部分发布。

AFTER：指定触发器只有在触发 SQL 语句中指定的所有操作都已成功执行后才激发。所有的引用级联操作和约束检查也必须成功完成后，才能执行此触发器。如果仅指定 FOR 关键字，则 AFTER 是默认设置。不能在视图上定义 AFTER 触发器。

INSTEAD OF：指定执行触发器而不是执行触发 SQL 语句，从而替代触发语句的操作。

在表或视图上，每个 INSERT、UPDATE 或 DELETE 语句最多可以定义一个 INSTEAD OF 触发器。然而，可以在每个具有 INSTEAD OF 触发器的视图上定义视图。

INSTEAD OF 触发器不能在 WITH CHECK OPTION 的可更新视图上定义。如果向指定了 WITH CHECK OPTION 选项的可更新视图中添加 INSTEAD OF 触发器，SQL Server 将产生一个错误。用户必须用 ALTER VIEW 删除该选项后才能定义 INSTEAD OF 触发器。

{ [Delete] [,] [Insert] [,][Update] }：是指定在表或视图上执行哪些数据修改语句时将激活触发器的关键字。必须至少指定一个选项。在触发器定义中允许使用以任意顺序组合的这些关键字。如果指定的选项多于一个，则需要用逗号分隔这些选项。

对于 INSTEAD OF 触发器，不允许在具有 ON DELETE 级联操作引用关系的表上使用 DELETE 选项。同样，也不允许在具有 ON UPDATE 级联操作引用关系的表上使用 UPDATE 选项。

IF Update (column)：测试在指定的列上进行的 Insert 或 Update 操作，不能用于 Delete 操作。可以指定多列。因为在 ON 子句中指定了表名，所以在 IF Update 子句中的列名前不要包含表名。若要测试在多个列上进行的 Insert 或 Update 操作，请在第一个操作后指定单独的 Update(column) 子句。在 Insert 操作中 IF Update 将返回 TRUE 值，因为这些列插入了显式值或隐性 (NULL) 值。

IF Update (column) 子句的功能等同于 IF、IF…ELSE 或 WHILE 语句，并且可以使用 BEGIN…END 语句块，更多信息请参见控制流语言。

可以在触发器主体中的任意位置使用 Update (column)。

IF (COLUMNS_UpdateD())：测试是否插入或更新了提及的列，仅用于 Insert 或 Update 触发器中。COLUMNS_UpdateD 返回 varbinary 位模式，表示插入或更新了表中的哪些列。

COLUMNS_UpdateD 函数以从左到右的顺序返回位，最左边的为最不重要的位。最左边的位表示表中的第一列；向右的下一位表示第二列，以此类推。如果在表上创建的触发器包含 8 列以上，则 COLUMNS_UpdateD 返回多字节，最左边的为最不重要的字节。在 Insert 操作中 COLUMNS_UpdateD 将对所有列返回 TRUE 值，因为这些列插入了显式值或隐性 (NULL) 值。

可以在触发器主体中的任意位置使用 COLUMNS_UpdateD。

bitwise_operator：是用于比较运算的位运算符。

updated_bitmask：是整型位掩码，表示实际更新或插入的列。例如，表 t1 包含列 C1、C2、C3、C4 和 C5。假定表 t1 上有 Update 触发器，若要检查列 C2、C3 和 C4 是否都有更新，指定值 14；若要检查是否只有列 C2 有更新，指定值 2。

comparison_operator：是比较运算符。使用等号 (=) 检查 updated_bitmask 中指定的所有列是否都实际进行了更新。使用大于号 (>) 检查 updated_bitmask 中指定的任一列或某些列是否已更新。

column_bitmask：是要检查的列的整型位掩码，用来检查是否已更新或插入了这些列。

下面列举一个简单的触发器例子：在修改学生学号时，修改相应的选课记录中的学号，使它们保持一致性。

```
CREATE TRIGGER U_Student
    ON 学生                              -- 在学生表中创建触发器
    FOR UPDATE                           -- 为修改事件触发
    AS                                   -- 事件触发后所要做的事情
    IF Update(学号)                      -- 修改了学生.学号
    BEGIN
       UPDATE 选课
         SET 学号 = Inserted.学号
         FROM 选课, Deleted ,Inserted      --Deleted 和 Inserted 临时表
       WHERE 选课.学号 = Deleted.学号
    END;
```

1.3.4 SQL 的数据查询功能

SQL 中最重要、最常用的部分是数据操纵语言（DML）。DML 包括通过 SELECT、INSERT、UPDATE 及 DELETE 等语句来操作数据库对象所包含的数据。其中 SELECT 语句用来实现对数据库的各种查询操作，是 SQL 的核心，也是各种更新操作的基础。INSERT、UPDATE 及 DELETE 语句实现基本表数据的插入、修改及删除操作，统称为数据更新。

如上所述，SQL 的数据查询就一条 SELECT 语句。SELECT 语句可以实现数据查询、数据统计、数据分组、数据排序等，功能非常强大。

SQL 数据查询语句的基本格式如下：

```
SELECT    <目标列>                  -- 要查询的内容
FROM      <基本表或视图>             -- 涉及的关系名
[ WHERE    <条件表达式>]             -- 查询条件
[GROUP  BY <列名1>  [HAVING <条件表达式>] ] -- 分组
[ORDER  BY  <列名2>  [ASC | DESC] ]              -- 排序
[COMPUTE   <短语>] ;                     -- 带明细的分组汇总计算
```

以下将分别简要介绍 SELECT 语句的各个语法结构部分。

1. SELECT 目标列

SELECT 是 SQL 数据查询语句的保留字，目标列给出查询结果关系的属性列表，可以由一组列名列表、星号、表达式、变量（包括局部变量和全局变量）等构成，也可以用 ALL 或 DISTINCT 选项说明是否删除结果中的重复行等，还可以用 TOP 选项限制结果的行数。其中各成分的含义如下。

（1）星号：选择所有列。

例如，下面的语句将显示学生表中所有属性列的数据。

```
SELECT *
FROM 学生;
```

（2）列名列表

选择部分列并指定它们的显示次序，查询结果集合中数据的排列顺序与选择列表中所指定的列名排列顺序相同。

例如：显示学生表中学号和姓名属性列的数据。

```
SELECT 学号, 姓名
FROM 学生;
```

在列名列表中，可以重新指定列标题。定义格式为："列标题＝列名"（SQL Server 的用法）或 "列名 列标题" 或 "列名 AS 列标题"。

如果指定的列标题不是标准的标识符格式时，应使用引号定界符。

例如，下列语句将使用汉字显示列标题。

```
SELECT 昵称=nickname, 电子邮件=email
FROM testable;
```

（3）删除重复行

SELECT 语句中使用 ALL 或 DISTINCT 选项来显示表中符合条件的所有行或删除其中重复的数据行，默认为 ALL。使用 DISTINCT 选项时，对于所有重复的数据行在 SELECT 语句返回的结果集合中只保留一行。

（4）限制返回的行数

使用 TOP n [PERCENT] 选项限制返回的数据行数（SQL Server 的用法），TOP n 说明返回 n 行，而使用 TOP n PERCENT 时，说明 n 表示百分数，指定返回的行数等于总行数的百分之几。

例如：查询前两位学生的选课信息。

```
SELECT TOP 2 *
FROM 选课;
```

查询前 20% 的学生的选课信息。

```
SELECT TOP 20 PERCENT *
FROM 选课;
```

2. FROM 子句

FROM 子句用于指定 SELECT 语句查询及与查询相关的表或视图。在 FROM 子句中最多可指定 256 个表或视图，它们之间用逗号分隔。

在 FROM 子句同时指定多个表或视图时，如果选择列表中存在同名列，则应使用对象名来限定这些列所属的表或视图。例如若学生和选课表中同时存在学号列，那么在查询两个表中的学号时应使用 "学生.学号"、"选课.学号" 加以限定。

在 FROM 子句中可用以下两种格式为表或视图指定别名。

```
表名 AS 别名
表名 别名
```

FROM 子句不仅能从表或视图中检索数据，还能够从其他查询语句所返回的结果集合中查询数据。

例如在 SQL Server 自带的案例数据库 pubs 中，可以用如下语句检索作者的全名：

```
SELECT a.au_fname+a.au_lname
FROM authors a,titleauthor ta
(SELECT title_id,title
FROM titles
WHERE ytd_sales>10000
) AS t
WHERE a.au_id=ta.au_id
AND ta.title_id=t.title_id ;
```

此例中，将 SELECT 返回的结果集合给予一个别名 t，然后再从中检索数据。

3. 使用 WHERE 子句设置查询条件

WHERE 子句用于设置查询条件，过滤掉结果中不需要的数据行。例如下面的语句将查询年龄大于 20 的学生数据。

```
SELECT *
FROM 学生
WHERE 年龄 >20;
```

WHERE 子句的条件表达式可包括如下各种条件运算符。

- 比较运算符（大小比较）：>、>=、=、<、<=、<>、!>、!<。
- 范围运算符：BETWEEN…AND…（表达式值在指定的范围）、NOT BETWEEN…AND…（表达式值不在指定的范围）。
- 列表运算符：IN（项 1，项 2，…（表达式是列表中的指定项）、NOT IN（项 1，项 2，…）（表达式不是列表中的指定项）。
- 模式匹配符（判断值是否与指定的字符通配格式相符）：LIKE、NOT LIKE。
- 空值判断符（判断表达式是否为空）：IS NULL、NOT IS NULL。
- 逻辑运算符（用于多条件的逻辑连接）：NOT（取反）、AND（与）、OR（或），逻辑运算符的优先级由高到低依次为 NOT、AND、OR。

范围运算符举例：

```
age BETWEEN 10 AND 30 相当于 age>=10 AND age<=30
```

列表运算符举例：

```
country IN ('Germany','China')
```

模式匹配符举例：常用于模糊查找，它将判断列值是否与指定的字符串格式相匹配。可用于 char、varchar、text、ntext、datetime 和 smalldatetime 等类型的查询。

条件表达式中还可以使用以下通配字符。

- 百分号 %：可匹配任意类型和长度的字符，如果是中文，请使用两个百分号即 %%。
- 下划线 _：匹配单个任意字符，它常用来限制表达式的字符长度。
- 方括号 []：[] 中指定一个字符、字符串或范围，要求所匹配对象为它们中的任一个。
- [^]：其取值与 [] 相同，但它要求所匹配的对象为指定字符以外的任一个字符。

举例如下

限制以 Publishing 结尾：LIKE '%Publishing'。

限制以 A 开头：LIKE '[A]%'。

限制以 A 之外的字符开头：LIKE '[^A]%'。

空值判断符：WHERE age IS NULL 。

4. 查询结果分组 GROUP BY

GROUP BY 子句用于对查询返回的结果进行分组。GROUP BY 子句的语法格式为：

```
GROUP  BY <列名1> [HAVING <条件表达式>]
```

功能是对查询结果按 <列名 1> 进行分组，如果有 [HAVING <条件表达式>] 选项，则对分组结果进行挑选，只有满足 <条件表达式> 的分组才能在结果中保留。

例如，按年龄分组查询 20 岁以上的学生信息：

```
SELECT *
FROM 学生
GROUP  BY 年龄  HAVING 年龄>20;
```

5. 查询结果排序 ORDER BY

ORDER BY 子句用于对查询返回的结果按一列或多列进行排序。ORDER BY 子句的语法格式为：

```
ORDER BY {<列名> [ASC|DESC]} [,…n]
```

其中 ASC 表示升序，为默认值，DESC 为降序。ORDER BY 不能按 ntext、text 和 image 数据类型进行排序。

例如：

```
SELECT *
FROM 学生
ORDER BY 年龄 ASC
```

另外，也可以根据表达式进行排序。

6. 带明细的分组汇总计算 COMPUTE 短语

分组汇总计算 COMPUTE 短语用于对基本表中数值型属性列进行分组计算，分组属性用 "BY <属性列名>" 给出。

例如，列出全部学生信息并计算各学生的平均成绩，最后给出全体学生的平均成绩。

```
SELECT  学号，姓名，成绩
FROM     学生，选课
WHERE   学生.学号 = 选课.学号
ORDER  BY 学号
COMPUTE  AVG(成绩)  BY  学号
COMPUTE  AVG(成绩)；
```

第一个 COMPUTE 是计算每个学生的平均成绩，第二个 COMPUTE 是计算所有学生的平均成绩。

7. 联合查询

UNION 运算符可以将两个或两个以上的 SELECT 语句的查询结果集合合并成一个结果集合并显示，即执行联合查询。UNION 的语法格式如下：

```
<select_statement>
UNION [ALL] <select_statement>
[UNION [ALL] select_statement][…n]
```

其中 <select_statement> 为待联合的 SELECT 查询语句。

ALL 选项表示将所有行合并到结果集合中。不指定该项时，被联合查询结果集合中的重复行将只保留一行。

联合查询时，查询结果的列标题为第一个查询语句的列标题。因此，若要定义列标题则必须在第一个查询语句中定义；如果要对联合查询结果进行排序，也必须使用第一个查询语句中的列名、列标题或列序号。

在使用 UNION 运算符时，应保证每个联合查询语句的结果选择列表中具有相同数量的表达式，并且每个查询选择表达式应具有相同的数据类型，或者是可以自动将它们转换为相同的数据类型。在自动转换时，对于数值类型，系统将低精度的数据类型转换为高精度的数据类型。

在包括多个查询的 UNION 语句中，其执行顺序是自左至右，使用括号可以改变这一执行顺序。例如：

```
查询 1 UNION  （查询 2  UNION 查询 3）
```

8. 连接查询

通过连接运算符可以实现对多个表的查询。连接运算是关系数据模型的主要特点，也是它区别于其他类型数据库管理系统的一个标志。

在关系数据库管理系统中，建立基本表时不必确定各数据之间的关系，通常是将一个实体的所有信息都存放在一个表中。当检索数据时，可以通过连接操作查询出存放在多个表中的不同实体的信息。连接操作给用户访问数据带来了很大的灵活性，他们可以在任何时候增加新的数据类型。为不同实体创建新的表，然后通过连接进行查询。

可以在 SELECT 语句的 FROM 子句或 WHERE 子句中建立连接，在 FROM 子句中指出连接时有助于将连接操作与 WHERE 子句中的搜索条件区分开来。所以，在 SQL Server 数据库管理系统的 Transact-SQL 语言中推荐使用这种方法。

SQL—92 标准所定义的 FROM 子句的连接语法格式为：

```
FROM <join_table> <join_type> <join_table>
[ON (join_condition)]
```

其中 <join_table> 将指出参与连接操作的表名，连接可以对同一个表操作，也可以对多表操作，对同一个表操作的连接又称为自连接。

<join_type> 指出连接类型，可分为三种：内连接、外连接和交叉连接。内连接（INNER JOIN）使用比较运算符进行表间的某（些）列数据的比较操作，并列出这些表中与连接条件相匹配的数据行。根据所使用的比较方式的不同，内连接又分为等值连接、自然连接和不等连接三种。外连接又分为左外连接（LEFT OUTER JOIN 或 LEFT JOIN）、右外连接（RIGHT OUTER JOIN 或 RIGHT JOIN）和全外连接（FULL OUTER JOIN 或 FULL JOIN）三种。与内连接不同的是，外连接不仅会列出与连接条件相匹配的行，而且还会列出左表（左外连接时）、右表（右外连接时）或两个表（全外连接时）中所有符合搜索条件的数据行。

交叉连接（CROSS JOIN）没有 WHERE 子句，它将返回连接表中所有数据行的笛卡儿积，其结果集合中的数据行数等于第一个表中符合查询条件的数据行数乘以第二个表中符合查询条件的数据行数。

连接操作中的 ON (join_condition) 子句将指出连接条件，它由被连接表中的列和比较运算符、逻辑运算符等构成。

无论哪种连接都不能对 text、ntext 和 image 数据类型列进行直接连接，但可以对这三种列进行间接连接。

（1）内连接

内连接查询操作将列出与连接条件匹配的数据行，它使用比较运算符比较被连接列的列值。内连接又分如下三种情况。

1）等值连接：在连接条件中使用等于（=）运算符比较被连接列的列值，其查询结果中将列出被连接表中的所有列，包括其中的重复列。

2）不等连接：在连接条件中使用除了"等于"运算符以外的其他比较运算符比较被连接列的列值。这些运算符包括 >、>=、<=、<、!>、!< 和 <>。

3）自然连接：在连接条件中使用等于（=）运算符比较被连接列的列值，但它使用选择列表指出查询结果集合中所包括的列，并删除连接表中的重复列。

（2）外连接

内连接时，返回的查询结果集合中仅是符合查询条件（WHERE 搜索条件或 HAVING 条件）和连接条件的行。而采用外连接时，它返回的查询结果集合中不仅包含符合连接条件的行，而且还包括左表（左外连接时）、右表（右外连接时）或两个连接表（全外连接）中的所有数据行。例如下面的语句将使用左外连接将"论坛"表中的每条内容和其作者在"作者"表中的信息连接起来。

```
SELECT a.*,b.* FROM 论坛 a  LEFT JOIN 作者 b
ON a.作者=b.姓名;
```

下面的语句将使用全外连接将 city 表中的所有作者和 user 表中的所有作者，以及他们所在的城市查找出来。

```
SELECT a.*,b.*
FROM city AS a FULL OUTER JOIN user AS b
ON a.username=b.username;
```

（3）交叉连接

交叉连接不带 WHERE 子句，它将返回被连接的两个表所有数据行的笛卡儿积，返回到结果集合中的数据行数等于第一个表中符合查询条件的数据行数乘以第二个表中符合查询条件的数据行数。例如，titles 表中有 6 类图书，而 publishers 表中有 8 家出版社，则下列交叉连接检索到的记录数将等于 6×8=48 行。

```
SELECT type,pub_name
FROM titles CROSS JOIN publishers
ORDER BY type;
```

1.3.5 SQL 的数据更新功能

数据库的数据更新操作包含向关系中插入新的元组、删除关系中已经存在的元组和修改元组的属性值三种操作。插入新的元组用 INSERT 语句，删除关系中已经存在的元组用 DELETE 语句，修改元组的属性值用 UPDATE 语句。

1. INSERT 语句

INSERT 语句可以用来在数据表或视图中插入新的数据记录。

INSERT 语句有两种使用方式：一次插入一行数据记录（一个元组）或一次插入一组新的数据记录（子查询的结果，也称为批量插入）。

基本语法

（1）一次插入一个元组

```
INSERT   INTO   <表名> [ (<列名1>  [,<列名2>] … )]
VALUES   ( <常量1>[,<常量2>] … );
```

例如，插入一个学生记录。

```
INSERT   INTO   学生
VALUES   ('S7', '程成', 'CS', 19);
```

例如，插入一个选课记录。

```
INSERT   INTO   选课 ( Sno,Cno )
VALUES   ( 'S7','C2');
```

（2）批量插入

一次插入一批元组，用一个子查询的结果作为插入的内容。

```
INSERT    INTO  <表名>  [ (<列名1> [,<列名2>] …)]
子查询;
```

其中，子查询应该具有与 <表名> [(<列名1> [,<列名2>] …)] 中对应的结果列。

例如，将每个系学生的平均年龄存入数据库。

先建立一个名为 DeptAge 的表。

```
CREATE TABLE DeptAge ( 院系 CHAR( 15),平均年龄 DEC(4,1));
```

向 DeptAge 表中插入数据。

```
INSERT   INTO   DeptAge( 院系 , 平均年龄 )
SELECT   院系 ,AVG( 年龄 )
FROM   学生
GROUP   BY 院系 ;
```

2. UPDATE 语句

UPDATE 语句用来修改表中一行或多行数据的值。

基本语法：

```
UPDATE <表名>
SET <列名1>=<表达式1> [,<列名2>=<表达式2>] …
[ WHERE <条件表达式> ] ;
```

语句功能：对指定表中满足 [WHERE <条件表达式>] 的元组，按 SET 子句中表达式的值修改相应的列值。若无 WHERE 子句，则修改表中的全部元组。

例如，修改学号，将学号"97036"号改为"98070"。

修改学生关系表语句如下。

```
UPDATE   学生
SET   学号 = '98070'
WHERE   学号 = '97036';
```

执行修改操作时，要注意实体完整性和参照完整性约束，保持数据库中数据的一致性。上述学生的学号修改，既要保证修改后的学号与已经存在的学号不会发生冲突，也要同时用下面的语句修改学生在选课关系中的选课记录。

```
UPDATE   选课
SET   学号 = '98070'
WHERE   学号 ='97036';
```

3. DELETE 语句

DELETE 语句用来删除数据表中一行或多行的数据，也可以删除表中所有的数据行。
基本语法：

```
DELETE
FROM   <表名>
[ WHERE <条件表达式>] ;
```

语句含义：从指定的表中删除满足 WHERE 子句条件的元组。若无 WHERE 子句，则删除表中的全部元组。

注意：DELETE 语句删除的是表中的数据，而不是表的定义。执行删除语句之后，数据表依然存在。如果要删除数据表的结构定义，则需要使用 DROP TABLE 语句。

要从选课数据表中删除所有的行，可以利用下列语句。

```
DELETE FROM 选课;
```

要从选课数据表中删除学号为"98070"的学生的选课信息，可以利用下列语句。

```
DELETE FROM 选课
WHERE 学号 = '98070'
```

删除人工智能课的学生的选课记录，可以利用下列语句。

```
DELETE
FROM   选课
WHERE 课程号 IN SELECT 课程号
              FROM   课程
              WHERE   课程名 = '人工智能';
```

以上介绍的均是 SQL 提供的数据定义语言（DDL）与数据操纵语言（DML）语句，下面将简单介绍数据控制语言（Data Control Language，DCL）。

1.3.6 SQL 的数据控制功能

数据控制语言（DCL）用于控制对数据库对象操作的权限，它使用 GRANT 和 REVOKE 语句对用户或用户组授予或回收数据库对象的权限。

数据库的数据控制分为如下 4 个主要方面。

一是控制用户对数据的存取权限，这是安全性控制，用于保护数据库，防止非法使用造成的数据泄露和破坏。

二是控制数据的完整性，即提供完整性约束条件的定义与检查功能，保证数据库中数据的正确性和相容性。数据库管理系统的完整性控制一般会在建立数据库中的数据对象时，通过定义主键、外键及其他用户定义的约束条件加以实现。

数据控制的另外两个方面是数据库的并发控制和数据库的恢复功能。其中并发控制一般是通过对访问的数据对象加锁的方式来实现的，数据库管理系统提供了多种粒度、多种级别的锁，使得多用户并发访问数据库时，既能够保证高度的并发性，又不会破坏数据的一致性。数据库恢复则可利用数据库备份和数据库日志文件来实现。

下面来讨论 SQL 的安全性控制功能。

数据库系统中保证数据安全性的主要措施是存取控制，即规定用户对数据的存取权限，SQL 为 DBA 和 DBO 提供了定义（授权）和回收存取权限的手段。

授权语句的一般格式如下：

```
GRANT    <权限>  [,<权限>]…
[ ON  <对象类型>  <对象名> ]   TO  <用户> [,<用户>]…
[ WITH  GRANT  OPTION ];
```

语句功能：将指定对象的指定权限授予指定用户。

授权举例如下（假定数据库用户均存在）：

```
GRANT  SELECT ON TABLE  选课  TO  PUBLIC;
GRANT  SELECT,INSERT ON  TABLE  学生
        TO  Zhao  WITH  GRANT  OPTION;
```

收回权限语句的一般格式如下：

```
REVOKE    <权限> [,<权限>]…
[ ON  <对象类型>  <对象名> ] FROM <用户> [,<用户>]… ;
```

语句功能：收回指定用户在指定对象上的指定权限。

收回权限举例如下：

```
REVOKE  INSERT  ON  TABLE  学生 FROM  Zhao;
```

以下是授权和收回授权的另外一些例子：

```
GRANT  UPDATE(姓名),SELECT  ON  TABLE  学生 TO  WANG;
GRANT  ALL  PRIVILEGES ON  TABLE 学生,课程,选课  TO  ZHANG;
GRANT  CREATETAB ON DATABASE 选课 TO LI;
GRANT SELECT ON TABLE  选课 TO PUBLIC;
REVOKE UPDATE(SN) ON  TABLE  学生 FROM WANG;
REVOKE SELECT ON TABLE  选课  FROM  U2;
```

1.3.7　SQL 中的数据类型

SQL 中常用的数据类型是字符型、文本型、数值型、逻辑型和日期型 5 种数据类型。

1. 字符型

SQL 中的字符型分为 VARCHAR 和 CHAR。VARCHAR 型和 CHAR 型数据之间的差别是细微的，但是非常重要。它们都是用来存储字符串长度小于 255 的字符（SQL Server 中 VARCHAR 类型的最大长度可以达到 8000，Oracle 中可以达到 4000）。

简单地说，CHAR 型字段是固定宽度的，即使实际输入的字符串长度很短，存取时也是按定义的宽度进行存取。而 VARCHAR 则是变长字符串类型，其长度由实际输入到表中的内容所限定，向一个长度为 40 个字符的 VARCHAR 型字段中输入数据"计算机科学"。当以后从这个字段中取出此数据时，存取的数据其长度为 10 个字符——即字符串"计算机科学"的实际长度。如果将字符串"计算机科学"输入一个长度为 40 个字符的 CHAR 型字段中，那么实际所存取的数据长度将是 40 个字符，字符串后面不足的部分将被附加上空格。

实际建立数据库时，使用 VARCHAR 型字段要比 CHAR 型字段更方便。因为使用 VARCHAR 型字段不需要为去掉数据中多余的空格付出代价。

VARCHAR 型字段的另一个突出的好处是它可以比 CHAR 型字段占用更少的内存和硬盘空间。当数据库的数据量很大时，这种内存和磁盘空间的节省会变得非常重要。

但是 VARCHAR 型字段在存取效率上却比不上 CHAR 型，对于已经限定了字符长度的字段来说，用 CHAR 类型要优于 VARCHAR 类型。因为使用 CHAR 类型可以获得更快的存取速度。例如日期数据固定格式为 yyyy-mm-dd 型的字段，固定长度是 10，那么采用 CHAR 类型时读取速度会更快。

2. 文本型

文本型数据 TEXT（SQL Server）可以存放超过 20 亿个字符的字符串。当需要存储大串的字符时，应该使用文本型数据。

注意文本型数据没有长度，而前面所讲的字符型数据是有长度的。一个文本型字段中的数据通常要么为空，要么很大。

无论何时，只要是能避免使用文本型字段，就应该不使用它。文本型字段既大且慢，多用文本型字段会使数据库服务器的速度变慢。文本型字段还会占用大量的磁盘空间。一旦向文本型字段中输入了任何数据（甚至是空值），就会有 2KB 的空间被自动分配给该数据。除非删除该记录，否则无法收回这部分存储空间。

3. 数值型

SQL 支持多种不同的数值型数据。可以存储整数 INT/SMALLINT/TINYINT、实数 NUMERIC 和货币金额 MONEY/SMALLMONEY。

（1）整数 INT、SMALLINT 和 TINYINT

三者的区别只是字段的长度及取值范围不同：INT 型数据占 4 字节，表示范围是从 –2 147 483 647 到 2 147 483 647 的整数；SMALLINT 型数据占 2 字节，可以存储从 –32 768 到 32 768 的整数；TINYINT 型数据只占用 1 字节，只能存储从 0 到 255 的整数，且不能用于存储负数。

通常，为了节省空间，在数据表中应该尽可能地使用最小的整型数据。一个 TINYINT 型数据只占用 1 字节，一个 INT 型数据占用 4 字节。这看起来似乎差别不大，但是在数据量比较大的表中，字节数的增长是很快的。另一方面，一旦已经创建了表的字段，尽管在使用中可以修改，但修改起来是很麻烦的。因此，为安全起见，设计人员应该预测一下，一个字段所需要存储的数值最大有可能是多大，然后根据实际需要选择适当的数据类型。如用来保存年龄的字段，就应该采用 TINYINT 数据类型。

（2）实数 NUMERIC

为了能对字段所存放的数据有更多的控制，可以使用 NUMERIC 型数据来同时表示一个数的整数部分和小数部分。NUMERIC 型数据使你能表示非常大的数——比 INT 型数据要大得多。一个 NUMERIC 型字段可以存储从 -10^{38} 到 10^{38} 范围内的数。NUMERIC 型数据还能表示带小数部分的数。例如，可以在 NUMERIC 型字段中存储小数 3.14。

当定义一个 NUMERIC 型字段时，你需要同时指定整数部分的宽度和小数部分的宽度。如 NUMERIC(23,0)，NUMERIC 型数据的整数部分最大只能有 28 位，小数部分的位数必须小于或等于总长度的位数，小数部分可以是零。

（3）MONEY、SMALLMONEY

要存储货币金额，当然可以使用 INT 型或 NUMERIC 型数据。但是，SQL 中专门有
MONEY 和 SMALLMONEY 两种数据类型用于保存金额。其中 MONEY 型数据可以存储
从 –922 337 203 685 477.580 8 到 922 337 203 685 477.580 7 的金额。如果需要存储比这还大
的金额，就只能使用 NUMERIC 型数据。SMALLMONEY 型数据只能存储从 –214 748.364 8
到 214 748.364 7 的金额。同样，为了节省空间，应该尽可能用 SMALLMONEY 型来代替
MONEY 型数据。

4. 逻辑型 BIT

BIT 型数据只能取两个值：二进制的 1 或 0，用于表示逻辑"真"或"假"。

注意：创建好一个表之后，不能向表中添加 BIT 型字段。如果需要在一个表中包含 BIT
型字段，必须在创建表时进行定义。

5. 日期型 DATETIME 和 SMALLDATETIME

日期型数据分为 DATETIME 和 SMALLDATETIME 两种。

DATETIME 型的字段可以存储的日期范围是从 1753 年 1 月 1 日第一毫秒到 9999 年 12
月 31 日最后一毫秒。

SMALLDATETIME 型数据与 DATETIME 型数据的用法相同，只不过它能表示
的日期和时间范围比 DATETIME 型数据小，而且不如 DATETIME 型数据精确。一个
SMALLDATETIME 型的字段能够存储从 1900 年 1 月 1 日到 2079 年 6 月 6 日的日期，它只能
精确到秒。

1.4　常用的数据库管理系统

关系数据模型因为有雄厚的数学基础做支持，因此发展非常迅速，是当前数据库市
场的主流。目前有很多公司开发了许多成功的数据库管理系统产品，如 Oracle、Sybase、
Informix、Microsoft SQL Server、Microsoft Access、Visual FoxPro 等，不同的 DBMS 产品以
各自特有的功能，在数据库市场上均占有一席之地。

适合管理大中型数据库的产品有：IBM 公司的 DB2、甲骨文公司的 Oracle、微软公司的
SQL Server、SyBase、Informix 等。

适合管理中小型数据库的产品有：MySQL（瑞典 MySQL AB 公司的产品，该公司现已被
Oracle 收购）、Access（微软）、Pradox、Foxpro 等。

下面简要介绍几种常用的数据库管理系统。

1.4.1　主流的数据库管理系统产品

1. Oracle

Oracle 是一个最早商品化的关系型数据库管理系统，也是应用广泛、功能强大的数据库
管理系统。Oracle 作为一个通用的数据库管理系统，不仅具有完整的数据管理功能，还是一
个分布式数据库系统，支持各种分布式功能，特别是支持 Internet 应用。作为一个应用开发环
境，Oracle 提供了一套界面友好、功能齐全的数据库开发工具。Oracle 使用 PL/SQL 语言执行
各种操作，具有可开放性、可移植性、可伸缩性等功能。特别是在 Oracle 8i 中，因为其支持

面向对象的功能，如支持类、方法、属性等，使得 Oracle 产品成为一种对象 / 关系型数据库管理系统。目前最流行的版本是 Oracle 11g。

2. Microsoft SQL Server

Microsoft SQL Server 是微软公司的数据库产品，是一种典型的关系型数据库管理系统，可以在很多操作系统上运行，它使用 Transact-SQL 语言完成数据操作。由于 Microsoft SQL Server 是开放式系统，其他系统可以与它进行完好的交互操作。目前最广泛应用的产品为 Microsoft SQL Server 2008，它具有可靠性、可伸缩性、可用性、可管理性等特点，可为用户提供完整的数据库解决方案。

3. Microsoft Access

作为 Microsoft Office 组件之一的 Microsoft Access 是在 Windows 环境下非常流行的桌面型数据库管理系统。使用 Microsoft Access 无须编写任何代码，只需要通过直观的可视化操作就可以完成大部分数据管理任务。在 Microsoft Access 数据库中，包含了很多组成数据库的基本要素。这些要素包括存储信息的表、显示人机交互界面的窗体、有效检索数据的查询、信息输出载体的报表、提高应用效率的宏、功能强大的模块工具等。它不仅可以通过 ODBC 与其他数据库相连，实现数据交换和共享，还可以与 Word、Excel 等办公软件进行数据交换和共享，并且通过对象链接与嵌入技术在数据库中嵌入和链接声音、图像等多媒体数据。

4. PostgreSQL

PostgreSQL 是一个自由的对象－关系数据库服务器（数据库管理系统），它在灵活的 BSD 风格许可证下发行。它在其他开放源代码数据库系统（比如 MySQL 和 Firebird）和专有系统（比如 Oracle、Sybase、IBM 的 DB2 和 Microsoft SQL Server）之外，为用户又提供了一种选择。

1.4.2　选择数据库管理系统产品的依据

在实际建立数据库系统时，数据库管理系统产品的选择也是十分重要的，选择数据库管理系统产品时一般应从以下几个方面予以考虑。

1. 构造数据库的难易程度

需要分析数据库管理系统有没有范式的要求，即是否必须按照系统所规定的数据模型分析现实世界，建立相应的模型；数据库管理语句是否符合国际标准，符合国际标准以便于系统的维护、开发和移植；有没有面向用户的易用的开发工具；所支持的数据库容量，数据库的容量特性决定了数据库管理系统的适用范围。

2. 程序开发的难易程度

数据库系统除了利用数据库管理系统管理数据，还要开发相应的应用系统以方便用户的使用。因此要考查有无计算机辅助软件工程工具（CASE）——计算机辅助软件工程工具可以帮助开发者根据软件工程的方法提供各开发阶段的维护、编码环境，以便于复杂软件的开发、维护；有无第四代语言的开发平台——第四代语言具有非过程语言的设计方法，用户不需编写复杂的过程性代码，易学、易懂、易维护；有无面向对象的设计平台——面向对象的设计思想十分接近人类的逻辑思维方式，便于开发和维护；能否实现对多媒体数据类型的支持——多媒体数据需求是今后发展的趋势，支持多媒体数据类型的数据库管理系统必将减少应用程序的开发和维护工作。

3. 数据库管理系统的性能分析

包括性能评估（响应时间、数据单位时间吞吐量）、性能监控（内外存使用情况、系统输入／输出速率、SQL 语句的执行、数据库元组控制）和性能管理（参数设定与调整）。

4. 对分布式应用的支持

当今大部分应用都是分布式的，所以选择数据库产品要考查其对分布式应用的支持，包括数据透明与网络透明程度。数据透明是指用户在应用中不需要指出数据在网络中的什么节点上，数据库管理系统可以自动搜索网络，提取所需数据；网络透明是指用户在应用中无须指出网络所采用的协议。数据库管理系统自动将数据包转换成相应的协议数据。

5. 并行处理能力

考查数据库产品是否支持多 CPU 模式的系统（SMP、CLUSTER、MPP），负载的分配形式，并行处理的颗粒度、范围。

6. 可移植性和可扩展性

可移植性是指垂直扩展和水平扩展的能力。垂直扩展要求新的平台能够支持低版本的平台，数据库客户端／服务器机制支持集中式管理模式，这样可以保证用户以前的投资和系统；水平扩展要求满足硬件上的扩展，支持从单 CPU 模式转换成多 CPU 并行计算机模式。

7. 数据完整性约束

数据完整性是指数据的正确性和一致性保护，包括实体完整性、参照完整性和复杂的事务规则。关系数据库管理系统产品都能自动实现实体完整性、参照完整性约束，并提供用户自定义完整性约束的机制。

8. 并发控制功能

对于多用户数据库管理系统，并发控制功能是必不可少的。因为它面临的是多任务分布式环境，可能会有多个用户点在同一时刻对同一数据进行读或写操作，为了保证数据的一致性，需要由数据库管理系统的并发控制功能来完成。评价并发控制的标准应从如下几个方面加以考虑。

1）保证查询结果一致性的方法。

2）数据锁的颗粒度（数据锁的控制范围，表、页、元组等）。

3）数据锁的升级管理功能。

4）死锁的检测和解决方法。

9. 容错能力

考查数据库产品在异常情况下对数据的容错处理能力。评价标准有如下几点：硬件的容错，考查有无磁盘镜像、磁盘双工及系统双工处理功能；软件的容错，考察有无软件方法应对异常情况的容错功能。

10. 安全性控制

包括安全保密的程度（账户管理、用户权限、网络安全控制、数据约束）。

11. 支持汉字处理能力

包括数据库描述语言的汉字处理能力（表名、域名、数据）和数据库开发工具对汉字的支持能力。

12. 故障恢复能力

当突然停电、出现硬件故障、软件失效、病毒或严重错误操作时，系统应提供恢复数据库的功能，如定期转存、恢复备份、回滚等，使系统有能力将数据库恢复到损坏以前的状态。

在本课程设计教程中，我们选择微软公司的 SQL Server 2008 数据库管理系统建立案例数据库，进行数据访问操作。在实际进行课程设计时，学生可以使用自己熟悉的数据库管理系统产品来进行，只要注意区别每个数据库管理系统产品的细节差异，对部分语句进行适当调整即可。

1.5　SQL Server 2008 数据库管理系统

1.5.1　SQL Server 2008 简介

SQL Server 是一个关系数据库管理系统，它最初是由 Microsoft、Sybase 和 Ashton-Tate 三家公司共同开发的，于 1988 年推出了第一个 OS/2 版本。但在 Windows NT 推出之后，Microsoft 与 Sybase 在 SQL Server 的开发上就不再合作了，Microsoft 将 SQL Server 移植到 Windows NT 系统上，专注于开发和推广 SQL Server 的 Windows NT 版本，而 Sybase 则更专注于 SQL Server 在 UNIX 操作系统上的应用。

SQL Server 2008 是 Microsoft 公司于 2008 年推出的一个重要的产品版本，它新增了许多新的特性和关键的改进，使得它成为一个非常强大和全面的 SQL Server 版本。它具有性能良好、稳定性强、便于管理和易于开发等优势，深受广大用户的喜爱，有着众多的成功应用案例。

在 SQL Server 2005 的基础上，SQL Server 2008 分别在数据加密、增强审查等方面进行了加强以扩展它的安全性；在确保业务可持续性方面，它改进了数据库的镜像功能，包括页面自动修复、提高性能等；通过对象相关性等的改进增强了 Transact-SQL 编程人员的开发体验；另外，SQL Server 2008 推出了新的日期和时间数据类型：DATE（只包含日期类型）、TIME（只包含时间类型）、DATETIMEOFFSET（可辨别时区的日期 / 时间类型）、DATETIME2（比现有的 DATETIME 类型具有更精确的秒和年范围的日期 / 时间类型）。新的数据类型使应用程序可以有单独的日期和时间类型，同时为用户定义时间值的精度提供了较大的数据范围。

1. SQL Server 2008 的不同版本

根据应用的需要，安装版本的要求会有所不同。不同版本的 SQL Server 能够满足企事业单位和个人不同的性能、运行及价格要求。此外安装哪些 SQL Server 组件也取决于用户的具体需要。下面的内容将有助于了解如何在 SQL Server 2008 的不同版本和可用组件中做出最佳选择。

（1）SQL Server 2008 企业版

SQL Server Enterprise 是一种综合的数据平台，可以为运行安全的业务关键应用程序提供企业级可扩展性、高性能、高可用性和高级商业智能功能。目前可以使用的 Enterprise 是可试用 180 天的 SQL Server 2008 Enterprise Evaluation。

（2）SQL Server 2008 标准版

SQL Server Standard 是一个可提供易用性和可管理性的完整数据平台。它的内置业务智能功能可用于运行部门应用程序。SQL Server Standard for Small Business 包含了 SQL Server Standard 的所有技术组件和功能，可以在拥有 75 台或更少台计算机的小型企业环境中运行。

（3）SQL Server 2008 开发版

SQL Server 2008 Developer 支持开发人员构建基于 SQL Server 的任一种类型的应用程序。

它包括 SQL Server 2008 Enterprise 的所有功能，但有许可限制，只能用作开发和测试系统，而不能用作生产服务器。SQL Server 2008 Developer 是构建和测试应用程序的开发人员的理想之选。可以升级 SQL Server 2008 Developer 以将其用于生产用途。

（4）SQL Server 2008 工作组版

SQL Server Workgroup 是运行分支位置数据库的理想选择，它提供了一个可靠的数据管理和报告平台，其中包括安全的远程同步和管理功能。

（5）SQL Server 2008 Web 版（x86、x64）

对于为从小规模至大规模 Web 资产提供可扩展性和可管理性功能的 Web 宿主和网站来说，SQL Server 2008 Web 版是一项总拥有成本较低的选择。

（6）SQL Server Express 版

SQL Server Express 数据库平台基于 SQL Server 2008。它也可用于替换 Microsoft Desktop Engine (MSDE)。SQL Server Express 与 Visual Studio 集成，从而开发人员可以轻松地开发功能丰富、存储安全且部署快速的数据驱动应用程序。

（7）SQL Server Express with Advanced Services 版

SQL Server Express 是免费提供的，且可以由 ISV 再次分发（视协议而定）。SQL Server Express 是学习和构建桌面及小型服务器应用程序的理想选择，也是独立软件供应商、非专业开发人员和热衷于构建客户端应用程序的开发人员的最佳选择。如果需要使用更高级的数据库功能，则可以将 SQL Server Express 无缝升级到更复杂的 SQL Server Express with Advanced Services 版。

（8）SQL Server Compact 3.5 SP1 版

SQL Server Compact 也是免费提供的，是生成用于基于各种 Windows 平台的移动设备、桌面和 Web 客户端的独立和偶尔连接的应用程序的嵌入式数据库的理想选择。

2. 升级到 SQL Server 2008

可以从 SQL Server 2000 或 SQL Server 2005 升级到 SQL Server 2008。但需要注意以下几点。

（1）版本不同，实例不兼容

不支持跨版本的 SQL Server 2008 实例。在同一个 SQL Server 2008 实例中，数据库引擎、Analysis Services 和 Reporting Services 组件的版本号必须相同。

（2）版本支持功能不同

在从 SQL Server 2008 之前的某一版本升级到另一版本之前，请验证要升级到的版本是否支持当前使用的功能。

（3）不支持跨平台升级

不能将 32 位 SQL Server 实例升级到本机 64 位。但是，可将 SQL Server 的 32 位实例升级到 WOW64，这是 64 位服务器上的 32 位子系统。如果数据库未在复制过程中发布，则还可以从 SQL Server 的 32 位实例中备份或分离数据库，并将它们还原或附加到 SQL Server（64 位）实例上。在此情况下，还必须在 master、msdb 和 model 系统数据库中重新创建登录名和其他用户对象。

（4）确认操作系统

若要升级到 SQL Server 2008，运行的必须是受支持的操作系统。

1.5.2　安装与配置 SQL Server 2008

（1）安装 SQL Server 2008

SQL Server 2008 有多个版本，前面已经介绍了各版本的特点和适用范围。作为初学 SQL Server 2008 的一般用户，使用任意一个版本一般都能够满足需求。

在安装 SQL Server 2008 之前需要做好如下准备。

- 查看 SQL Server 2008 的安装要求、系统配置检查和安全注意事项。
- 运行 SQL Server 安装程序以安装或升级到 SQL Server 2008。
- 使用 SQL Server 实用工具配置 SQL Server。

在不同的操作系统平台上安装 SQL Server 2008，细节会有所不同，本书将介绍免费版本的安装过程，如图 1-11 至图 1-21 所示，具体版本的安装过程请参看微软 SQL Server 2008 安装指南的介绍。安装过程中一般选择典型安装，SQL Server 安装向导是基于 Windows Installer 的，它提供了一个用来安装所有 SQL Server 组件的功能树，因此不必逐个安装组件，按照安装向导，逐步进行即可。

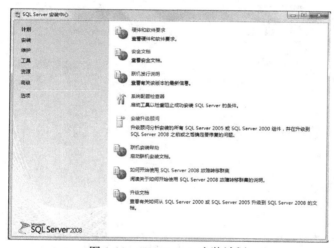

图 1-11　SQL Server 安装计划

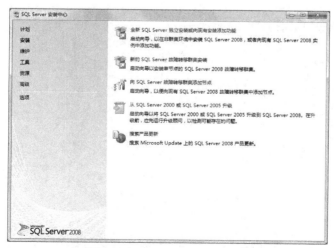

图 1-12　SQL Server 安装向导

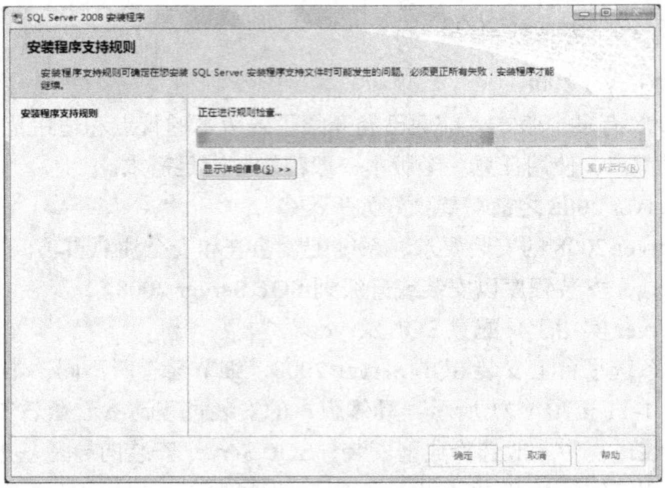

图 1-13　SQL Server 安装程序支持规则检查过程

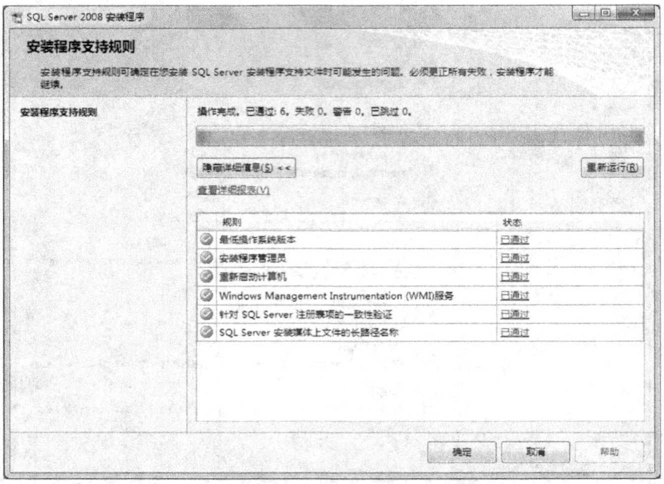

图 1-14　SQL Server 安装程序支持规则检查结果

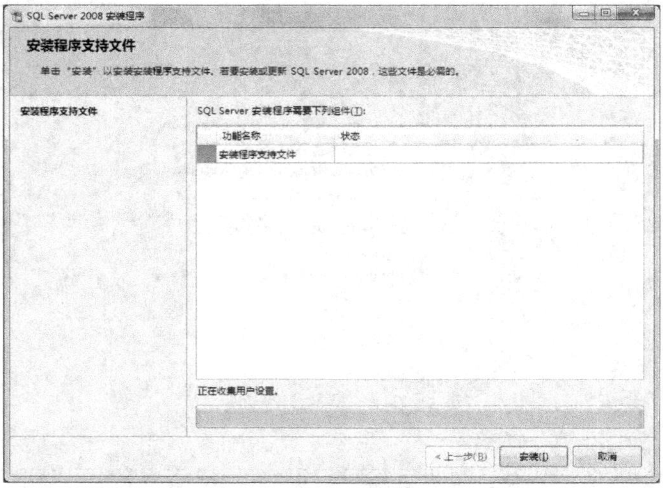

图 1-15　SQL Server 安装程序支持文件安装

图 1-16　SQL Server 安装程序支持规则

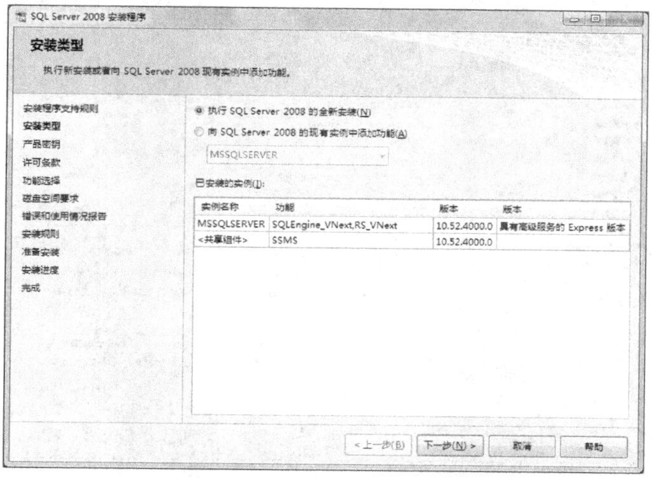

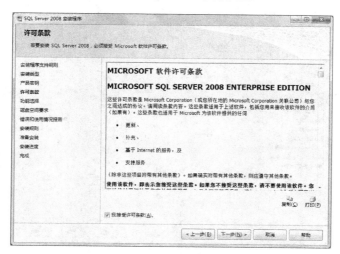

图 1-17　SQL Server 安装类型

图 1-18　SQL Server 安装许可条款

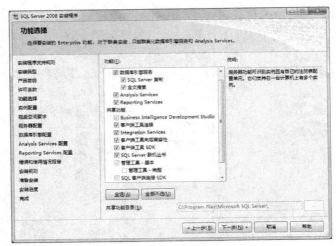

图 1-19   SQL Server 安装功能选择

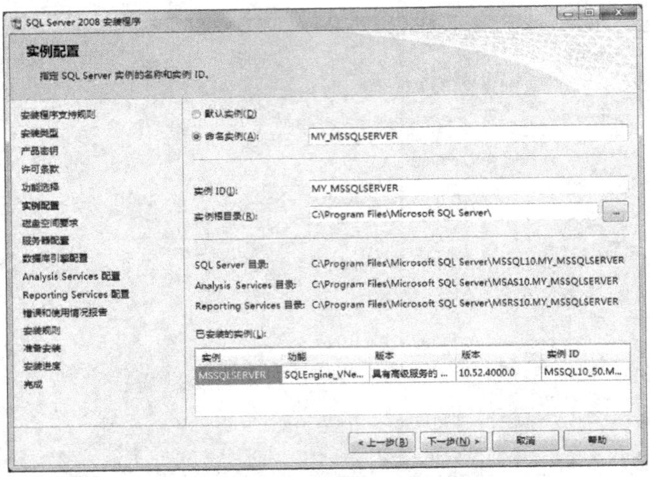

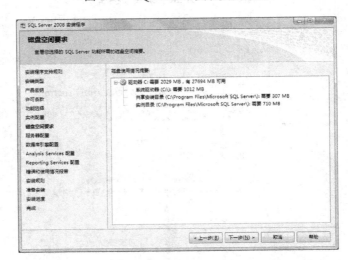

图 1-20   SQL Server 安装实例配置

图 1-21   SQL Server 安装程序磁盘空间要求

（2）配置 SQL Server 2008

1）验证 SQL Server 2008 安装成功。要验证 SQL Server 2008 是否安装成功，需要确保所安装组件的服务正在计算机上运行。如果相应的服务没有运行，则需要启动该服务，方法是：右键单击该服务，再单击"启动"。如果某一服务无法启动，则请检查此服务属性中的 .exe 文件的路径，以确保指定的路径中存在相应的 .exe 文件。

2）配置 Windows 防火墙以允许 SQL Server 访问。防火墙系统有助于阻止对计算机资源进行未经授权的访问。如果防火墙已经打开但却未正确配置，则可能会阻止连接 SQL Server。若要通过防火墙访问 SQL Server 实例，则必须在运行 SQL Server 的计算机上配置防火墙以允许访问。防火墙是 Microsoft Windows 的一个组件，也可以安装其他公司的防火墙。

3）系统和示例数据库。系统数据库包括 master、model、msdb 和 tempdb 等。安装 SQL Server 2008 后还可以获得有关示例的其他信息：在"开始"菜单中，依次单击"所有程序"→"Microsoft SQL Server 2008"→"文档和教程"，再单击"Microsoft SQL Server 示例概述"。

1.5.3　使用 SQL Server 2008

SQL Server 2008 安装完成之后，在"所有程序"菜单中会出现"SQL Server 2008"程序组。一般安装时会选择默认开机启动 SQL Server 2008 数据库服务，可以检查 SQL Server 2008 数据库服务器是否启动。如图 1-22 所示。如果没有启动，则启动该服务，如图 1-23 所示。

图 1-22　检查 SQL Server 2008 数据库服务器是否启动

图 1-23　启动 SQL Server 2008 数据库服务器

　　用 SQL Server 2008 进行交互式数据库管理工作是在 SQL Server 2008 的 "SQL Server Management Studio" 中进行的，启动 "SQL Server Management Studio" 的步骤是：单击 "开始" → "所有程序" → "Microsoft SQL Server 2008" → "SQL Server Management Studio"，启动后界面如图 1-24 所示。

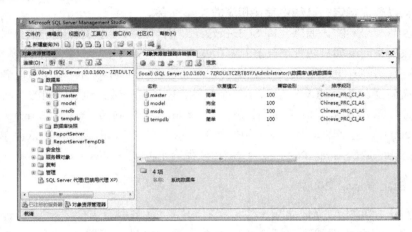

图 1-24　"SQL Server Management Studio" 界面

　　鉴于篇幅关系，此处不再详细介绍 "SQL Server Management Studio" 的具体使用，后续章节中介绍数据库实施的具体操作时会给出具体的使用步骤。

第 2 章
教学管理系统

随着高等教育的迅速发展和教学质量评估体系的日渐完善，高等院校本着以学生为本、提高教学质量的原则，教学管理越来越科学、规范，很多高校从基础教育和素质教育的角度出发，将课程分为必修课和选修课，其中必修课有公共基础课和专业必修课等，选修课包括文理互选课、专业选修课等，各高校都提供了多种课程供学生选择，使得学生在完成本专业方向要求的必修课程学习之外，还可以根据自己的兴趣爱好，选修感兴趣的课程，以拓展知识面。

在这样的高校管理系统中，以学生、教师和课程为主体的教学管理系统是一个很重要的功能模块。

2.1 需求分析

作为数据库课程设计的题目，鉴于设计时间有限，我们不追求大而全，这里只把教学管理所涉及的核心内容作为我们数据库管理的对象来进行设计。

教学管理系统主要满足三类用户的需求，分别是教学管理人员（设置为系统管理员）、教师及学生，三类用户所具有的操作权限及操作内容是有所区别的。教学管理系统中系统管理员可以对学生信息、教师信息和课程信息等进行有效的管理和维护，包括增加、删除和修改等基本的操作和维护功能以及灵活的查询功能。教师和学生能够对个人的基本信息、授课和选课等所涉及的相关信息进行查询、更新等操作。

具体的需求分析如下。

系统管理员：

1）维护学生的个人基本信息，实现对学生个人信息的添加、删除和更新等。学生信息包括学生的学号、姓名、性别、专业、院系、年龄、电话、EMAIL 等。

2）维护教师的个人基本信息，实现对教师个人信息的添加、删除和更新等。教师信息包括教师的工号、姓名、性别、职称、院系、年龄、电话、EMAIL 等。

3）维护课程信息，实现对课程信息的添加、删除和修改等。课程信息包括课程号、课程名、学分、课程性质等。

学生用户：

1）查询和修改学生的个人信息：如电话、EMAIL 等。

2）选择选修课和查看所有课程信息。包括查看选修课程的设置信息、选择选修课、退选已选课程、查看所有学习的课程等。

3）学生可以查看自己所有课程的成绩信息。

教师用户：

1）查询和修改个人信息：如电话、EMAIL 地址等。

2）课程结束后，教师给所教授课程的选课学生进行成绩登记。

3）教师可以查看自己的教学安排，包括讲授课程、学时数、以往所授课程的学生成绩等信息。

教学管理的基本规定如下：每门课程可以由多个教师讲授，不同的教师讲授的同名课程应加以区分；每个教师可以讲授多门课程；每个学生可以学习多门课程，每门课程有多个学生学习，每个学生学习每门课程都会获得一个成绩。

为简便起见，本案例中学校的院系、专业信息都是固定的，不需要单独进行维护和管理，也不需要考虑教师排课的时间冲突等问题，假定排课由人工进行合理安排。

2.2 概念结构设计

分析教学管理系统的基本需求，利用概念结构设计的抽象机制，对需求分析结果中的信息进行分类、组织，从而得到系统的实体、实体属性、实体的码、实体之间的联系及联系的类型，就可以设计出系统的概念模型。

通过上述分析，可以抽取出教学管理系统的基本实体有：学生、教师和课程；这三个实体是通过教师讲授课程、教学管理和学生学习课程产生联系的，学生、教师和课程三者之间是多对多的联系。

设计概念结构的具体步骤如下所示。

1. 抽象出系统的实体

根据分析，教学管理系统主要包含学生、教师和课程三个实体，画出三个实体的局部E-R图，并在图中标出实体的主键（加下划线的属性），分别如图2-1、图2-2和图2-3所示，其中学号是学生实体的主键，工号是教师实体的主键，课程号是课程的主键。

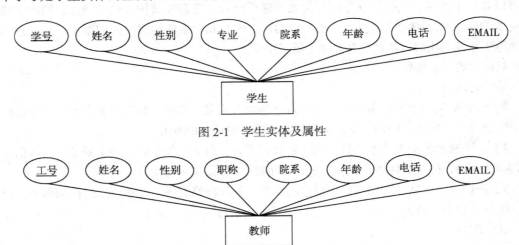

图 2-1 学生实体及属性

图 2-2 教师实体及属性

2. 设计分 E-R 图

教学管理系统共涉及三个实体集：学生、教师和课程，三者之间均存在联系。

学生与教师：一个教师可以教授多名学生，每个学生可以学习多个教师的课程。所以，学生与教师之间是通过教学进行联系的，并且二者之间的关系是多对多的联系。

学生与课程：一个学生可以学习多门课程，一门课程可以供多个学生学习。因此，学生与课程之间是多对多的联系。学生学习一门课程会有一个成绩。

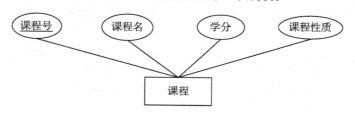

图 2-3   课程实体及属性

教师与课程：一个教师可以教授多门课程，一门课程同时也可以被多名教师教授。因此，教师与课程之间的关系是多对多的联系。

根据上述分析，可以得到各个局部的 E-R 图，分别如图 2-4、图 2-5 和图 2-6 所示。

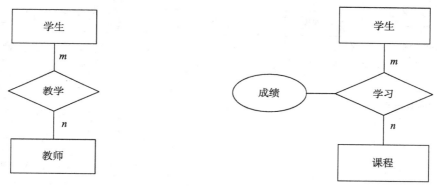

图 2-4   学生和教师之间的 E-R 图   图 2-5   学生与课程之间的 E-R 图

3. 合并各分 E-R 图，生成初步 E-R 图

合并各分 E-R 图并不是单纯地将各个分 E-R 图画在一起，而是必须消除各个分 E-R 图中的不一致，以形成一个能为全系统中所有用户共同理解和接受的统一的概念模型。如何合理地消除各分 E-R 图之间的冲突是合并各分 E-R 图、生成初步 E-R 图的关键所在。各分 E-R 图之间的冲突包括三种：属性冲突、命名冲突和结构冲突。

经过分析，可以得知学生、教师和课程三者之间能够通过教学这个联系进行关联。因此，合并上述分 E-R 图并生成教学管理系统初步 E-R 图，如图 2-7 所示。

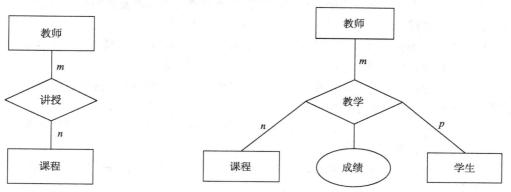

图 2-6   教师和课程之间的 E-R 图   图 2-7   教学管理系统初步 E-R 图

4. 全局 E-R 图

将各个实体的属性加入初步 E-R 图中以形成全局 E-R 图，如图 2-8 所示。

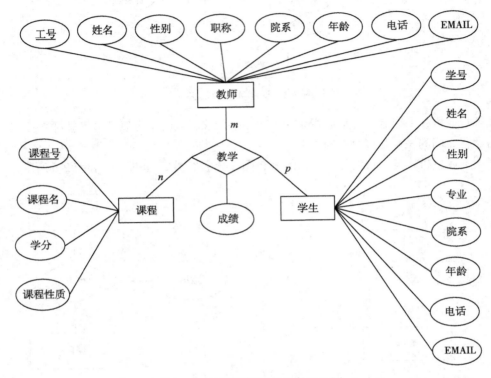

图 2-8 教学管理系统全局 E-R 图

2.3 逻辑结构设计

逻辑结构设计就是将概念结构设计中的全局 E-R 图转换为与选用的 DBMS 产品所支持的数据模型相符合的逻辑结构。

在关系数据库系统中，数据库的逻辑设计就是根据概念模型设计的 E-R 图，按照 E-R 图到关系数据模型的转换规则，将 E-R 图转换为关系模型，即将所有的实体和联系转化为一系列的关系模式的过程。E-R 图向关系模型的转换所要解决的问题是如何将实体型和实体间的联系转换为关系模式，以及如何确定这些关系模式的属性和码。

根据前面介绍的 E-R 图向关系数据模型转换的相关转换规则，将图 2-8 所示 E-R 图转换为关系数据模型，可得到如下的教学管理数据库的关系模式。

学生（学号，姓名，性别，专业，院系，年龄，电话，EMAIL）为学生实体对应的关系模式，其中学号是学生关系的主键。

教师（工号，姓名，性别，院系，年龄，职称，电话，EMAIL）为教师实体对应的关系模式，其中工号是教师关系的主键。

课程（课程号，课程名，学分，课程性质）为课程实体对应的关系模式，其中课程号是课程关系的主键。

教学（学号，工号，课程号，成绩）为联系"教学"对应的关系模式。因为教学是学生、课程和教师之间的多对多联系，因此学生、教师和课程的主属性，以及教学联系本身的属性"成绩"，共同构成了教学关系模式的属性，其中学号、工号及课程号的组合是教学关系的主键。

2.4　数据库物理设计与实施

为一个给定的逻辑数据模型选取一个最适合应用要求的物理结构的过程就是数据库的物理设计。进行物理设计时要确定数据库的存储路径、数据规模、增长速度等，在数据库管理系统中创建数据库，建立数据库的所有数据模式，并根据访问要求给数据库的基本表设计适当的索引作为存取路径。

2.4.1　创建"教学管理系统"数据库

因为本系统是一个小型的教学管理系统，经过分析，建立"教学管理系统"数据库，其初始大小可以设为 10MB，增长率设置为 10% 即可满足需要，日志文件最大值为 100MB，并将数据文件和日志文件分别命名为："教学管理系统 _data"和"教学管理系统 _log"，其存储路径选择为"D:\data"文件夹下。

首先为教学管理系统建立数据库"教学管理系统"。

建立数据库有如下两种方式：利用 Management Studio 图形工具交互向导方式和 SQL 语句方式。下面分别使用这两种方法来建立数据库。

1. 交互向导方式

利用 SQL Server 2008 中的 Management Studio 图形工具向导建立数据库的步骤如下。

（1）启动 SQL Server 2008

依次单击"开始"→"所有程序"→"SQL Server 2008"→"SQL Server Management Studio"，启动 SQL Server 2008 数据库管理系统。

（2）登录数据库服务器

单击"连接到服务器"对话框中的连接按钮连接到 SQL Server 2008 数据库服务器。

（3）创建数据库"教学管理系统"

在 SQL Server 2008 数据库管理系统的左边栏"对象资源管理器"中，右击数据库对象，在弹出的快捷菜单中单击"新建数据库"命令，如图 2-9 所示。

图 2-9　新建数据库菜单

在弹出的"新建数据库"对话框中输入数据库的名称"教学管理系统",改变数据库的初始大小、增长方式(如图2-10所示),以及数据文件、日志文件的存储路径,单击"确定"按钮。

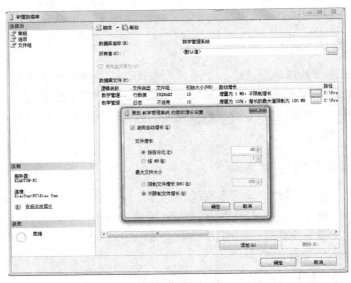

图2-10 更改数据库增长方式对话框

创建数据库之后,在左侧的对象资源管理器中右击"数据库",在弹出的快捷菜单中单击"刷新"按钮,即可看到新建的数据库"教学管理系统"。

2. 使用 SQL 建立数据库

还可使用 SQL 的 CREATE DATABASE 语句建立数据库,按如下步骤进行。

启动 SQL Server 2008 并连接到服务器,单击"新建查询",在新建查询窗口,输入建立数据库的 SQL 语句。

建立数据库的 SQL 语句如下。

```
CREATE DATABASE 教学管理系统 -- 创建数据库
ON PRIMARY
(
NAME=' 教学管理系统 _data',-- 主数据文件的逻辑名
FILENAME='D:\data\ 教学管理系统 .mdf',-- 主数据文件的物理名
SIZE=10MB,-- 初始大小
FILEGROWTH=10% -- 增长率
)
log ON
(
NAME=' 教学管理系统 _log',-- 日志文件的逻辑名
FILENAME='D:\data\ 教学管理系统 .ldf',-- 日志文件的物理名
SIZE=10MB,
MAXSIZE=100MB,
FILEGROWTH=10%
)
```

如图2-11所示,单击按钮"！执行(X)",当消息窗口提示"命令已成功完成"时,证明数据库已经成功建立。右击"数据库",单击"刷新"按钮,同样可以看到新建的数据库"教学管理系统"。

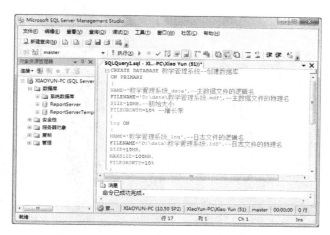

图 2-11   使用 SQL 语句创建数据库对话框

注意：使用任意一种方法创建数据库均可，但如果数据库已经存在，则必须先将其删除后才能再次建库。

2.4.2   建立和管理基本表

1. 建立基本表

经过上面的分析，需要为"教学管理系统"数据库建立学生、教师、课程和教学 4 张基本表。建立数据表有两种方法：一种是利用 SQL Server 2008 的 Management Studio 图形工具建表；一种是利用 SQL 语句在查询分析器中建表。下面针对学生表的建立进行举例说明。

（1）建立学生表

在建立逻辑模型的时候，已经得到如下的学生表的数据模式。

学生（学号，姓名，性别，专业，院系，年龄，电话，EMAIL），其中各个属性列的名称及数据类型可参见表 2-1，根据表 2-1 中所列出的信息建立学生表。

表 2-1   学生表的属性信息

属性	数据类型	是否为空 / 约束条件
学号	CHAR(9)	主键
姓名	CHAR(8)	否
性别	CHAR(2)	"男"，"女"
专业	CHAR(20)	否
院系	CHAR(20)	否
年龄	TINYINT	在 1～100 之间取值
电话	CHAR(12)	是
EMAIL	VARCHAR(30)	是

经过分析，学号是主键，不允许为空，性别的取值只能是"男"或"女"，并且根据常识，将年龄的取值范围限制在 1～100 内。

建立基本表也有两种方法，分别如下。

第一种方法：利用 SQL Server 2008 的 Management Studio 图形工具建表。

1）打开 SQL Server 2008，在对象资源管理器中，单击"教学管理系统"数据库的

" 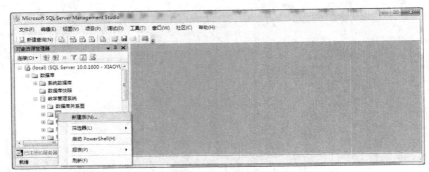 教学管理系统 " 展开，选中"表"右击，在快捷菜单栏中单击"新建表"，如图 2-12 所示。

图 2-12 新建表示意图

在打开的创建表的窗口中，按照表 2-1 的要求进行建表操作，如图 2-13 所示。

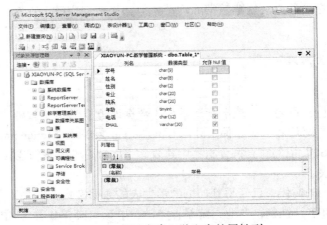

图 2-13 交互式建立学生表的属性列

根据表 2-1 的要求，将"学号"属性设置为主键，方法为：右击"学号"这一列，单击"设置主键"，如图 2-14 所示。

图 2-14 设置主键快捷菜单

设置成功后，"学号"属性列上将出现 学号 ，表示主键设置成功。

2）设置约束条件。根据表2-1的要求，需要为"性别"属性列设置约束条件，要求只能输入"男"或"女"两种属性值。设置约束条件的方法为：选中"性别"列，右击"CHECK约束"，如图2-15所示。

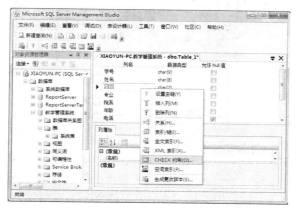

图2-15　设置 CHECK 约束快捷菜单

在弹出的"CHECK 约束"对话框中，单击"添加"按钮，出现如图 2-16 所示的对话框，将"标识"名称改为"CK_学生_性别"。

图2-16　设置 CHECK 约束标识名

在此对话框中选择"常规"标签页，单击"表达式"后面空白处后的小按钮 ⊡，弹出"CHECK 约束表达式"对话框，在此对话框中输入约束条件"性别 =' 男 ' or 性别 =' 女 '"（如图2-17 所示），单击"确定"按钮，再单击"关闭"按钮即可。

对"年龄"属性设置约束，方法如下：右击"年龄"，单击"CHECK 约束"，在弹出的对话框中，单击"添加"按钮，并将约束名字重命名为"CK_学生_年龄"，单击"表达式"后面的"⊡"，在弹出来的"CHECK 约束表达式"对话框中添加约束条件"年龄 >1 AND 年龄 <100"（如图2-18 所示），最后单击"关闭"按钮即可。

3）保存表。单击工具栏上的"保存"按钮，在弹出来的对话框中，输入表名"学生"，单击"确定"按钮即可。

4）右击对象资源管理器中"教学管理系统"中的"表"，单击"刷新"按钮即可看到新建立的表，如图 2-19 所示。

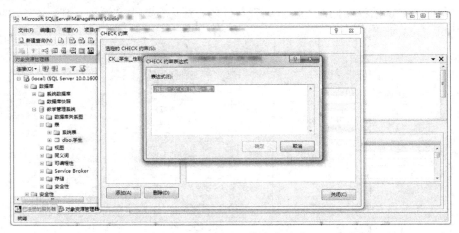

图 2-17　CHECK 约束表达式

图 2-18　设置 CHECK 约束表达式

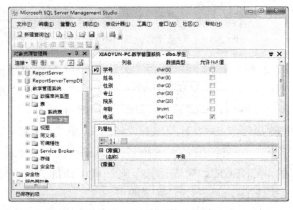

图 2-19　查看"学生"表

第二种方法：利用 SQL 语句在查询分析器中建表

1）双击打开 SQL Server 2008，在弹出的"连接到服务器"对话框中单击"连接"按钮，连接到数据库服务器。

2）新建表 SQL 脚本。单击工具栏中的"新建查询"按钮，在新建查询窗口中输入创建表的 SQL 代码，建立学生表（如图 2-20 所示），其中创建表的 SQL 语句如下所示。

```
CREATE TABLE 学生
(
    学号 CHAR(9) NOT NULL PRIMARY KEY,
    姓名 CHAR(8) NOT NULL,
    性别 CHAR(2) NOT NULL CHECK (性别 IN ('男','女')),
    专业 CHAR(20) NOT NULL,
    院系 CHAR(20) NOT NULL,
    年龄 TINYINT NOT NULL CHECK (年龄 BETWEEN 1 AND 100),
    电话 CHAR(12),
    EMAIL VARCHAR(30))
```

图 2-20　使用 CREATE TABLE 语句创建学生表

3）单击工具栏中的 ▶ 执行(X) 按钮，运行 SQL 语句，完成学生表的创建工作。在左侧的"对象资源管理器"中"刷新"即可看到新建的"学生"表，如图 2-19 所示。

由于篇幅所限，教学管理系统中的教师、课程和教学基本表的建立均可参照学生表的建立过程，这里就不再一一赘述了。下面附上每个表的属性信息列表，以及建立表的 SQL 语句。

（2）建立教师表

教师表的属性信息见表 2-2 所示。

表 2-2　教师基本表的属性信息

属性列	数据类型	是否为空/约束条件
工号	CHAR(5)	主键
姓名	CHAR(8)	否
性别	CHAR(2)	"男"，"女"
院系	CHAR(20)	否
年龄	TINYINT	在 1～100 之间取值
职称	CHAR(10)	"讲师"，"教授"，"副教授"
电话	CHAR(12)	是
EMAIL	VARCHAR(30)	是

创建教师基本表的 SQL 语句如下。

```
CREATE TABLE 教师
(
  工号 CHAR(5) NOT NULL PRIMARY KEY,
  姓名 CHAR(8) NOT NULL,
  性别 CHAR(2) NOT NULL CHECK (性别 IN ('男','女')),
  院系 CHAR(20) NOT NULL,
  年龄 TINYINT NOT NULL CHECK (年龄 BETWEEN 1 AND 100),
  职称 CHAR(10) NOT NULL CHECK (职称 IN ('讲师','教授','副教授')),
  电话 CHAR(12),
  EMAIL VARCHAR(30))
```

（3）建立课程表

课程基本表的属性信息见表 2-3 所示。

表 2-3　课程基本表的属性信息

属性列	数据类型	是否为空 / 约束条件
课程号	CHAR(7)	主键
课程名	CHAR(20)	否
学分	TINYINT	在 1 ~ 10 取值
课程性质	CHAR(4)	'必修','选修'

创建课程基本表的 SQL 语句如下。

```
CREATE TABLE 课程
(
    课程号 CHAR(7) NOT NULL PRIMARY KEY,
    课程名 CHAR(20) NOT NULL,
    学分 TINYINT NOT NULL CHECK (学分 BETWEEN 1 AND 10),
    课程性质 CHAR(4) NOT NULL CHECK( 课程性质 IN('必修','选修')))
```

（4）建立教学表

教学基本表的属性信息见表 2-4 所示。

表 2-4　教学基本表的属性信息

属性列	数据类型	是否为空 / 约束条件
学号	CHAR(9)	否
工号	CHAR(5)	否
课程号	CHAR(7)	否
成绩	NUMERIC(3)	允许为空，如果不为空，那么值应在 0 ~ 100 之间

创建教学基本表的 SQL 语句如下。

```
CREATE TABLE 教学
(
    学号 CHAR(9) NOT NULL,
    工号 CHAR(5) NOT NULL,
    课程号 CHAR(7) NOT NULL,
    成绩 NUMERIC(3) CHECK (成绩 BETWEEN 0 AND 100)
  CONSTRAINT  Student_Course_fkxh FOREIGN KEY (学号)
          REFERENCES 学生 (学号),
    CONSTRAINT Student_Course_fkkch FOREIGN KEY (课程号)
          REFERENCES 课程 (课程号),
```

```
CONSTRAINT Student_Course_fkgh FOREIGN KEY（工号）
            REFERENCES 教师（工号），
CONSTRAINT Student_Course_pk PRIMARY KEY（学号，工号，课程号））
```

注意：在建立"教学"表时，应该分别对"教学"表的属性"学号""课程号"和"工号"增加外键约束。教学表的这三个属性信息分别来源于学生表、教师表和课程表中的相应字段，如果没有学生表中"学号"、课程表中"课程号"或教师表中"工号"的属性值，那么为教学表增加数据是不符合逻辑的，违反了数据的参照完整性约束条件。新建表时可以利用子句"CONSTRAINT 约束名称 FOREIGN KEY（属性名）REFERENCES 表名（属性名）"建立外键约束。

2. 管理基本表

随着应用环境和应用需求的改变，有时候需要修改已经建立好的基本表的模式结构。SQL采用 ALTER TABLE 语句修改基本表结构，利用 DROP 语句删除基本表。ALTER TABLE 命令可以修改基本表的名字、增加新列或增加新的完整性约束条件、修改原有列的定义，包括修改列名和数据类型等，ALTER TABLE 命令中 DROP 子句用于删除指定的完整性约束条件。

当然，也可以在 SQL Server 2008 的 Management Studio 图形工具中交互式地修改基本表的结构。

注意：当数据库投入运行之后，对基本表结构的修改是需要小心慎重的，不能经常进行修改，以免造成数据库数据的丢失。实际应用系统中管理数据库的工作都必须是经过授权的数据库管理员才能进行的。

下面以学生表为例，进行一些基本表的管理操作。

【例 2-1】向"学生"表中增加"入学时间"属性列，其数据类型是日期型。

解析：题目要求向已经存在的"学生"表中增加一列"入学时间"，所以采用"ALTER TABLE…ADD…"命令即可完成操作。具体的 SQL 语句如下。

```
ALTER TABLE 学生 ADD 入学时间 DATE;
```

当然，也可以利用 Management Studio 图形工具交互式地向学生表中增加"入学时间"列，具体的操作步骤如下。

1）打开 SQL Server 2008，在对象资源管理器中单击"教学管理系统"数据库的"+"展开子菜单，选中"学生"表，右击"设计"，如图 2-21 所示。

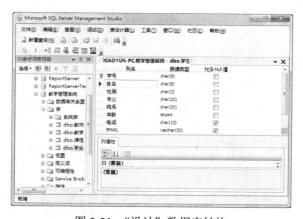

图 2-21 "设计"数据表结构

2）在最后一行对应的列名中输入"入学时间"，数据类型选择"date"，"允许 Null 值"
选择允许即"☑"，如图 2-22 所示。

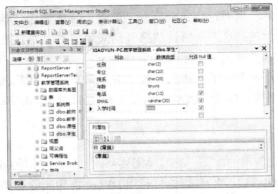

图 2-22　增加"入学时间"属性列

3）单击上方的"保存"按钮，即可完成向"学生"表中增加"入学时间"属性列的操作。
【例 2-2】将"学生"表中的"专业"属性列的数据类型改为字符型：VARCHAR(20)。
解析：利用 SQL 语句修改字段类型，具体的 SQL 语句如下。

```
ALTER TABLE 学生 ALTER COLUMN 专业 VARCHAR(20)
```

同样，这里也可以利用交互式的方法修改"学生"表中"专业"属性列的数据类型。具
体修改步骤如下所示。

1）打开 SQL Server 2008，在对象资源管理器中，单击"教学管理系统"数据库的"＋"
展开子菜单，选中"学生"表，右击"设计"。

2）找到对应列名"专业"的这一行，在"专业"字段的数据类型处，从下拉列表中选择
"varchar(50)"，将 50 修改为 20（注意，这里的字符长度默认是 50，而题目要求字符长度是
20，所以当选择完之后，需要将 50 修改为 20），如图 2-23 所示。

3）单击工具栏上的"保存"按钮，即可完成将"学生"表中"专业"属性列的字段类型
修改为 VARCHAR(20) 的操作。

注意：这里的修改只是一次练习，当练习完成之后，应该将"专业"的数据类型再修改
回 CHAR(20)。

图 2-23　修改"专业"属性列的数据类型

【例 2-3】增加课程名称必须取唯一值的约束条件。

解析：利用 SQL 语句增加约束条件，具体的 SQL 语句如下。

```
ALTER TABLE 课程 ADD UNIQUE( 课程名 )
```

同样，这里也可以利用交互式的方法对"课程"表中的"课程名"增加唯一性约束条件，实际上是为"课程名"建立唯一性索引。具体步骤如下所示。

1）打开 SQL Server 2008，在对象资源管理器中，单击"教学管理系统"数据库的"＋"展开子菜单，选中"课程"表，右击"设计"。

2）在打开的课程表中，右击"课程名"列名，选择"索引 / 键"，如图 2-24 所示。

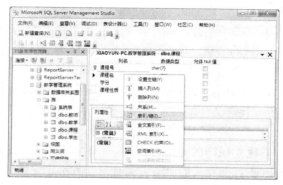

图 2-24   右击"课程名"列名的"索引 / 键"

3）在打开的对话框中，单击"添加"按钮，在"常规"标签页中将列改为"课程名（ASC）"，"是否唯一"改为"是"，在"标识"标签页中将名称改为"UNIQUE_课程名"，如图 2-25 所示。

图 2-25   为"课程名"创建 UNIQUE 约束

4）单击"关闭"按钮即可。

之后如果再向"课程"表中添加课程号不同但课程名相同的记录时就会出现错误的提示信息，数据无法插入，表明 UNIQUE 约束创建成功。

由于篇幅有限，下面的例子中对于交互式管理基本表就不再——赘述了，感兴趣的同学可以自行练习。

【例 2-4】删除"学生"表中的"入学时间"列。

解析：利用 SQL 语句删除"入学时间"列，具体的 SQL 语句如下。

```
ALTER TABLE 学生 DROP  COLUMN  入学时间
```

【例 2-5】删除"学生"表。

解析：当我们不再需要某个表时，我们就可以用 DROP 语句进行删除。

```
DROP TABLE 学生 CASCADE
```

其中 CASCADE 表示级联删除，在添加表的关系约束时应注意添加"ON DELETE CASCADE"，该语句表示在删除表的同时，相关的依赖对象比如视图等，都将一起被删除。

2.4.3 建立和管理视图

数据库中的视图是常用的数据对象，用于定义数据库某类用户的外模式。通过创建视图，可以限制不同的用户查看不同的信息，屏蔽用户不关心的或不应该看到的信息。

视图是从一个或几个基本表中导出的表，它与基本表不同，视图是一个虚表，其数据是不会单独保存在一个基本文件中的，而是保存在导出视图的基本表文件中的，数据库系统中只保存视图的定义。视图一经定义，就和基本表一样，也是关系，可以进行基本的操作如查询、删除等。

在 SQL Server 2008 中建立视图的方法有两种：一种是利用 SQL 语句建立视图，另一种是利用 Management Studio 工具交互式的对象资源管理器方法建立视图。下面就以教学管理系统中需要建立的一些视图为例进行说明。

【例 2-6】假设教学管理系统数据库中有 4 个院系，为方便各个院系的教学管理人员查看本院系学生的信息，每个院系将分别建立一个学生视图。

解析：下面针对这个视图用两种方法进行说明。

第一种方法：用 SQL 语句建立视图。首先我们从学生表中找出有哪些院系。

```
SELECT DISTINCT 院系
FROM 学生
```

其中，DISTINCT 的作用是去除重复列，返回唯一值。

然后对结果中的 4 个院系（计算机学院、管理学院、数学学院、经济学院）分别建立视图。

（1）为计算机学院学生建立视图

第一种方法：用 SQL 语句建立视图。

在"新建查询"窗口中，输入创建视图的 SQL 语句，单击"执行"按钮，在消息提示框中可以看到提示信息"命令已成功完成"。

```
CREATE VIEW 计算机学院
AS
    SELECT *
    FROM 学生
    WHERE 院系 ='计算机学院'
```

当视图建好后，就可以像操作基本表一样的查看视图：在新建查询窗口中，输入查询语句查询新建的视图，在这个视图中只能看到计算机学院的学生信息，而其他学院的学生信息是看不到的，从而达到视图的作用，即限制不同的用户查看信息。使用下面的 SQL 语句查询视图，查询结果如图 2-26 所示。

查询视图的 SQL 语句：

```
SELECT * FROM 计算机学院
```

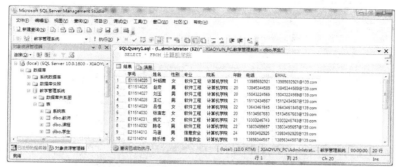

图 2-26　查看计算机科学与技术学院视图结果

第二种方法：利用 Management Studio 工具交互式地建立视图。

打开"对象资源管理器"，找到"教学管理系统"数据库，单击 ⊞ □ 视图 ，找到"视图"，右击"视图"，在菜单中单击"新建视图"，如图 2-27 所示。

图 2-27　新建视图

在弹出的对话框中单击"添加"按钮，选中"学生"表，单击"关闭"按钮，将所有的列选中，在"院系"这一行对应的"筛选器"这一列中输入"经济学院"，如图 2-28 所示。

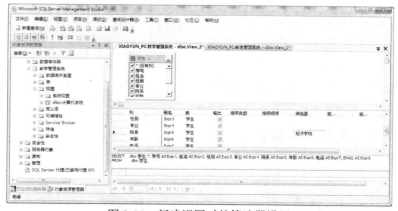

图 2-28　新建视图时的筛选器设置

单击工具栏上的"保存"按钮，将视图名称命名为"经济学院"，单击"确定"按钮，(如图 2-29 所示)，在左侧的"对象资源管理器"中右击"视图"，单击"刷新"按钮即可看到新建的视图"经济学院"。

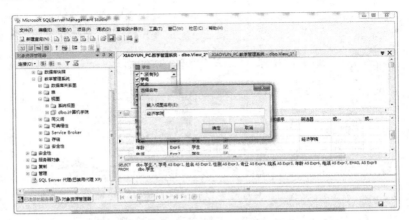

图 2-29　对新建视图命名

查看新建立的视图中的信息：右击"经济学院"，单击"打开视图"，即可在右侧看到新建立的视图的数据信息，如图 2-30 所示。

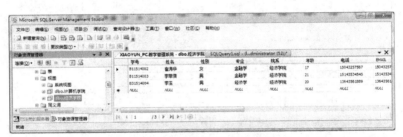

图 2-30　查看经济学院视图

由于篇幅所限，其他院系视图的建立过程这里就不再一一赘述了，下面只列出使用第一种方法建立视图的各条 SQL 语句。

为管理学院建立视图的语句如下。

```
CREATE VIEW 管理学院
AS
    SELECT *
    FROM 学生
    WHERE 院系 ='管理学院'
```

当视图建好后，可利用下面的 SQL 语句进行查看。

```
SELECT * FROM 管理学院
```

为数学学院建立视图的语句如下。

```
CREATE VIEW 数学学院
AS
    SELECT *
    FROM 学生
    WHERE 院系 ='数学学院'
```

当视图建好后，可利用下面的 SQL 语句进行查看。

```
SELECT * FROM 数学学院
```

为经济学院建立视图的语句如下。

```
CREATE VIEW 经济学院
AS
    SELECT *
    FROM 学生
    WHERE 院系='经济学院'
```

当视图建好后，可利用下面的 SQL 语句进行查看。

```
SELECT * FROM 经济学院
```

2.4.4 建立和管理索引

索引是加快数据查询速度的有效手段。用户可以根据应用的需要，在基本表上建立一个或多个索引，以提供多种存取路径，加快查询速度。一般来说，建立和删除索引由数据库管理员 DBA 或表的 owner 负责完成。数据库管理系统在存取数据时会自动选择合适的索引作为存取路径。

为基本表建立索引有两种方法：一种是利用 Management Studio 工具交互式地建立索引，另一种是使用 SQL 语句建立索引。根据需求分析，各个基本表的主键分别是学号、工号、课程号和（学号、工号和课程号）的组合，DBMS 自动会为主键建立主索引，所以不需要为主键建立索引。

由于学生常用的查询是根据学号或课程号查询学习课程的情况和成绩，所以在"教学"表中，应该为学号、课程号属性建立次索引；教师常用的查询是根据工号和课程号进行的，同样应该在"教学"表中为工号和课程号属性建立次索引。

【例 2-7】在"教学"表的列"学号"、"课程号"上建立索引。

第一种方法：使用 SQL 语句建立索引，具体的 SQL 语句如下。

```
CREATE INDEX SC_XH_KCH
ON 教学（学号，课程号）
```

打开"新建查询"窗口，在窗口中输入上述代码，单击工具栏上的"执行"即可完成索引的创建，如图 2-31 所示。

图 2-31 创建索引

第二种方法：利用 Management Studio 工具交互式地建立索引，具体步骤如下。

打开"对象资源管理器"，右击"教学"表，选择"设计"打开表设计窗口，在任意位置单击鼠标右键，在弹出的快捷菜单中选择"索引/键"命令，单击"添加"按钮，创建索引，在"名称"文本框中，输入索引名称"SC_XH_KCH"，选中"学号"、"课程号"（如图 2-32 所示），单击"关闭"按钮。

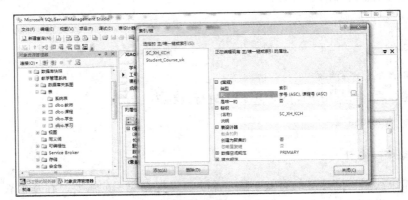

图 2-32 选中创建索引的列

大家可以在学生表的姓名、院系属性上分别练习建立次索引。

2.5 访问数据库

为了数据库访问的要求，事先利用 INSERT 语句或交互式的方法分别给数据库中的学生表、教师表、课程表及教学表插入一批数据作为例子，具体的 INSERT 语句插入数据的方法请参见 2.5.2 节。每个基本表的数据分别如表 2-5、表 2-6、表 2-7 和表 2-8 所示。

表 2-5 学生基本表的实例数据

学号	姓名	性别	专业	院系	年龄	电话	EMAIL
A11514067	李建祥	男	统计学	数学学院	19	13988492929	13988492929@139.com
A21514001	李程	男	计算数学	数学学院	18	13898344574	13898344574@139.com
B11514002	崔涛华	女	金融学	经济学院	17	15043257587	15043257587@139.com
B11514003	李菲倩	男	金融学	经济学院	21	15143534545	15143534545@139.com
B31514004	李玉	男	经济学	经济学院	20	13643561889	13643561889@139.com
C11514005	黄年	男	工商管理	管理学院	20	15134246789	15134246789@139.com
C11514006	陈心	女	工商管理	管理学院	21	13309886745	13309886745@139.com
C11514008	许鹏怡	女	工商管理	管理学院	22	13807895463	13807895463@139.com
C11514009	金东	女	工商管理	管理学院	22	13956462498	13956462498@139.com
C11514010	黄林冬	男	工商管理	管理学院	23	15154673658	15154673658@139.com
C21514011	李静	男	行政管理	管理学院	23	18067536745	18067536745@139.com
C21514012	王朔雪	男	行政管理	管理学院	24	18143578989	18143578989@139.com
E21514013	马澄	男	信息安全	计算机学院	24	13983492925	13983492925@139.com
E21514014	陈乐博	女	信息安全	计算机学院	19	13856344587	13856344587@139.com
E31514015	时成	女	网络工程	计算机学院	18	15043657752	15043657752@139.com
E31514016	包象	女	网络工程	计算机学院	17	15144545578	15144545578@139.com
E31514017	李浩子	男	网络工程	计算机学院	21	13623561569	13623561569@139.com
E31514018	刘飞	男	网络工程	计算机学院	20	15133446899	15133446899@139.com

（续）

学号	姓名	性别	专业	院系	年龄	电话	EMAIL
E31514019	高莉	女	网络工程	计算机学院	20	13378886565	13378886565@139.com
E31514020	王喜琳	男	网络工程	计算机学院	21	13845895498	13845895498@139.com
E31514021	吴嘉	男	网络工程	计算机学院	22	13956326246	13956326246@139.com
E31514022	蔡京康	男	网络工程	计算机学院	19	15145673667	15145673667@139.com
E31514023	沈家	男	网络工程	计算机学院	18	18063467123	18063467123@139.com
E31514024	徐洲	女	网络工程	计算机学院	17	18143478789	18143478789@139.com
E11514025	叶韬君	女	软件工程	计算机学院	21	13985692921	13985692921@139.com
E11514026	赵奇	男	软件工程	计算机学院	20	13845344589	13845344589@139.com
E11514027	刘玉	男	软件工程	计算机学院	20	15043224569	15043224569@139.com
E11514028	王红	男	软件工程	计算机学院	21	15112434567	15112434567@139.com
E11514029	吕恒	女	软件工程	计算机学院	22	13643461845	13643461845@139.com
E11514030	张浩志	女	软件工程	计算机学院	20	15134567683	15134567683@139.com
E11514031	姚文	女	软件工程	计算机学院	21	13303246743	13303246743@139.com
E11514032	陈冬	男	软件工程	计算机学院	22	13803495657	13803495657@139.com

表 2-6 教师基本表的数据

工号	姓名	性别	院系	年龄	职称	电话	EMAIL
05002	张琳	女	计算机学院	35	副教授	13643534545	13643534545@139.com
05003	蒋丽	女	计算机学院	29	讲师	15243561889	15243561889@139.com
08004	孟鑫	男	数学学院	53	教授	18034246789	18034246789@139.com
08086	赵玲	女	经济学院	45	教授	15909886745	15909886745@139.com
11025	于欣	女	管理学院	36	副教授	15007895463	15007895463@139.com
11038	秦岚	女	计算机学院	32	讲师	18156462498	18156462498@139.com
11056	汪照耀	男	经济学院	42	教授	13654673658	13654673658@139.com
11085	江民	男	计算机学院	29	讲师	13844545578	13844545578@139.com
13005	曾永安	男	计算机学院	37	副教授	15123561569	15123561569@139.com
15075	苗薇薇	女	计算机学院	40	教授	13933446899	13933446899@139.com
09003	毛巧巧	女	大学外语教学部	30	讲师	15043461845	15043461845@139.com
15006	康健	男	中文系	32	讲师	18234567683	18234567683@139.com
13002	王晓丽	女	物理学院	33	讲师	13903246743	13903246743@139.com

表 2-7 课程基本表的数据

课程号	课程名	学分	课程性质
ZH36004	数据库原理	3	必修
ZH36001	C 语言程序设计	4	必修
ZH36002	数据结构	3	必修
ZH36003	操作系统	2	必修
ZX36003	Java 技术及其应用	3	选修
ZX36004	信息系统	3	选修
ZX36005	多媒体技术	2	选修
ZX36006	数字图像处理	3	选修

（续）

课程号	课程名	学分	课程性质
ZX36007	软件测试	2	选修
ZH47090	宏观经济学	3	必修
ZH47091	微观经济学	3	必修
ZX47012	财产保险	3	选修
ZX47013	现代金融漫谈	1	选修
ZX47014	公共管理学	3	选修
GG01001	大学英语	4	必修
GG01002	大学语文	4	必修
GG01003	大学物理	3	必修
ZX32008	数学简史	1	选修
GG01004	高等数学	4	必修
ZX51015	知识产权法	2	选修
ZH51001	人力资源管理概论	3	必修

表 2-8　教学基本表的数据

学号	工号	课程号	成绩
E11514025	05002	ZH36001	78
E11514026	05002	ZH36001	95
E11514027	05002	ZH36001	70
E11514028	05002	ZH36001	68
E11514029	05002	ZH36001	82
E11514030	05002	ZH36001	87
E11514031	05002	ZH36001	79
E11514032	05002	ZH36001	90
E21514013	05002	ZH36001	82
E21514014	05002	ZH36001	60
E31514015	05002	ZH36001	56
E31514016	05002	ZH36001	89
E11514028	11038	ZH36004	60
B11514002	11056	ZH47090	
B11514003	11056	ZH47090	
B31514004	08086	ZH47091	
C11514006	11025	ZH51001	85
C11514009	11025	ZH51001	82
C21514011	11025	ZH51001	68
C21514012	11025	ZH51001	72
A11514067	08004	ZX32008	65
A21514001	08004	ZX32008	62
E11514025	15075	ZX36007	88
E11514026	15075	ZX36007	85
E11514027	15075	ZX36007	83

（续）

学号	工号	课程号	成绩
E11514028	15075	ZX36007	90
E11514029	15075	ZX36007	90
E11514030	15075	ZX36007	92
E11514031	15075	ZX36007	89
E11514032	15075	ZX36007	81
B11514002	11056	ZX47013	85
B11514003	11056	ZX47013	78
B31514004	11056	ZX47013	60
C11514005	11025	ZX51015	69
C11514008	11025	ZX51015	78
C11514010	11025	ZX51015	58

2.5.1 数据查询

数据查询是数据库的核心操作。SQL 提供了 SELECT 语句进行数据库查询，该语句具有灵活的使用方式和功能。在教学管理系统中常用的查询操作主要包括：学生查询自己的学习课程信息，了解选修了哪些课程；教师查看自己所教授的课程，有哪些课程及所教授课程的成绩单；教师查询某一个学院的学生信息，等等。下面将针对常用的查询操作进行举例说明。

【例 2-8】查询学号为"E21514014"的学生信息。

解析：本查询只涉及学生表，是一个简单查询。查询语句如下所示。

```
SELECT *
FROM 学生
WHERE 学号 ='E21514014'
```

【例 2-9】查询姓名为"刘飞"的同学的信息。

解析：本查询只涉及学生表，是一个简单查询。查询语句如下所示。

```
SELECT *
FROM 学生
WHERE 姓名 =' 刘飞 '
```

【例 2-10】查询"计算机学院"有多少名学生。

解析：本查询主要是统计计算机学院学生的人数，因此需要使用聚合函数 COUNT 进行查询。查询语句如下所示。

```
SELECT COUNT(*)   AS 总人数
FROM 学生
WHERE 院系 =' 计算机学院 '
```

查询结果如图 2-33 所示。

【例 2-11】查询"数学学院"所有的教授信息。

解析：本查询是查询教授信息，只涉及一张"教师"表，但是限制条件有两个，即必须是"数学学院"的教师，且职称必须是"教授"，因此 WHERE 中的限制条件有两个。查询语句如下所示。

```
SELECT *
```

```
FROM 教师
WHERE 院系='数学学院' AND 职称='教授';
```

查询结果如图 2-34 所示。

图 2-33　计算机学院学生总数

图 2-34　数学学院教授的信息

【例 2-12】查询"李菲倩"同学学习的课程信息。

解析：本查询需要列出教学管理的具体信息，包括学生的学号、姓名、课程号和课程名称等，要实现本查询，需要从学生、课程、教学三个表中获取信息，可以用连接查询的方法来实现，具体的查询语句如下。

```
SELECT 学生.学号，学生.姓名，教学.课程号，课程.课程名
FROM 学生，课程，教学
WHERE 学生.学号=教学.学号
      AND 教学.课程号=课程.课程号
   AND 学生.姓名='李菲倩';
```

查询结果如图 2-35 所示。

【例 2-13】列出教师"张琳"所授"C 语言程序设计"课程的成绩单，按成绩由高到低排列显示。

解析：本查询是查询某个教师教授的具体某门课程的成绩单，而成绩单的信息包括学生姓名、学号、课程名、成绩及教授此课程的教师名。通过分析将此查询涉及 4 张表：学生、教师、教学及课程 4 张表。本查询可以利用连接查询进行操作，具体查询语句如下。

图 2-35　李菲倩同学学习的课程信息

```
SELECT 学生.学号，学生.姓名，课程.课程
名，教学.成绩，教师.姓名 AS 任课教师
   FROM 学生，课程，教师，教学
      WHERE 学生.学号=教学.学号 AND 课程.课
程号=教学.课程号
            AND 教师.工号=教学.工号 AND 教
师.姓名='张琳'
            AND 课程.课程名='C 语言程序设计'
ORDER BY 教学.成绩 DESC
```

查询结果如图 2-36 所示。

【例 2-14】列出"于欣"老师所教授的所有课程的信息。

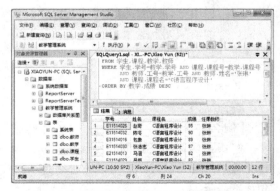

图 2-36　"张琳"所授"C 语言程序设计"课程的成绩单

解析：本查询需要列出教师"于欣"所授的课程信息包括课程名、课程号、课程的性质及学分。其中课程的信息要从课程表中进行查询，教师的信息要从教师表中进行查询，两者之间是通过教学表进行联系的，因此本查询涉及三张表：教师、课程和教学。本查询可以利用嵌套子查询也可以利用连接查询进行操作。具体的 SQL 查询语句如下。

解法一：利用嵌套查询

```
SELECT 课程.课程号,课程.课程名,课程.学分,课程.课程性质,教师.姓名 AS 任课教师
FROM 课程,教师
WHERE 课程号 IN (SELECT DISTINCT 课程号
FROM 教学 WHERE 工号 =(SELECT 工号
FROM 教师 WHERE 姓名='于欣'))
AND 教师.工号 = (SELECT 工号 FROM 教师 WHERE 姓名='于欣')
```

解法二：利用连接查询

```
SELECT DISTINCT 课程.课程号,课程.课程名,课程.学分,课程.课程性质,教师.姓名 AS 任课教师
FROM 课程,教师,教学
WHERE 教学.课程号=课程.课程号 AND 教学.工号=教师.工号 AND 教师.姓名='于欣'
```

查询结果如图 2-37 所示。

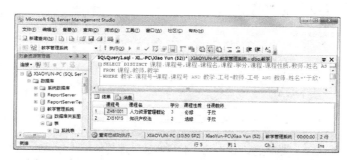

图 2-37 "于欣"老师所教授的所有课程信息的查询结果

【例 2-15】 查询"崔涛华"同学已经获得的学分信息。

解析：本查询需要查询崔涛华同学已经获得的学分信息，即崔涛华同学所学习的课程的成绩必须大于或等于 60 分的课程的所有学分信息（因为只有成绩大于或等于 60 分的课程才会获得相应课程的学分）。因此本查询涉及学生表、课程表及教学表三张表。利用连接查询进行操作，其 SQL 语句如下。

```
SELECT 学生.姓名 AS 学生姓名,课程.课程号,课程.课程名,课程.学分
FROM 课程,学生,教学
WHERE 课程.课程号=教学.课程号 AND 学生.学号=教学.学号
    AND 学生.姓名='崔涛华' AND 教学.成绩 >='60'
```

查询结果如图 2-38 所示。

【例 2-16】 计算"苗薇薇"老师讲授的"软件测试"课程的平均分。

解析：本查询需要列出的信息有课程名、任课教师及平均分，课程名需要在课程表中查出，任课教师姓名需要从教师表中查出，成绩信息需要从教学表中查出，因此本查询涉及三张表：教师表、教学表以及课程表。因为需要求出平均成绩，所以本查询需要用到聚合函数 AVG() 来求平均分。具体的 SQL 查询语句如下。

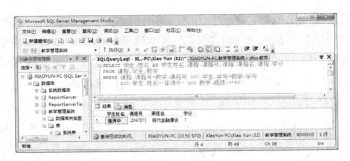

图 2-38 "崔涛华"同学已经获得的学分信息查询结果

```
SELECT 课程.课程名,教师.姓名 AS 任课教师,AVG(教学.成绩) AS 平均成绩
FROM 教学,教师,课程
WHERE 教师.工号=教学.工号 AND 课程.课程号=教学.课程号
      AND 教师.姓名='苗薇薇' AND 课程.课程名='软件测试'
GROUP BY 课程.课程名,教师.姓名
```

查询结果如图 2-39 所示。

图 2-39 "苗薇薇"讲授的"软件测试"课程的平均分查询结果

2.5.2 数据更新

常用的数据更新操作包括向表中插入数据、修改表中已经存在的数据信息、删除表中已经存在的数据等;比如修改学生的联系方式,增加学习课程记录,当学生退学的时候删除该学生的学习课程记录和学生记录,或者课程结束时教师登记课程成绩信息,也就是修改教学表中成绩属性列的值。

下面就针对上述常用的数据更新要求,在教学管理管理系统中进行具体的数据更新操作。

【例 2-17】增加一门新的课程,具体信息:课程号为 ZH32012,课程名为概率统计,学分为 4,课程性质为必修。

解析:增加一门新的课程也就是在课程表中插入一条课程记录。

```
INSERT INTO 课程(课程号,课程名,学分,课程性质)
VALUES('ZH32012','概率统计','4','必修')
```

【例 2-18】将"大学英语"课程名称改为"大学英语(上)",学分改为3。

解析:将"大学英语"课程名称改为"大学英语(上)",学分改为3,也就是相当于更新课程表中的课程名为"大学英语"的课程记录。

```
UPDATE 课程
SET 课程名='大学英语(上)',学分='3'
```

```
WHERE 课程名 = '大学英语'
```

【例 2-19】学生"赵奇"学习"秦岚"老师教授的"数据库原理"课程，进行登记。

解析：学生"赵奇"选修一门课程就是向教学表中插入一条记录，这条记录中应该包括赵奇的学号、"秦岚"老师的工号、"数据库原理"这门课程的课程号及成绩（因为刚开始学习课程的时候是没有成绩的，所以在向教学表中插入一条学习课程记录的时候，成绩的初始值应设置为空。当学期末考试结束后，再将对应学生的成绩更新）。本查询需要分 4 步走，具体如下。

1）找出赵奇的学号。

```
SELECT 学号
FROM 学生
WHERE 姓名 = '赵奇'
```

查询结果如图 2-40 所示。

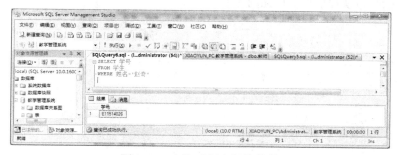

图 2-40 查询"赵奇"的学号

2）找出"数据库原理"这门课的课程号。

```
SELECT 课程号
FROM 课程
WHERE 课程名 = '数据库原理'
```

查询结果如图 2-41 所示。

图 2-41 查询"数据库原理"的课程号

3）找出"秦岚"老师的工号。

```
SELECT 工号
FROM 教师
WHERE 姓名 = '秦岚'
```

查询结果如图 2-42 所示。

图 2-42 查询 "秦岚" 老师的工号

4）向教学表中插入学习课程记录。

```
INSERT INTO 教学（学号，工号，课程号，成绩）
VALUES('E11514026','11038','ZH36004',null)
```

查询插入的学习课程信息结果如图 2-43 所示。

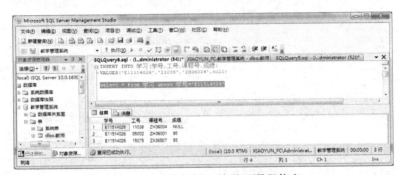

图 2-43 查询新插入的学习课程信息

【例 2-20】将上题中，"赵奇" 学习 "秦岚" 老师的 "数据库原理" 的成绩登记为 85 分。

解析：根据上题的相关信息已经得到学生 "赵奇" 的学号是 "E11514026"，教师 "秦岚" 的工号是 "11038"，课程 "数据库原理" 的课程号是 "ZH36004"，将 "赵奇" 选修的 "秦岚" 老师的 "数据库原理" 的成绩登记为 85 分，也就是更新教学表中的对应学习课程信息的成绩为 85。对应的 SQL 语句如下。

```
UPDATE 教学
SET 成绩 ='85'
WHERE 学号 ='E11514026' AND 工号 ='11038' AND 课程号 ='ZH36004'
```

另外，如果不知道相关的信息（学生 "赵奇" 的学号、教师 "秦岚" 的工号及课程 "数据库原理" 的课程号），可以利用下面的 SQL 语句，将信息查询到之后再进行更新。

```
UPDATE 教学
SET 成绩 ='85'
WHERE 学号 =(SELECT 学号 FROM 学生 WHERE 姓名 =' 赵奇 ')
AND 工号 =(SELECT 工号 FROM 教师 WHERE 姓名 =' 秦岚 ' )
AND 课程号 =(SELECT 课程号 FROM 课程 WHERE 课程名 =' 数据库原理 ')
```

登记成绩之后，利用下面的 SQL 语句查询成绩信息是否登记成功。查询语句如下：

```
SELECT *
FROM 教学
```

```
WHERE 学号 ='E11514026' AND 工号 ='11038' AND 课程号 ='ZH36004'
```

查询结果如图 2-44 所示，已成功登记该学生的成绩。

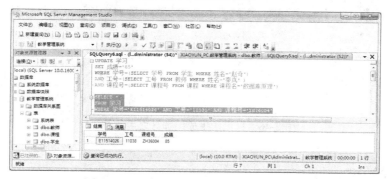

图 2-44　查询赵奇的成绩是否更新结果图

【例 2-21】因为试卷偏难，学生成绩普遍偏低，最高分也不到 90 分，所以学校决定将所有选修"孟鑫"老师的"数学简史"的学生成绩增加 10 分。

解析：首先，根据下面的查询语句可以查到所有选修"孟鑫"老师的"数学简史"的学生成绩，如图 2-45 所示。

查询选修"孟鑫"老师的"数学简史"的学生成绩，具体的 SQL 语句如下。

```
SELECT *
FROM 教学
WHERE 工号 =(SELECT 工号 FROM 教师 WHERE 姓名 ='孟鑫' ) AND 课程号 =(SELECT
课程号 FROM 课程 WHERE 课程名 ='数学简史')
```

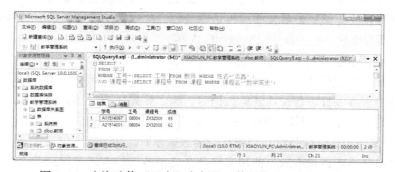

图 2-45　查询选修"孟鑫"老师的"数学简史"的学生成绩

由于学生成绩偏低，决定将所有选修"孟鑫"老师的"数学简史"的学生成绩增加 10 分，更新语句如下。

```
UPDATE 教学
SET 成绩 = 成绩 +10
WHERE 工号 = (SELECT 工号 FROM 教师 WHERE 姓名 ='孟鑫')
AND 课程号 = (SELECT 课程号 FROM 课程 WHERE 课程名 ='数学简史')
```

当更新完毕之后，利用查询选修"孟鑫"老师的"数学简史"的学生成绩的 SQL 语句进行查询更新之后的结果，如图 2-46 所示，可以看到成绩更新成功。

鉴于篇幅所限，数据更新操作的示例这里就不再列举了。读者可以自行设计操作要求并加以实现。

图 2-46　查询学生成绩加分之后的结果

2.6　数据库维护

数据库维护包括很多内容，包括用户权限的设置、数据库完整性维护、数据库的备份和恢复等。这里重点介绍数据库的备份与恢复，以及创建触发器来维护数据的完整性技术。

1.备份数据库

SQL Server 2008 提供了 4 种不同的备份方式，它们的特点及区别分别如下所示。

1）完整备份：备份整个数据库的所有内容，包括事务日志。该备份类型需要比较大的存储空间来存储备份文件，备份时间比较长，在还原数据时，只需要一个备份文件。

2）差异备份：它是完整备份的补充，差异备份只备份上次完整备份后发生了更改的数据。相对于完整备份来说，差异备份的数据量比完整备份小，备份的速度也比完整备份要快，因此，数据库管理员经常采用的是一次完整性备份之后进行多次差异备份。在还原数据时，要先还原前一次所做的完整备份后，然后再还原最后一次所做的差异备份，这样才能让数据库里的数据恢复到与最后一次差异备份时相同的内容。

3）事务日志备份：事务日志备份将只备份事务日志里的内容。事务日志记录了上一次完整备份和事务日志备份后数据库中的所有变动情况，因此在做事务日志备份之前，也必须要做一次完整备份。事务日志备份在还原数据时，除了要先还原完整备份之外，还要依次还原每一次的事务日志备份，而不是只还原最近一次的事务日志备份。

4）数据库文件和文件组备份：如果在创建数据库时，为数据库创建了多个数据库文件或文件组，则可以使用该备份方式。使用文件和文件组备份的方式可以只备份数据库中的某些文件，该备份方式在数据库文件非常庞大的时候十分有效，由于每次只备份一个或几个文件或文件组，因此可以分多次来备份数据库，从避免大型数据库备份的时间过长。另外，由于文件和文件组备份只备份了其中一个或多个数据文件，那么当数据库里的某个或某些文件受到损坏时，可以只还原损坏的文件或文件组备份即可。

在 SQL Server 2008 中，可以将数据库备份到磁盘中或磁带中。如果是备份到磁盘中，可以采用两种形式：一种是文件的形式，一种是备份设备的形式。无论是采用哪种形式，在磁盘中的体现都是文件的形式。

在创建数据库备份之前必须先创建备份设备。"备份设备"指的是备份或还原操作中使用的磁带机或磁盘驱动器。在创建备份时，必须选择要将数据写入的备份设备。Microsoft SQL Server 2008 可以将数据库、事务日志和文件备份到磁盘和磁带设备上。

创建备份设备和备份数据库有两种方法：一种是使用 SQL 语句备份数据库；一种是利用 Management Studio 工具交互式备份数据库。

第一种方法：使用 SQL 语句在查询窗口中备份数据库。

1）创建备份设备：在 SQL Server 2008 中，使用 SP_ADDUMPDEVICE 语句创建备份设备，其语法形式如下。

```
SP_ADDUMPDEVICE  <device_type>  [,<logical_name>][,<physical_name>]
```

其中，<device_type> 表示设备类型，其值可为 disk 和 tape。<logical_name> 表示设备的逻辑名称。<physical_name> 表示设备的实际名称。

2）备份数据库：在 SQL Server 2008 中，使用 BACKUP 语句备份数据库，其语法形式如下。

```
BACKUP DATABASE <databASe_name >| <@databASe_name_var>
TO <BACKUP_device>[,…n]
[WITH [DESCMPTION={'text' | @text_varable}]
[, DIFFERENTIAL]
[, INIT | NOINIT]
[, MEDIANAME=<media_name>| <@media_name_variable>]
[, NAME=<BACKUP_SET_name >| <@BACKUP_SET_name_var>] ]
```

参数说明：

① <databASe_name >| <@databASe_name_var> 为欲备份数据库的文件名或备份数据库的变量名。

② <BACKUP_device>，指定备份操作时要使用的逻辑或物理备份设备。可以是以下两种情况：<logical_BACKUP_device_name>|<@logical_BACKUP_device_name_var> 或 <DISK|TAPE>='physical_BACKUP_device_name' | @physical_BACKUP_device_name_var。第一种情况表示指定由 SP_ADDUMPDEVICE 创建的备份设备的逻辑名称，数据库将备份到该设备中。第二种情况表示指定备份设备的物理名称和设备类型，在执行 BACKUP 语句之前不必存在指定的物理设备。

③ DESCRIPTION={'text'| @text_variable}，备份描述文本，最长可以有 255 个字符。

④ DIFFERENTIAL，说明以差异备份的方式进行数据库备份。差异备份一般会比完整备份更快且占用更少的空间。

⑤ INIT 表示重写所有备份。NOINIT（默认）表示本次备份被加到介质中的现有数据中后，不覆盖原有的备份数据。

⑥ NAME=<BACKUP_SET_name >| <@BACKUP_SET_name_var>，指定备份的名称，最长为 128 个字符。

第二种方法：使用 Management Studio 也可以备份数据库，包括完整备份、差异备份、事务日志备份及文件和文件组备份，备份方式大同小异。

下面针对这两种备份数据库的方法分别举例说明。

【例 2-22】备份"教学管理系统"数据库到本地磁盘 E 盘下的 BACKUPDB 文件夹中。

第一种方法：使用 SQL 语句备份数据库。

1）在新建查询窗口中，输入如下语句创建备份设备。

```
SP_ADDUMPDEVICE 'disk','教学管理系统 _bak','E:\BACKUPDB\ 教学管理系统 _bakup'
```

2）在新建查询窗口中，输入如下语句备份数据库。

BACKUP DATABASE 教学管理系统 TO DISK=' 教学管理系统 .bak'

3）单击工具栏上的"执行"可以看到消息窗口提示备份成功的消息，如图 2-47 所示。

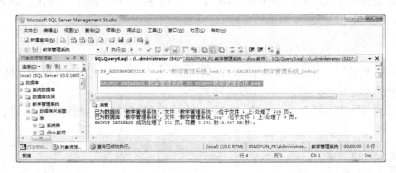

图 2-47　用 SQL 语句备份"教学管理系统"数据库

第二种方法： 利用 Management Studio 工具交互式备份数据库。

1）创建备份设备。打开"对象资源管理器"，单击"服务器对象"，右击"备份设备"，选择"新建备份设备"，在打开的"备份设备"窗口中，输入备份设备名称"教学管理系统 _bak"，在"文件"路径中输入" E:\BACKUPDB\ 教学管理系统 _bakup"，单击"确定"按钮即可在左侧的对象资源管理器中看到新建的备份文件"教学管理系统 _bak"了。

2）备份数据库。右击"教学管理系统 _bak"的备份设备，单击"备份数据库"，在打开的备份数据库对话框（如图 2-48 所示）的数据库中选择"教学管理系统"，备份类型选择"完整"，备份集名称命名为"教学管理系统 – 完整 数据库备份"，单击"确定"按钮后会弹出备份成功的提示对话框。

图 2-48　交互式备份"教学管理系统"数据库

2. 数据库维护计划

数据库备份是防止数据丢失的一个重要的措施，因此数据库备份操作很重要，作为一个数据库管理员将不得不花大量的时间去给数据库做备份。当一个数据库的数据更新非常频繁时，那么一天进行多次备份也是可能的。如果每次都要数据库管理员手动备份数据库，那将是一项艰巨的任务。SQL Server 2008 中可以使用维护计划来实现数据库的定时自动备份，从而减少数据库管理员的工作负担。下面就来介绍一下在 SQL Server 2008 中如何制定维护计划，实现数据库的自动备份功能。

【例 2-23】为教学管理系统建立自动备份计划，要求每天晚上的 00:00:00 进行一次备份，步骤如下。

1）启动"SQL Server Management Studio"，在"对象资源管理器"窗口里选择"教学管理系统"数据库实例。

2）在"对象资源管理器"中，将"管理"前面的加号节点单击展开，找到"维护计划"，右击"维护计划向导"，如图 2-49 所示，打开"维护计划向导"对话框，单击"下一步"。

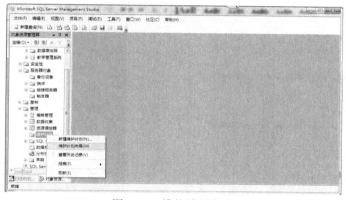

图 2-49　维护计划向导

3）在打开的"维护计划向导"对话框中的"选择目标服务器"这个项目中进行相应的设置，将"名称"设置为"教学管理系统自动备份计划"，"说明"设置为"为教学管理系统数据库进行自动备份"，如图 2-50 所示，单击"下一步"按钮。

图 2-50　选择目标服务器

4）在打开的"维护计划向导"对话框的"选择维护任务"对话框中，选择维护任务"备份数据库（完整）"，如图 2-51 所示，单击"下一步"按钮，在出现的窗口中再单击"下一步"按钮。

5）在弹出的"定义备份数据库（完整）任务"对话框中，选择数据库下拉列表来选择要备份"教学管理系统"数据库，在"备份组件"区域里可以选择备份"数据库"，在"目标"区域里选择备份到"磁盘"等相关设置，如图 2-52 所示，单击"下一步"按钮。

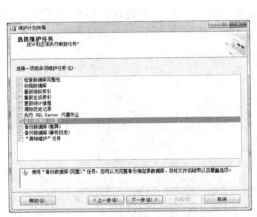

图 2-51　选择维护任务

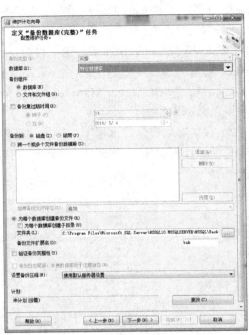

图 2-52　定义备份任务

6）在打开的"选择计划属性"对话框中，单击"更改"按钮，在打开的"新建作业计划"对话框中，将名称命名为"教学管理系统自动备份计划　备份数据库（完整）"，计划类型选择为"重复执行"，执行频率选择为"每天"，其余的为默认设置，如图 2-53 所示，单击"确定"按钮，单击"下一步"按钮。

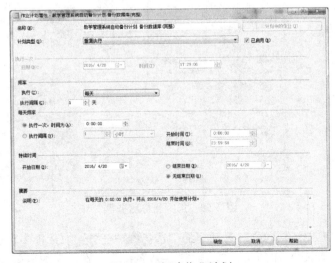

图 2-53　新建作业计划

7）在打开的"选择报告选项"对话框中，选择如何管理和维护计划报告：可以将其写入文件中，也可以通过电子邮件发送给数据库管理员。这里选择"将报告写入文本文件"，并选择文本文件的相应的路径，如图 2-54 所示，单击"下一步"按钮。

8）在打开的"完成该向导"对话框中，单击"完成"按钮，即可完成自动备份数据库的备份计划，如图 2-55 所示。

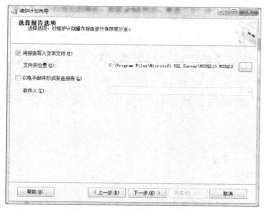
图 2-54　选择报告选项

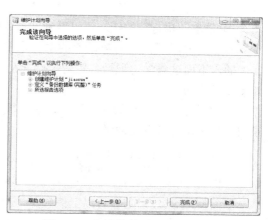
图 2-55　完成维护计划向导对话框

3. 创建触发器

触发器是数据库中一种确保数据完整性的方法，同时也是 DBMS 执行的特殊类型的存储过程，触发器都定义在基本表上，每个基本表都可以为插入、删除、修改三种操作定义触发器，即 Insert 触发器、Update 触发器和 Delete 触发器，对基本表的插入、修改或删除操作会使得相应的触发器运行，以保证操作不会破坏数据的完整性。

创建触发器有两种方法：一种方法是利用 SQL Server Management Studio 创建触发器，另一种方法是利用 SQL 语句 CREATE TRRIGER 创建触发器。

【例 2-24】在"学生"表上定义一个触发器，当插入或修改学生信息时，如果学生的年龄信息低于 18 岁，则自动修改为 18 岁。

解析：建立触发器有两种方法，下面分别用这两种方法进行解答。

第一种方法：利用 SQL 语句的 CREATE TRIGGER 语句创建触发器，步骤如下。

1）打开"新建查询窗口"，选择数据库"教学管理系统"。

2）在新建查询窗口中，输入如下创建触发器的 SQL 语句，如图 2-56 所示。

图 2-56　创建触发器

```
CREATE TRIGGER Insert_Or_Update_学生
    ON 学生
    AFTER INSERT,UPDATE  /* 触发事件是插入或更新操作 */
    AS  /* 定义触发动作体 */
        UPDATE 学生
            SET 年龄 =18
            FROM 学生 ,Inserted i
            WHERE 学号 =i.学号 AND i.年龄 <18
```

3）单击"执行"按钮，可以看到"命令已成功完成"的提示对话框。

命令完成以后，再向数据库的学生表中插入一条学生的记录，使该学生的年龄小于18，比如插入下面这条学生记录，然后进行查看，该学生的年龄已经被触发为"18"，而非"16"。如图 2-57 所示。

触发器是一种特殊的存储过程，它不能被显式地调用，而是在向表中插入记录、更新记录或删除记录时被自动地激活。

```
INSERT INTO 学生 ( 学号 ,姓名 ,性别 ,专业 ,院系 ,年龄 ,电话 ,EMAIL)
VALUES('C21514015','黄小仙 ',' 女 ',' 行政管理 ',' 管理学院
',' 16','13867542304','huangxiaoxian@163.com')
```

下面使用 SQL 语句查看以上信息。

```
SELECT  *  FROM 学生 WHERE 学号 ='C21514015'
```

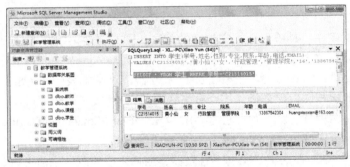

图 2-57　验证触发器成功

第二种方法：利用 SQL Server Management Studio 创建触发器，步骤如下。

1）打开 SQL Server Management Studio 的"对象资源管理器"，找到"教学管理系统"数据库，找到要在其上创建触发器的"学生"表，将其展开，找到并右击"触发器"，在菜单中选择"新建触发器"，如图 2-58 所示。

图 2-58　新建触发器

2）在打开的"新建触发器"窗口中，修改相应的触发器代码，如图 2-59 所示，单击"执行"按钮，会看到"命令已成功完成"的消息对话框，表示触发器创建成功。

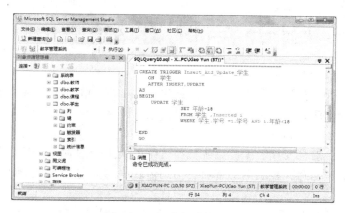

图 2-59　新建触发器窗口

【例 2-25】创建触发器，当学生表中某个"学号"的学生被删除时，自动将"教学"表中该学生的学习记录删除，即在"学生"表中建立删除触发器，实现"学生"表和"教学"表的级联删除。

解析：利用 SQL 语句的 CREATE TRIGGER 语句创建触发器。

创建触发器的 SQL 语句如下。

```
CREATE TRIGGER DELETE_ 学生
    ON 学生
    AFTER DELETE
    AS
    DELETE FROM 教学
    WHERE 学号 IN (SELECT 学号 FROM Deleted )
```

在新建查询窗口中执行，可以看到"命令已成功完成"的消息提示对话框，如图 2-60 所示。

图 2-60　创建删除触发器

同样，也可以按照【例 2-24】中的第二种方法交互式创建触发器，这里就不再赘述了，请大家自己实践。

第3章
图书借阅系统

各个城市、各所学校及很多企事业单位都建有图书馆，收藏了丰富的图书资料，可供各种读者借阅，实现资源共享。图书馆中的图书信息、读者信息及图书借阅管理等是一项非常烦琐但极其重要的工作。传统的图书馆采用人工管理的方式，不仅工作繁重而且效率低下，因此现在这项工作一般都使用数据库系统代替传统的人工管理方式。图书借阅管理系统可以有效地管理图书资料信息，控制图书资料的借阅流程，对提高图书馆或阅览室的管理效率有很大的帮助。

本章将以一个简单的图书借阅系统为例，介绍数据库的分析和设计过程。

3.1 需求分析

图书管理系统需要解决以往手工管理的种种弊端，比如管理员不能及时地更新图书信息、不能及时了解馆藏图书的种类和库存量，也不能掌握读者的借阅情况、超期借阅图书情况等信息。通过对图书管理流程的分析，系统应该实现以下功能：图书管理员可以维护图书信息，包括增加新书、修改图书信息、办理图书借阅登记、图书归还登记、过期图书处理、丢失图书处理及读者借阅证件信息的维护等；而读者可以实现借书、还书、查阅图书信息、查询借书信息等。具体要求如下所示。

图书信息管理：录入各种图书信息、维护图书信息等。图书信息具体包括图书编号、图书名称、图书类型、作者、出版社、价格等，其中图书类型将由图书分类号进行说明，每个图书分类号对应一种图书类型。

读者信息管理：维护读者信息，并根据实际情况的需要修改、更新或删除读者信息。读者信息包括证件号、姓名、证件状态（包括有效和失效）、联系方式等。

借阅管理：包括借书、还书、过期图书归还处理等。借书时登记借阅时间，还书时登记归还时间，并检查借阅时间是否超期，以及进行相应的处理。

图书管理系统主要有如下三种用户。

1）系统管理员：拥有系统的最高权限，可设置图书管理员等。

2）图书管理员：维护图书的基本数据，包括图书种类处理、更新图书信息，进行读者的图书借阅和归还处理等。

3）读者：可以查阅图书信息、借阅图书。

图书馆的图书情况和管理规定如下：每种图书类型都包括很多本不同的图书，同样的图书可以购买多本；每本图书可以被多次借阅；每位读者可以借阅多本图书；每本图书的借阅期限是一个月。

3.2 概念结构设计

分析图书借阅系统的需求，对现实世界中的图书馆管理中涉及的人、物、事进行抽象，从而得到系统的实体、实体属性、实体的码、实体之间的联系及联系的类型，并利用 E-R 图进行表示，然后就可以设计出图书管理系统的概念模型，即概念结构设计。概念结构设计一般分为三个步骤：①确定实体；②确定联系；③确定实体的属性和码（或称"键"）。

可以从上述需求分析中找出的名词有：图书管理员、图书类型、图书、读者。因此可以确定的实体有：图书类型、图书和读者。需要注意的是这个时候确定的实体可能并不是最终的实体，它们只是一个中间产物。但是没有关系，数据库的设计是一个迭代的过程。从需求分析中还可以得到的联系有：读者借阅图书，因此读者与图书之间有一种借阅联系，并且一名读者可以借阅多本图书，而一本图书也可以被多名不同的读者借阅，所以读者与图书之间存在着多对多的联系，即 $m : n$ 的联系。另外，从需求分析中可以得出，图书馆的图书都有科学的分类方法，每一种图书属于一种图书类型，而一种图书类型可以包含很多本图书，因此可以得到图书类型与图书之间也存在着一种联系，并且这种联系是一对多的，即图书类型与图书是 $1 : n$ 的联系。读者借阅的是图书而不是图书类型，因此读者与图书类型之间没有直接联系。

确定了系统的实体与联系之后，下面将进一步确定实体与联系的属性及主键。首先分析图书实体，图书应该包括下面的属性：图书编号、图书名称、图书分类号、作者、出版社及价格等。读者应该包括下面的属性：姓名、证件号、证件的状态是否有效，以及联系方式等。图书类型应该包括图书的分类号、分类名称，也可以加上关于图书类型的描述信息。实体、联系的属性及主键具体如下。

1）图书类型，属性包括图书分类号、图书分类名称、描述信息，其中图书分类号是主键。

2）图书，属性包括图书编号、图书名称、图书分类号、作者、出版社、价格，其中图书编号是主键。

3）读者，属性包括证件号、姓名、证件状态（包括有效和失效）、联系方式等，其中证件号是主键。

4）针对读者与图书之间的"借阅"联系进行分析。这种联系是读者借阅图书产生的，是多对多的联系，其属性应该包括借阅日期、应还日期、归还日期及超期归还时的罚款金等。

下面将介绍概念结构设计的具体步骤。

1. 抽象出系统的实体

根据上面的分析可知，图书借阅系统主要包含图书类型、图书信息和读者三个实体。画出三个实体的 E-R 图，并在图中标出实体的主键（加下画线的属性），见图 3-1、图 3-2 和图 3-3。其中图书分类号是图书类型实体的主键，图书编号是图书信息实体的主键，证件号是读者实体的主键。

图 3-1　图书类型实体及属性

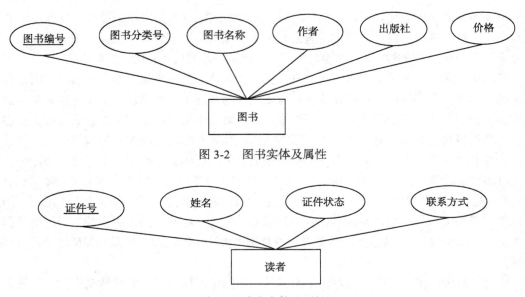

图 3-2　图书实体及属性

图 3-3　读者实体及属性

2. 设计初步 E-R 图

图书借阅管理系统中涉及了三个实体集：图书、图书类型、读者。这三个实体集互相之间存在着联系。根据需求分析可得到一名读者可以借阅多本图书，而一本图书也可以被不同的读者借阅，所以读者与图书之间存在着多对多的借阅关系。一种图书属于一种图书类型，而一种图书类型可以包含很多图书，因此可以得到图书与图书类型之间存在着一对多的关系。通过上面的分析可以得到图书借阅系统的初步 E-R 图，如图 3-4 所示。

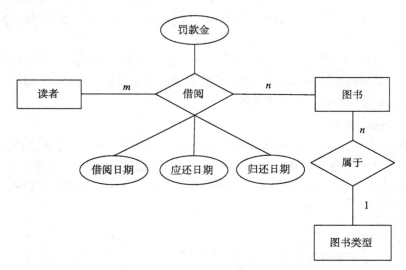

图 3-4　图书借阅系统初步 E-R 图

3. 设计全局 E-R 图

将实体的属性加入初步 E-R 图中，可以得到图书借阅系统的全局 E-R 图，如图 3-5 所示。这个过程属于概念结构设计的视图集成，需要解决分 E-R 图的冲突问题，这里因为系统规模很小，因此没有出现冲突。

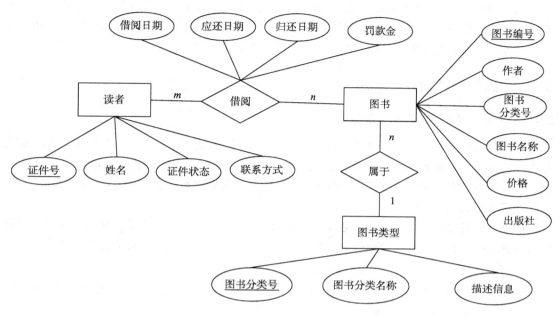

图 3-5　图书借阅系统全局 E-R 图

3.3　逻辑结构设计

数据库的逻辑结构设计是根据概念结构设计的全局 E-R 图，按照转换规则将 E-R 图转换成数据模型的过程。在关系数据库管理系统中，逻辑结构设计就是将所有的实体和联系转化为一系列的关系模式。

E-R 图中实体应该单独提取出来作为一个关系模式，其中主键应用下画线标出。图书借阅管理的关系模式具体如下。

图书类型（图书分类号，图书分类名称，描述信息）为图书类型实体对应的关系模式，其中"图书分类号"是图书类型实体的主键。

图书（图书编号，图书名称，图书分类号，作者，出版社，价格）为图书实体对应的关系模式，其中"图书编号"是图书实体的主键。加入"图书分类号"属性是为了实现图书类型与图书之间的一对多联系。按照转换规则，一对多联系可以单独转换为一个关系模式，以多端实体的码作为主键，也可以与多端的实体"图书"合并，即将一端实体"图书类型"的主键属性加入多端实体的关系模式中即可。实际应用中一般都与多端实体进行合并。本案例中"图书分类号"是"图书类型"实体的主键，被加入到"图书"关系模式中，在图书关系中，"图书分类号"应该设置为外键，参照图书类型中的主键"图书分类号"。

读者（证件号，姓名，证件状态，联系方式）为读者实体对应的关系模式，其中"证件号"是读者实体的主键。

联系"借阅"是一个多对多联系，按照转换规则，必须转换为一个独立的关系模式，其本身的属性包括借阅日期、应还日期、归还日期、罚款金，还应包括与之联系的图书和读者的主键属性，所以借阅联系的关系模式具体如下。

借阅（证件号，图书编号，借阅日期，应还日期，归还日期，罚款金）。其中"证件号""图书编号"和"借阅日期"共同构成了图书借阅联系的主键。另外关于罚款金额的计算方法假定是超期一天罚款 0.1 元；"归还日期"属性允许为空 NULL；规定借书的期限是一个月，因此"应还日期"是在借阅日期的基础上加一个月的日期。

3.4 数据库物理设计与实施

3.4.1 创建"图书借阅系统"数据库

本案例是模拟建立一个图书借阅管理系统，假定数据量不是很大，图书的更新 / 增加操作也不是很频繁，因此可以将数据库的初始大小设定为 10MB，增长率设置为 10% 即可满足需求，将数据库的数据文件和日志文件分别命名为"图书借阅 _data"和"图书借阅 _log"，并存放于 D:\data\ 文件夹中。

首先为图书借阅管理系统建立数据库"图书借阅系统"。数据库的建立有两种方式：利用 Management Studio 图形工具交互向导和 SQL 语句。下面分别使用这两种方法建立数据库。

1. 交互向导方式

利用 SQL Server 2008 中的 Management Studio 图形工具交互向导建立数据库的步骤如下。

（1）启动 SQL Server 2008

依次单击"开始→所有程序→ SQL Server 2008 → SQL Server Management Studio Express"启动 SQL Server 数据库管理系统。

（2）登录数据库服务器

单击"连接到服务器"对话框的"连接"按钮连接到 SQL Server 2008 数据库服务器。

（3）创建数据库"图书借阅系统"

在 SQL Server 2008 数据库管理系统的"对象资源管理器"中右击"数据库"对象，在弹出的快捷菜单中单击"新建数据库"命令，如图 3-6 所示。

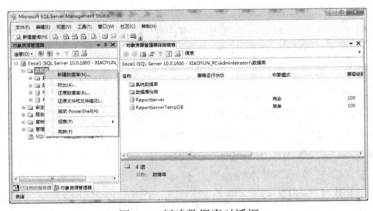

图 3-6　新建数据库对话框

在弹出的"新建数据库"对话框中输入数据库名称"图书借阅系统"，设置数据库的初始大小、增长方式及存储路径（如图 3-7 所示），单击"确定"按钮。

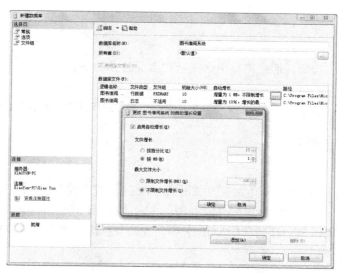

图 3-7 设置数据库的增长方式对话框

在对象资源管理器中，右击"数据库"，在弹出的快捷菜单中单击"刷新"按钮，即可看到新建的数据库"图书借阅系统"了。

2. 使用 SQL 建立数据库

使用 SQL 的 CREATE DATABASE 语句建立数据库的步骤如下。

启动 SQL Server 2008 并连接到服务器，单击"新建查询"，在新建的查询窗口中输入建立数据库的 SQL 语句（如图 3-8 所示）。

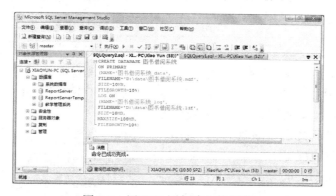

图 3-8 用 SQL 语句建立数据库

建立"图书借阅系统"数据库的 SQL 语句如下。

```
CREATE DATABASE 图书借阅系统
ON PRIMARY
(NAME=' 图书借阅系统 _data',
FILENAME='D:\data\ 图书借阅系统 .mdf',
SIZE=10MB,
FILEGROWTH=10%)
LOG ON
(NAME=' 图书借阅系统 _log',
FILENAME='D:\data\ 图书借阅系统 .ldf',
```

```
SIZE=10MB,
MAXSIZE=100MB,
FILEGROWTH=10%)
```

单击""按钮，消息窗口中会提示"命令已成功完成"，这就说明数据库已经成功建立。

右击"数据库"对象，单击"刷新"按钮，就可以看到新建的数据库"图书借阅系统"了。

3.4.2　建立和管理基本表

1. 建立基本表

经过上面的分析可知，需要为"图书借阅系统"数据库建立图书、图书类型、读者和借阅 4 张基本表。建立数据表也有两种方法：一种是利用 SQL Server 2008 的 Management Studio 图形工具建表；另一种是利用 SQL 语句在查询分析器中建表。下面针对"图书"表的建立举例说明。

（1）建立图书信息表：图书

图书（图书编号，图书名称，图书分类号，作者，出版社，价格），其中各个属性的名字及数据类型可参见表 3-1，根据表中所列出的信息建立图书表。

表 3-1　图书表的属性

属性	数据类型	是否为空 / 约束条件
图书编号	CHAR(13)	主键
图书名称	VARCHAR(50)	否
图书分类号	CHAR(7)	否，外键，参照图书类型表
作者	CHAR(10)	否
出版社	CHAR(30)	是
价格	MONEY	必须大于 0

另外经过分析可知：图书编号是主键，不允许为空；根据常识，价格肯定不能为负数，因此价格的取值必须大于 0；另外，图书分类号必须参照于图书类型中的图书分类号，以保证数据的参照完整性，因此将图书分类号设置为外键。

第一种方法：利用 SQL Server 2008 的 Management Studio 图形工具建表。

1）打开 SQL Server 2008，在对象资源管理器中单击"图书借阅系统"数据库的"![图书借阅系统]"展开子菜单，选中并右击"表"打开菜单，选择"新建表"功能，如图 3-9 所示。

图 3-9　新建表

在打开的创建表的窗口中，按照表 3-1 的说明进行建表操作，如图 3-10 所示。

2）设置约束条件。根据表 3-1 的要求，应该将"图书编号"属性设置为主键，方法为：右击"图书编号"这一列，在弹出的菜单中单击"设置主键"，如图 3-11 所示。设置成功后，"图书编号"属性列上面将出现"![图书编号]"，表示主键已设置成功。

图 3-10　交互式建立图书表的属性列

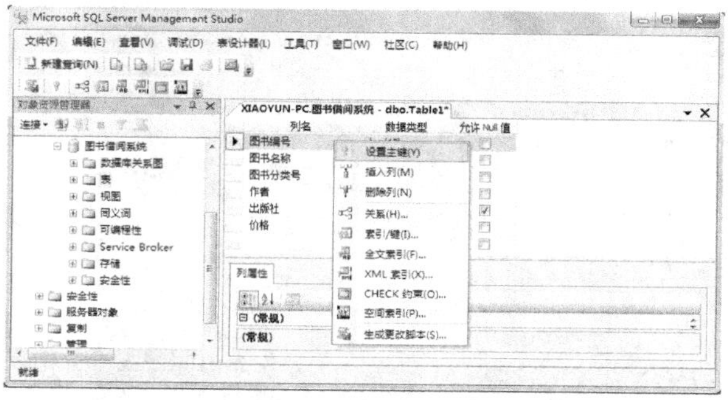

图 3-11　为图书表的图书编号设置主键

属性列"价格"只能取大于 0 的数，因此要为属性列"价格"设置约束。方法如下：右击属性列"价格"，在弹出的菜单中单击"CHECK 约束"，如图 3-12 所示。

图 3-12　为价格设置 CHECK 约束

在弹出的对话框中，单击"添加"按钮，并将约束名称改为"CK_图书_价格"，如图 3-13 所示。

单击"表达式"后面的按钮弹出"CHECK 约束表达式"对话框，在此对话框中填写 CHECK 约束表达式"价格 >0"，如图 3-14 所示，单击"确定"按钮即可。

根据表 3-1 的要求，"图书分类号"需要参照图书类型表中的图书分类号，以确保数据的参照完整性，因此需要将"图书分类号"设置为外键。设置外键的方法为：右击"图书分类号"，在弹出的菜单中单击"关系"，如图 3-15 所示。

图 3-13　设置 CHECK 约束的名称

图 3-14　设置 CHECK 约束表达式

图 3-15　单击"关系"设置外键

在打开的"外键关系"对话框中，单击"添加"按钮，将外键的名称设置为"Book_Borrow_fkflh"（如图 3-16 所示），单击"关闭"按钮。

3）保存表。完成上述操作后，单击工具栏上的"保存"按钮，在弹出的对话框中，输入表名"图书"（如图 3-17 所示），单击"确定"按钮即可。

4）右击对象资源管理器中"图书借阅系统"中的"表"，单击"刷新"按钮即可看到新建立的图书表。

第二种方法：利用 SQL 语句在查询分析器中建立表，步骤如下。

1）双击打开 SQL Server 2008，在弹出的"连接到服务器"对话框中单击"连接"按钮，连接到数据库服务器。

图 3-16   设置外键名称

图 3-17   保存"图书"表

2）新建表的 SQL 脚本。单击工具栏中"新建查询"按钮，在新建的查询窗口中输入创建表的 SQL 代码，如图 3-18 所示，其中创建表的 SQL 语句如下（假设图书类型表已经建好）。

```
CREATE TABLE 图书
(   图书编号 CHAR(13) NOT NULL PRIMARY KEY,
    图书名称 VARCHAR(50) NOT NULL,
    图书分类号 CHAR(7) NOT NULL ,
    作者 CHAR(10) NOT NULL,
    出版社 CHAR(30) ,
    价格 MONEY NOT NULL CHECK (价格 >0),
    CONSTRAINT Book_Borrow_fkflh FOREIGN KEY (图书分类号) REFERENCES 图书类型 (图书
分类号))
```

图 3-18   用 SQL 语句创建图书表

3）单击工具栏中的 █ 执行(X) 按钮，运行 SQL 语句，完成"图书"表的创建工作，右击左侧的"对象资源管理器"中的"表"，单击"刷新"即可看到新建的"图书"表。

说明：代码中的" CONSTRAINT Book_Borrow_fkflh FOREIGN KEY（图书分类号） REFERENCES 图书类型（图书分类号）"是定义"图书分类号"的外键约束。这里需要注意的是，在为"图书"表中的"图书分类号"建立外键约束时，需要保证所参照的表"图书类型"已经存在，并且要保证图书表中的"图书分类号"和"图书类型"表中的图书分类号的类型是一致的。因此，需要在建立"图书"表之前，先建立"图书类型"表，参见下面相应内容。

由于篇幅所限，对于图书借阅系统的其余三张表的建立请参照图书表的建立过程，这里不再赘述，附上每个表的属性信息列表及相应的建表的 SQL 语句。

（2）建立图书类型信息表：图书类型

图书类型表的属性如表 3-2 所示。

表 3-2　图书类型表的属性

属性	数据类型	是否为空 / 约束条件
图书分类号	CHAR(7)	主键
图书分类名称	CHAR(20)	否
描述信息	VARCHAR(50)	是

创建图书类型表的 SQL 语句如下。

```
CREATE TABLE 图书类型
(   图书分类号 CHAR(7) NOT NULL PRIMARY KEY,
    图书分类名称 CHAR(20) NOT NULL,
    描述信息 VARCHAR(50) )
```

（3）建立读者信息表：读者

读者表的属性如表 3-3 所示。

表 3-3　读者表的属性

属性	数据类型	是否为空 / 约束条件
证件号	CHAR(10)	主键
姓名	CHAR(8)	否
证件状态	CHAR(4)	否
联系方式	CHAR(11)	是

创建读者表的 SQL 语句如下。

```
CREATE TABLE 读者
(   证件号 CHAR(10) NOT NULL  PRIMARY KEY,
    姓名 CHAR(8) NOT NULL,
    证件状态 CHAR(4) NOT NULL CHECK( 证件状态 IN(' 可用 ',' 失效 ')),
    联系方式 CHAR(11) )
```

（4）建立借阅信息表：借阅

借阅表的属性如表 3-4 所示。

创建借阅表的 SQL 语句如下。

```
CREATE TABLE 借阅
```

```
(   证件号 CHAR(10) NOT NULL,
    图书编号 CHAR(13) NOT NULL,
    借阅日期 DATE NOT NULL,
    应还日期 DATE NOT NULL ,
    归还日期 DATE ,
    罚款金 MONEY NOT NULL DEFAULT 0.0 CHECK ( 罚款金 >=0.0)
CONSTRAINT Book_Borrow_pkzjsh PRIMARY KEY ( 证件号 , 图书编号 , 借阅日期 ),
CONSTRAINT Book_Borrow_fkzjh FOREIGN KEY ( 证件号 ) REFERENCES 读者 ( 证件号 ),
CONSTRAINT Book_Borrow_fktsbh FOREIGN KEY ( 图书编号 ) REFERENCES 图书 ( 图书编号 ))
```

表 3-4　借阅表的属性

属性	数据类型	是否为空 / 约束条件
证件号	CHAR(10)	主键
图书编号	CHAR(13)	主键
借阅日期	DATE	主键
应还日期	DATE	否
归还日期	DATE	是
罚款金	MONEY	默认为 0.0，>=0.0

注意：第一个 CONSTRAINT 定义了"借阅"表的主键，由（证件号，图书编号，借阅日期）组合构成。"借阅"表中的字段"证件号"和"图书编号"分别参照"读者"表中的"证件号"和"图书"表中的"图书编号"，因此为了保证数据库的参照完整性，SQL 语句中后面两个 CONSTRAINT 子句为"借阅"表中的"证件号"及"图书"表中的"图书编号"分别建立了外键约束。

同样需要注意的是，在为"借阅"表中的"证件号"及"图书"表中的"图书编号"建立外键约束时，需要保证所参照的"读者"和"图书"这两个基本表已经存在，也就是说，在建立"借阅"表之前，需要先建立"读者"和"图书"这两张表。

2. 管理基本表

基本表建立之后，随着应用环境和应用需求的改变，有时候需要修改已经建立好了的基本表的模式。SQL Server 2008 中提供了两种方法管理基本表。一种方法是利用 SQL Server 2008 的 Management Studio 图形工具交互式管理基本表；另一种方法是利用 SQL 语句管理基本表，比如 SQL 语言提供 ALTER TABLE 语句修改基本表。利用 ALTER TABLE 命令可以修改基本表的名字；增加新列或增加新的完整性约束条件；修改原有列的定义，包括修改列名和数据类型。ALTER TABLE 命令的 DROP 子句可以删除属性列或指定的完整性约束条件。DROP TABLE 语句则用于删除基本表的定义。

当然，也可以在 SQL Server 2008 的 Management Studio 图形工具中交互式地修改基本表的结构。

注意：当数据库投入运行之后，对基本表结构的修改要小心慎重，不能经常进行，以免造成数据库数据的丢失。实际应用系统中数据库的管理工作必须由经过授权的数据库管理员进行操作。

下面将针对这两种方法举几个简单的例子分别进行详细说明。

【例 3-1】给"图书"表中的属性列"价格"添加默认值"10.00"。

解析：可以利用 Management Studio 工具为属性列添加默认值，步骤如下。

1）打开 SQL Server 2008，在对象资源管理器中单击"图书借阅系统"数据库的
"⊞ ▤ 图书借阅系统"展开子菜单，选中"图书"表，将其展开，找到"⊞▢ 列"将其展开。

2）在展开的列中，找到"价格"列，右击，在弹出的菜单中单击"修改"，如图 3-19 所示。

图 3-19　修改"价格"属性列定义

3）在打开的窗口中，选中"价格"列，在右下方的"列属性"标签页中单击"常规"，
将"默认值或绑定"对应的值修改为"10.00"，如图 3-20 所示。

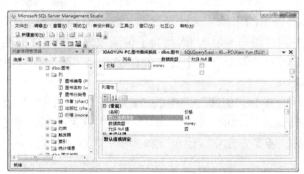

图 3-20　设置"价格"的默认值

4）单击上方工具栏中的"▣"按钮即可完成为属性列添加默认值的操作。

【例 3-2】给"读者"表中的属性列"证件状态"添加默认值"可用"。

解析：此处采用 SQL 语句来实现属性列的默认值约束。将"读者"表中的属性列"证件
状态"的默认值设置为"可用"，可利用 ALTER TABLE…ADD DEFAULT…语句来实现。具
体的 SQL 语句如下。

```
ALTER TABLE 读者 ADD DEFAULT ('可用') FOR 证件状态
```

【例 3-3】删除"读者"表中的"联系方式"字段。

解析：删除某个字段，可利用 ALTER TABLE…DROP COLUMN…语句来实现。具体的
SQL 语句如下。

```
ALTER TABLE 读者 DROP COLUMN 联系方式
```

【例 3-4】为读者表增加一列属性"电话"，要求数据类型是 CHAR (12)。

解析：需要增加某个字段的时候，利用"ALTER TABLE 表名 ADD 列名 列类型"语句
即可实现。在使用这个命令的时候，要严格按照其语法结构，并且默认新增加的列允许为

空。ALTER TABLE 只允许添加满足下述条件的列：列可以包含空值；或者列具有指定的 DEFAULT 定义；或者要添加的列是标识列或时间戳列；或者，如果前几个条件均未满足，则表必须为空（没有数据）以允许添加此列。具体的 SQL 语句如下。

```
ALTER TABLE 读者 ADD 电话 CHAR(12)
```

【例 3-5】修改"图书"表中"图书名称"字段的属性，将数据类型改为 VARCHAR (50)，允许为空值。

解析：需要修改某个字段的属性时，利用 ALTER TABLE…ALTER COLUMN 语句即可实现。具体的 SQL 语句如下。

```
ALTER TABLE 图书 ALTER COLUMN 图书名称 VARCHAR(50) NULL
```

【例 3-6】删除"图书类型"表。

解析：当不再需要某个表时，我们就可以用 DROP 语句进行删除。具体的 SQL 语句如下。

```
DROP TABLE 图书类型 CASCADE
```

其中 CASCADE 表示级联删除，在添加表的关系约束时应注意添加"ON DELETE CASCADE"，这样就可以在删除表的同时，将相关的依赖对象比如视图等一并删除。执行该语句将删除数据库中"图书类型"基本表的定义。

注意：删除表的操作一定要非常慎重，本例中图书类型表删除后必须再重新创建。为达到练习的目的，可以先建立一个表，然后用 DROP 语句进行删除，也可以交互式地删除表。

3.4.3 建立和管理视图

图书借阅系统的基本表中，图书表中保存图书的信息，读者表中保存读者的信息，借阅表中保存读者号、图书编号、借阅日期等信息。但是管理员和读者经常需要查看借阅图书的详细情况，包括读者姓名、图书名称等，这时可以通过在数据库中创建一个视图，将上述信息组织到一起。下面就举例介绍视图的创建和管理。

在 SQL Server 2008 中建立视图的方法有两种：一种是利用 SQL 语句建立视图；另一种是利用 Management Studio 图形工具交互式地建立视图。

【例 3-7】图书借阅管理系统中包含很多不同类型的图书，为了方便管理员分类管理，现在需要为几种类型的图书建立视图。现以计算机图书为例，为类型是"计算机"的图书建立视图。

解析：先利用 SQL 语句建立视图。SQL 语句如下。

```
CREATE VIEW 计算机图书
AS
  SELECT 图书.*,图书类型.图书分类名称
  FROM 图书,图书类型
  WHERE 图书.图书分类号 = 图书类型.图书分类号
        AND 图书类型.图书分类名称 LIKE '计算机%'
```

在新建查询窗口中输入并执行上述 SQL 语句，在消息窗口中会有"命令已成功完成"的提示信息，表示视图已创建成功，如图 3-21 所示。

类似于表的操作，当视图创建成功后，可以利用 SELECT 语句对视图进行查看，如图 3-22 所示。

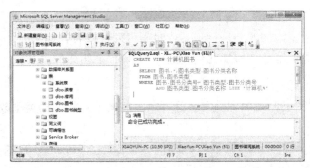

图 3-21 用 SQL 语句创建"计算机图书"视图

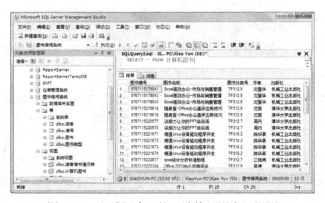

图 3-22 查看新建立的"计算机图书"视图

再练习一下利用 Management Studio 建立视图。

1）打开 SQL Server 2008 的对象资源管理器，单击"图书借阅系统"数据库前的加号，找到"视图"节点，右击，在菜单中单击"新建视图"。

2）在弹出的"添加表"对话框中，选中"图书"表，单击"添加"按钮，再选中"图书类型"表，单击"添加"按钮，如图 3-23 所示，当把需要的表添加完成之后，单击"关闭"按钮。

图 3-23 为创建视图添加需要的基本表

3）选中"图书"表中的所有字段及"图书类型"表中的"图书分类名称"字段，并在"图书分类名称"这个字段所对应的"筛选器"中输入" LIKE '计算机 %'"，作为筛选的限制条件信息，如图 3-24 所示。

图 3-24　选中相应的字段并设置筛选条件

4）单击工具栏上的"🖫"按钮，并将所建立的视图重命名为"计算机图书"，如图 3-25 所示，单击"确定"按钮。

图 3-25　保存"计算机图书"视图

5）右击"视图"，在弹出的菜单中单击"刷新"，然后再单击"视图"节点，就可以看到新建立的"计算机图书"视图了。

当视图创建成功后，可以利用 SQL 语句查看视图，也可以右击"计算机图书"，单击"打开视图"就可以看到新建立的视图信息了，如图 3-26 所示。

图 3-26　查看"计算机图书"视图信息

【例 3-8】建立视图"读者借书情况表"，以便了解读者的图书借阅情况。

解析：经过分析可知读者借书情况表中必须包含以下信息，即读者证件号、读者姓名、图书名称及借阅日期。借阅日期涉及"借阅"表，读者姓名涉及"读者"表，图书名称涉及"图书"表。因此创建此视图的时候需要对这三张表进行连接查询来获取信息。假设我们定义视图的名称为"读者借书情况表"，那么创建视图的 SQL 语句如下。

```
CREATE VIEW 读者借书情况表（读者证件号，读者姓名，图书名称，借书日期）
AS
    SELECT 读者.证件号，读者.姓名，图书.图书名称，借阅.借阅日期
    FROM 读者，图书，借阅
    WHERE 读者.证件号＝借阅.证件号
          AND 图书.图书编号＝借阅.图书编号
```

在新建查询窗口中输入并执行上述 SQL 语句，在消息窗口中会有"命令已成功完成"的提示信息，表示视图已创建成功，如图 3-27 所示。

图 3-27   用 SQL 语句创建视图"读者借书情况表"

当视图创建成功后，在新建查询窗口中可以像查询基本表一样查询新建立的"读者借书情况表"视图，如图 3-28 所示。

查询该视图的 SQL 语句为：

```
SELECT * FROM 读者借书情况表
```

图 3-28   用 SQL 语句查询视图

【例 3-9】删除例 3-7 中建立的"计算机图书"视图。

解析：视图是一种"虚表"，对视图的管理和操作比对基本表的管理和操作要简单。删除视图可以利用 DROP VIEW 语句进行。

删除该视图的 SQL 语句为：

```
DROP VIEW 计算机图书
```

在新建查询窗口中输入并执行上述删除视图的 SQL 语句，单击"执行"按钮，可以看到

消息对话框中弹出"命令已成功完成"的提示信息，表示视图已成功删除，如图 3-29 所示。

图 3-29 删除"计算机图书"视图

3.4.4 建立和管理索引

根据需求分析，各个基本表的主键分别是：读者（证件号），图书类型（图书分类号），图书（图书编号），借阅（证件号，图书编号，借阅日期）。数据库管理系统将自动为主键建立主索引，所以我们不需要专门为主键建立索引。因为图书借阅系统中经常用到的查询包括根据证件号、图书编号或借阅日期等查看借书情况，所以在"借阅"表中，应该为证件号、图书编号、借阅日期三个属性分别建立次级索引。读者经常会按图书分类号、书名、出版社等属性查询图书信息，所以应该为"图书"表的这些属性也分别建立次级索引。

建立索引有两种方法：一种是利用 Management Studio 工具交互式建立索引；另一种是利用 SQL 语句 CREATE INDEX 建立索引。我们通常采用 CREATE INDEX 语句建立索引，因为这样更为快捷。

【例 3-10】为"借阅"表中的"证件号"和"借阅日期"建立组合次索引。

解析：利用 Management Studio 工具交互式建立索引的步骤如下。

1）打开 SQL Server 2008 的对象资源管理器，单击"图书借阅系统"数据库前的加号展开，单击"表"节点前的加号，单击"借阅"表前的加号，找到"索引"后右击，在弹出的菜单中选择"新建索引"。

2）在弹出的"新建索引"对话框中，单击"常规"选项卡，找到"索引名称"，将其定义为"BookBorrowInfo_ZJH_JYRQ"，单击"添加"按钮，在弹出的"从 dbo.借阅中选择列"对话框中，选中字段"证件号"和"借阅日期"，如图 3-30 所示。

图 3-30 添加索引字段

3）单击"确定"按钮，然后找到"索引"节点右击，从弹出的菜单中选择"刷新"，就可以看到新建立的名为"BookBorrowInfo_ZJH_JYRQ"的索引。

利用 CREATE INDEX 语句建立次级索引的语句如下。

```
CREATE INDEX BookBorrowInfo_ZJH_JYRQ
ON 借阅（证件号，借阅日期）
```

打开"新建查询"窗口，在窗口中输入上述代码，单击工具栏上的" ！执行(X)"按钮，即可完成索引创建，如图 3-31 所示。

图 3-31　用 SQL 语句创建索引

【例 3-11】 为"图书"表中的图书分类号、图书名称、出版社字段分别建立次级索引。

解析：利用 SQL 语句中的 CREATE INDEX 语句分别为这些属性建立次级索引。

1）为"图书分类号"建立次级索引。

```
CREATE INDEX BookBorrowInfo_FLH
ON 图书（图书分类号）
```

2）为"书名"建立次级索引。

```
CREATE INDEX BookBorrowInfo_TSMC
ON 图书（图书名称）
```

3）为"出版社"建立次级索引。

```
CREATE INDEX BookBorrowInfo_CBS
ON 图书（出版社）
```

3.5　访问数据库

为了满足数据库访问操作的要求，我们事先利用交互式或 INSERT 语句向数据库中的基本表插入了一批数据作为例子，具体的 INSERT 语句插入数据的方法可参考 3.5.2 节。每个基本表的实验数据可参见表 3-5 至表 3-8。

表 3-5　图书类型表数据

图书分类号	图书分类名称	描述信息
O411	电子类 – 电工技术	电子类图书
O412	电子类 – 自动控制	NULL
TP301	电子类 – 家店维修	电子类的家店维修
TP312	计算机类 – 软件开发	NULL
TP312.7	计算机类 – 其他	NULL
TP312.8	计算机类 – 办公软件	NULL

(续)

图书分类号	图书分类名称	描述信息
TP316.2	计算机类－操作系统	NULL
TP317.2	计算机类－平面设计	NULL
TP392	计算机类－数据库	NULL
TP393	计算机类－网络技术	NULL

表 3-6 图书信息表数据

图书编号	图书名称	图书分类号	作者	出版社	价格
9787115179041	Excel 高效办公—市场与销售管理	TP312.8	沈登华	机械工业出版社	49.0000
9787115179042	Excel 高效办公—市场与销售管理	TP312.8	沈登华	机械工业出版社	49.0000
9787115179043	Excel 高效办公—市场与销售管理	TP312.8	沈登华	机械工业出版社	49.0000
9787115219618	随身查—Office 办公高手应用技巧	TP312.8	沈丽	清华大学出版社	12.8000
9787115219619	随身查—Office 办公高手应用技巧	TP312.8	沈丽	清华大学出版社	12.8000
9787115220577	说服力让你的 PPT 会说话	TP312.7	周丹	清华大学出版社	39.0000
9787115220578	说服力让你的 PPT 会说话	TP312.7	周丹	清华大学出版社	39.0000
9787115221671	精通 Linux 设备驱动程序开发	TP316.2	陈华亭	机械工业出版社	89.0000
9787115221672	精通 Linux 设备驱动程序开发	TP316.2	陈华亭	机械工业出版社	89.0000
9787115221673	精通 Linux 设备驱动程序开发	TP316.2	陈华亭	机械工业出版社	89.0000
9787115221674	精通 Linux 设备驱动程序开发	TP316.2	陈华亭	机械工业出版社	89.0000
9787115222817	spss 统计分析标准教程	TP312.7	江铠同	机械工业出版社	48.0000
9787115223104	Office 2003 办公应用完全	TP312.8	蒋健	清华大学出版社	49.0000
9787115223883	软件测试技术（第二版）	TP312	于丹	机械工业出版社	32.0000
9787115224132	苹果 Mac OS X10.6 SnowLeopard 超级手册	TP316.2	陈廷飞	清华大学出版社	79.0000
9787115224262	电路基础	O411	王红	安徽科学技术出版社	24.0000
9787115224996	模拟电子技术	O412	陈晨	安徽科学技术出版社	22.0000
9787115225184	电子技术基础与技能	O411	张震	中国商务出版社	25.0000
9787115225481	Office 办公软件案例教程	TP312.8	杨启申	清华大学出版社	24.5000
9787115226075	Java 程序设计实例教程	TP312	渝万里	科学出版社	32.5000
9787115226334	电工基础	O412	陈忠彪	安徽科学技术出版社	24.0000
9787115226662	常用工具软件	TP312.8	李大力	中国农业出版社	32.0000
9787115226845	计算机主板维修从业技能全程通	TP301	徐燕	安徽科学技术出版社	39.0000
9787115226846	计算机主板维修从业技能全程通	TP301	徐燕	安徽科学技术出版社	39.0000
9787115227430	深入 Linux 内核架构	TP316.2	陈登	清华大学出版社	149.0000
9787115227478	金蝶 ERP-K/3 培训教程	TP312.7	杨万华	清华大学出版社	59.0000
9787115227607	金蝶 KIS 模拟实训—财务培训教程	TP312.7	李丽莎	清华大学出版社	35.0000

表 3-7 读者信息表数据

证件号	姓名	证件状态	联系方式
H200121001	程晓曦	可用	18909346754
H200121002	周鼎	可用	15809346721
H200121004	马骁	可用	15609346733
H200121006	王小虎	可用	15809346746

（续）

证件号	姓名	证件状态	联系方式
H200121009	王力	可用	13609346778
H200121010	杨华	可用	15209346790
J200902001	王浩粗	可用	13209346752
J200902002	王潮	失效	15209346757
J200902003	催定科	可用	15620934672
J200902005	李晨	失效	13209346950
J200902006	周大华	可用	13709346751
J200902007	马威	可用	13809346732
J200902008	马晓华	可用	13909346724
W200912001	崔灿	可用	13409346780
W200912002	李涵	可用	13209346759
W200912003	陈晓晨	可用	15209346712
W200912004	陈晓琪	失效	15820934670

表 3-8　借阅信息表数据

证件号	图书编号	借阅日期	应还日期	归还日期	罚款金额
H200121001	9787115231096	2015/9/10	2015/10/10	NULL	NULL
H200121002	9787115228505	2015/10/11	2015/11/11	NULL	NULL
H200121004	9787115225481	2015/7/10	2015/8/10	2015/9/10	3.0000
H200121006	9787115227895	2015/8/10	2015/9/10	2015/9/15	0.5000
J200902001	9787115224262	2015/4/6	2015/5/6	2015/5/10	0.4000
J200902005	9787115231086	2015/7/10	2015/8/10	2015/8/10	0.0000
J200902006	9787115225481	2015/4/5	2015/5/5	2015/5/5	0.0000
J200902006	9787115226334	2015/4/5	2015/5/5	2015/6/5	3.0000
J200902006	9787115227478	2015/4/5	2015/5/5	2015/5/5	0.0000
J200902006	9787115227898	2015/4/5	2015/5/5	2015/5/5	0.0000
J200902006	9787115230294	2015/8/10	2015/9/10	2015/9/10	0.0000
J200902006	9787115231048	2015/4/5	2015/5/5	2015/5/5	0.0000
J200902006	9787115231086	2015/9/9	2015/10/9	NULL	NULL
J200902007	9787115231048	2015/7/10	2015/8/10	2015/8/10	0.0000
J200902007	9787115231048	2015/9/18	2015/10/18	2015/10/18	0.0000
W200912002	9787115224996	2015/5/6	2015/6/6	2015/6/16	1.0000
W200912003	9787115231096	2015/7/10	2015/8/10	2015/8/10	0.0000
W200912004	9787115224996	2015/6/6	2015/7/6	2015/8/6	3.0000
W200912004	9787115230805	2015/9/18	2015/10/18	2015/10/18	0.0000
W200912004	9787115230805	2015/11/10	2015/11/10	NULL	NULL

3.5.1　数据查询

在数据库应用系统中，数据查询是最常用的功能。数据查询是根据用户提出的各种要求
在关系中进行查询，从而得到查询结果。SQL 数据查询语句是 SELECT 语句，该语句具有灵

活的使用方式和功能，可以实现简单查询、连接查询、嵌套查询、组合查询等功能。在图书借阅系统中常用的查询操作主要包括：管理员查询图书的库存量、查询某种图书的价格及查询读者借阅某本图书的情况等；读者查询馆存图书信息及自己所借阅的图书信息、图书的归还日期等。

下面针对图书借阅系统常用的查询操作进行举例说明。

【例3-12】查询作者"杨万华"编写的图书名称、出版社和价格。

解析：本查询只涉及"图书"表就可以查到相应的信息，因此是一个简单查询。其查询语句如下。

```
SELECT 图书名称,出版社,价格 FROM 图书 WHERE 作者='杨万华'
```

【例3-13】查询图书"计算机主板维修从业技能全程通"的价格。

解析：本查询只涉及"图书"表就可以查到相应的信息，也是一个简单查询。其查询语句如下。

```
SELECT DISTINCT 图书名称,价格 FROM 图书 WHERE 图书名称='计算机主板维修从业技能全程通'
```

【例3-14】统计图书馆每本图书（图书名称相同）的馆藏量，并按照馆藏量由多到少排列。

解析：本查询只涉及一张表"图书"，但是由于需要查询图书的馆藏量，因此要用到聚合函数 COUNT() 和分组操作 GROUP，结果用 ORDER BY 来按对馆藏量进行排序，通过分析该例的 SQL 查询语句如下。

```
SELECT 图书名称,COUNT(*) 总馆藏量
FROM 图书
GROUP BY 图书名称
ORDER BY 总馆藏量 DESC
```

查询结果如图 3-32 所示。

图 3-32   查询图书馆藏量

【例3-15】查询读者"王小虎"所借图书的情况。

解析：本查询的内容应该包括读者姓名、所借阅的图书名称，以及借阅日期和应还日期。因此本查询是一个复合查询。查询将要涉及三张表，即读者、借阅及图书表，可以用连接查询来实现。查询语句如下。

```
SELECT 姓名,图书名称,借阅.借阅日期,借阅.归还日期
FROM 图书,读者,借阅
```

```
WHERE  读者 . 证件号 = 借阅 . 证件号  AND  图书 . 图书编号 = 借阅 . 图书编号
    AND  姓名 = ' 王小虎 '
```

查询结果如图 3-33 所示。

图 3-33　查询读者"王小虎"的借书情况

【例 3-16】统计每位读者的借书数量。

解析：本查询主要是求取每位读者的借书数量，因此需要在读者和借阅两张表中进行连接查询，因为需要统计借书数量，因此这里还需要用到聚合函数 COUNT()。查询语句如下。

```
SELECT  读者 . 姓名 ,COUNT(*)  借书数量
FROM  读者 , 借阅
WHERE  读者 . 证件号 = 借阅 . 证件号
GROUP BY  读者 . 姓名
```

查询结果如图 3-34 所示。

图 3-34　统计读者的借书数量

【例 3-17】查询不可以借阅图书的读者。

解析：不可以借阅图书的读者，其实就是证件号过期了或证件丢失了的读者，也就是读者信息中的证件状态为"失效"的读者，因此本查询只涉及一张表：读者，它是一个简单查询。其查询语句如下。

```
SELECT  姓名 AS  不可借阅读书的读者 , 证件状态
FROM  读者
WHERE  证件状态 = ' 失效 '
```

【例 3-18】查询借阅图书超期归还的读者信息，包括读者的证件号和姓名。

解析：借阅图书超期归还的读者信息应该包括读者的姓名及证件号，可从读者表中获得。

又因为超期归还是指图书的归还日期大于应还日期，归还信息要从借阅表中获得。因此，此查询涉及两张表：读者表和借阅表，它是一个复杂查询。其 SQL 语句如下。

```
SELECT 读者.证件号,读者.姓名
FROM 读者,借阅
WHERE 读者.证件号=借阅.证件号
      AND 借阅.应还日期<借阅.归还日期
```

查询结果如图 3-35 所示。

图 3-35 查询借阅图书超期归还的读者信息

【例 3-19】查询借阅图书已超期但是还没有归还图书的读者信息，包括读者的证件号和姓名。

解析：借阅图书超期未归还的读者信息应该包括读者的证件号及姓名，这就会涉及读者表。又因为超期未归还表明了图书的归还日期还没有登记即归还日期为 NULL，并且当前日期要大于应还日期，而获取当前日期，可以利用 getdate() 函数，图书的归还日期来自于借阅表。因此，此查询涉及两张表：读者表和借阅表。这是一个复杂的查询。其 SQL 语句如下。

```
SELECT 读者.证件号,读者.姓名
FROM 读者,借阅
WHERE getdate()>应还日期
      AND 读者.证件号=借阅.证件号
      AND 借阅.归还日期 IS NULL
```

查询结果如图 3-36 所示。

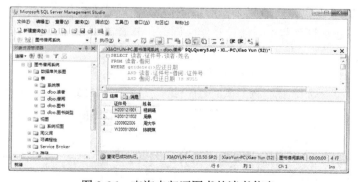

图 3-36 查询未归还图书的读者信息

【例 3-20】统计截止到 2015 年 9 月共借出多少本书。

解析：本查询是为了统计图书借阅的总数量，因此需要用到聚合函数 COUNT()。并且此查询只涉及借阅表，因此是一个简单查询，其查询语句如下。

```
SELECT COUNT(*) 借书总量
FROM 借阅
WHERE 借阅日期 <'2015-09-01'
```

查询结果如图 3-37 所示。

图 3-37　统计借出图书的数量

关于图书借阅系统中更多的查询操作，请大家自己设计查询要求，并在数据库管理系统中进行操作练习。

3.5.2　数据更新

图书借阅系统常用的数据更新操作包括向各个表中插入数据，修改各个表中的数据，删除各个表中的数据等；比如可以修改图书的作者、出版社、价格等，也可以更改读者的证件状态等。

下面就针对图书借阅系统常见的更新要求，进行数据更新语句的实践。

【例 3-21】将读者"陈晓琪"的证件状态设置为可用。

解析：证件状态在读者表中，因此我们只需要更新读者姓名为"陈晓琪"的证件状态即可。其 SQL 语句如下。

```
UPDATE 读者
SET 证件状态 =' 可用 '
WHERE 姓名 =' 陈晓琪 '
```

【例 3-22】删除姓名为"李涵"的读者的借阅信息。

解析：删除借阅日期涉及借阅表，所以我们首先找到姓名为"李涵"的读者的证件号，然后去借阅表中将相应证件号的借阅信息删除即可。其 SQL 语句如下。

```
DELETE FROM 借阅
WHERE 证件号 =(SELECT 证件号 FROM 读者 WHERE 姓名 =' 李涵 ')
```

【例 3-23】增加一条图书信息：其中图书编号是"9787115231011"，图书名称是" C++程序设计"，图书分类号是" TP301"，作者是"谭浩强"，出版社是"清华大学出版社"，价格是"24.00"。

解析：题干中已经给出了图书的具体信息，可以利用 INSERT 语句直接向"图书"表中插入信息。其 SQL 语句如下。

```
INSERT INTO 图书 ( 图书编号 , 图书名称 , 图书分类号 , 作者 , 出版社 , 价格 )
VALUES('9787115231011','C++ 程序设计 ','TP301',' 谭浩强 ',' 清华大学出版社 ','24.00')
```

【例3-24】"王潮"在"2015-10-13"借了一本"Shell脚本专家指南",并且应该在一个月之后还书。请添加该借阅信息。

解析：要想添加该借阅信息，必须要先知道该同学的证件号和该图书的图书编号。因此这个示例涉及三张表，即读者、图书和借阅表。可以分成如下三步来完成。

1）从读者表中查出读者"王潮"的证件号，如图3-38所示。

```
SELECT 证件号 FROM 读者 WHERE 姓名='王潮'
```

图3-38　查询读者的证件号

2）从图书表中查出图书"Shell脚本专家指南"的图书编号，如图3-39所示。

```
SELECT 图书编号 FROM 图书 WHERE 图书名称='Shell脚本专家指南'
```

图3-39　查询图书编号

3）向借阅表中插入信息。

根据前两步查出来的信息，向借阅表中插入一条借阅记录，如图3-40所示。

```
INSERT INTO 借阅（证件号，图书编号，借阅日期，应还日期，归还日期，罚款金）
VALUES('J200902002','9787115230805', '2015-10-13',
'2015-11-13','','')
```

图3-40　插入借阅记录

【例 3-25】规定超期一天罚款 0.1 元，截止到当前系统时间，更新借阅表中读者号为
"W200912004"、所借的图书编号为"9787115224996"的罚款金额。

解析：首先需要找出读者号为"W200912004"、所借的图书编号为"9787115224996"这
本图书的超期天数，然后在借阅中将其罚款金额按照上述规则进行更新，如图 3-41 所示。

1）求出超期天数，其 SQL 语句如下。

```
SELECT DATEDIFF(day,归还日期,getdate())
FROM 借阅
WHERE 证件号='W200912004' AND 图书编号='9787115224996'
```

2）更新罚款金额，其 SQL 语句如下。

```
UPDATE 借阅
SET 罚款金 =0.1*(SELECT DATEDIFF(day,归还日期,getdate()) 超期天数
                FROM 借阅
                WHERE 证件号='W200912004' AND 图书编号='9787115224996')
WHERE 证件号='W200912004' AND 图书编号='9787115224996'
```

图 3-41　更新罚款金额

数据库更新操作还有很多，鉴于篇幅所限，这里就不过多举例了，请大家自己设计更新
要求并加以实现。

3.6　数据库维护

1. 数据库备份

数据库中最重要的工作就是数据维护工作。而最常见的数据库维护工作主要是指定期
对数据库进行备份工作，以防止数据的丢失。常见的数据库备份有两种方法：一种是利用
Management Studio 进行数据库备份；另一种是利用 SQL 语句进行备份。下面我们分别用这
两种方法对图书借阅系统数据库进行备份操作。

第一种方法：利用 Management Studio 进行数据库备份。

在备份数据库之前，首先应该新建备份设备以用来存储备份的数据库。下面先介绍如何
新建备份设备。

1）新建备份设备的步骤：打开"对象资源管理器"，单击"服务器对象"，右击"备份设
备"，"新建备份设备，在打开的"备份设备"窗口中，输入备份设备的名称"图书借阅系统
_bak"，在"文件"路径中输入"E:\BACKUPDB\图书借阅系统 _BACKUP"，如图 3-42 所示，
单击"确定"即可。

在左侧的"对象资源管理器"中可以看到新建的备份文件"图书借阅系统 _bak"。

图 3-42　新建备份设备对话框

2）备份数据库的步骤：打开"服务器对象"，找到"图书借阅 _bak"这个新建立的备份设备，右击"备份数据库"，在打开的备份数据库窗口中选择"图书借阅系统"数据库、备份类型为"完整"、备份集名称为"图书借阅系统 – 完整 数据库 备份"，如图 3-43 所示，单击"确定"按钮即可看到已成功备份数据库的提示对话框。

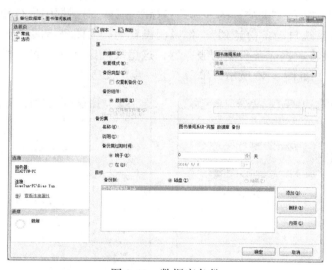

图 3-43　数据库备份

第二种方法：利用 SQL 语句进行备份。具体步骤及相关语句如下。

1）利用 SQL 语句创建备份设备。

```
SP_ADDUMPDEVICE 'disk','图书借阅系统 _bak','E:\BACKUPDB\ 图书借阅系统 _bakup'
```

2）利用 SQL 语句备份数据库。

```
BACKUP DATABASE 图书借阅系统 TO DISK ='图书借阅系统 _bak'
```

3）单击工具栏上的" 执行(X) "可以看到消息窗口提示备份成功的消息，如图 3-44 所示。

图 3-44　SQL 语句备份数据库

2. 数据库维护计划

数据库维护计划主要实现的是数据库的自动备份功能，以减少数据库管理员的工作量。下面将举例说明如何对"图书借阅系统"数据库实现每周一次的自动备份。

具体步骤如下。

1）启动 SQL Server Management Studio，在"对象资源管理器"窗口中选择"图书借阅系统"数据库实例。

2）在"对象资源管理器"中，单击"管理"节点前面的加号使其展开，找到"维护计划"右击，从弹出的菜单中选择"维护计划向导"，打开"维护计划向导"对话框，如图 3-45 所示，单击"下一步"按钮。

3）在打开的"维护计划向导"的"选择目标服务器"对话框中进行相应的设置，将名称设置为"图书借阅系统自动备份计划"，将说明设置为"为图书借阅系统数据库进行自动备份"，然后选择想要将数据库备份到的服务器，这里我们选择本机服务器，并且选中"使用 Windows 身份验证"，如图 3-46 所示，单击"下一步"按钮。

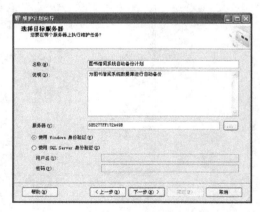

图 3-45　"维护计划向导"对话框　　　　　　　图 3-46　选择目标服务器

4）在打开的"维护计划向导"的"选择维护任务"对话框中，选择维护任务为"备份数据库（完整）"，如图 3-47 所示。单击"下一步"按钮，在新窗口中再单击"下一步"按钮。

5）在弹出的"定义'备份数据库（完整）'任务"对话框中，单击"数据库"的下拉列表选择要备份的数据库为"图书借阅系统"，在"备份组件"区域里选择备份"数据库"，在"目标"区域里选择备份到"磁盘"等相关设置，如图 3-48 所示，单击"下一步"按钮。

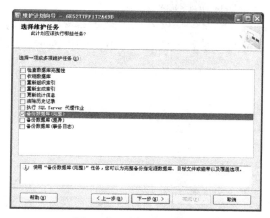

图 3-47　选择维护任务

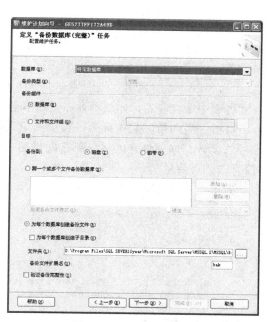

图 3-48　定义备份任务

6）在打开的"选择计划属性"对话框中，单击"更改"按钮，在打开的"新建作业计划"对话框中，将名称命名为"自动备份图书借阅系统数据库"，将计划类型选择为"重复执行"，执行频率选择为"每周"，其余的为默认设置，单击"确定"按钮，单击"下一步"按钮。

7）在打开的"选择报告选项"对话框中，选择如何管理和维护计划报告：可以将其写入文件中，也可以通过电子邮件发送给数据库管理员。这里选择的是"将报告写入文本文件"，并选择文本文件的相应路径，如图 3-49 所示，单击"下一步"按钮。

8）如图 3-50 所示，在打开的"完成该向导"对话框中单击"完成"按钮，即可完成自动备份数据库的备份计划。

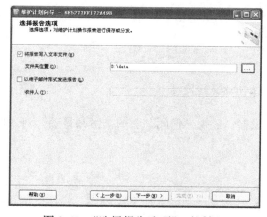

图 3-49　"选择报告选项"对话框

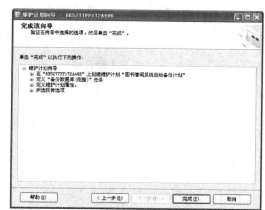

图 3-50　"完成该向导"对话框

3. 触发器

触发器是一种保护数据完整性的方法。下面将针对图书借阅管理系统，对触发器的设计进行举例说明。触发器的创建过程有两种方法：一种是利用 SQL 语句的 CREATE TRIGGER

进行创建；另一种是利用 Management Studio 工具交互式创建，关于交互式创建的方法，可参见第 2 章，这里就不再赘述了。下面利用 CREATE TRIGGER 语句创建图书借阅管理系统的触发器。

【例 3-26】在"借阅"表中建立一个插入触发器，以保证向"借阅"表中插入的"证件号"在读者表中是存在的，如果不存在，则不会向借阅表中插入借阅信息记录。

解析：当向借阅表中插入一条借阅记录的时候，首先需要在读者表中查看是否存在该证件号的读者，如果没有的话，那么向借阅表中插入借阅记录就不会成功，并且输出提示信息"没有该读者信息"。

创建插入触发器的 SQL 语句如下。

```
CREATE TRIGGER Insert_ 借阅
ON 借阅
FOR INSERT
AS
IF
   (SELECT  COUNT(*) FROM 读者 ,inserted
 WHERE 读者 . 证件号 =inserted. 证件号 )=0
BEGIN
 PRINT ' 没有该读者信息 '
 ROLLBACK TRANSACTION
END
```

在新建查询窗口中单击"执行"按钮，就会看到"命令已成功完成"的提示信息，如图 3-51 所示。

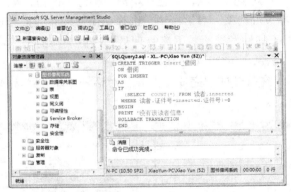

图 3-51　在借阅表上创建插入触发器

【例 3-27】在"借阅"表中建立一个更新触发器，监视"借阅"表的"借阅日期"列，使其不能手动修改。

解析：创建触发器的 SQL 语句如下。

```
CREATE TRIGGER  UPDATE_ 借阅
ON 借阅
FOR UPDATE
AS
IF
   UPDATE( 借阅日期 )
BEGIN
   PRINT ' 不能手工修改借阅日期 '
```

```
    ROLLBACK TRANSACTION
END
```

在新建查询窗口中，单击"执行"按钮，可以看到"命令已成功完成"的消息对话框，如图 3-52 所示。

图 3-52　创建更新触发器

【例 3-28】在"读者"表中建立删除触发器，实现"读者"表和"借阅"表的级联删除。
解析：创建触发器的 SQL 语句如下。

```
CREATE TRIGGER DELETE_ 读者
ON 读者
FOR DELETE
AS
    DELETE FROM 借阅
    WHERE 证件号 in
    (SELECT 证件号 FROM Deleted)
```

在新建查询窗口中，单击"执行"按钮，可以看到"命令已成功完成"的消息对话框，如图 3-53 所示。

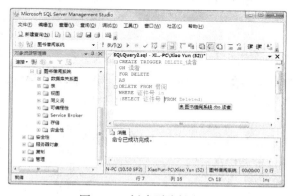

图 3-53　创建删除触发器

第 4 章
网上书店系统

随着信息时代的来临，电子商务的出现对人们的生活产生了巨大的影响，伴随着电子商务的发展，越来越多的用户选择在网上购买图书，由此网上书店系统应运而生。没有中间商的参与，使得网上书店具有物美价廉等特性，同时网上书店还能为人们节省大量的时间，这些实体书店无法比拟的功能必将使其发展成为一种购物趋势。

本章将以一个简单的网上图书销售为例，介绍网上书店系统数据库设计与实现的过程。

4.1　需求分析

考察用户网上购书的行为，大致都是如下的模式：用户进入网上书店，浏览各种图书信息，或者根据自己感兴趣的类别、特定的图书信息等来进行搜索、查询图书信息。普通用户可以查询图书，查看图书的详细信息。普通用户在选定图书后准备购买时，一般需要通过注册个人信息成为会员，本案例规定网上书店系统只允许会员执行购买图书的操作。会员在需要购买图书时，首先将选定的图书加入购物车，可以一次购买多本图书，每本图书的数量也可以各不相同。对购物车中的图书进行确认付款之后，生成正式订单，管理员可以根据会员购买生成的订单，为其进行发货处理。管理员还可以对网上书店的图书进行增加、删除、更新等管理操作。

通过上述需求分析，对于网上书店系统中普通用户、会员和管理员的具体功能分别描述如下。

普通用户：

1）浏览图书、按类别查询图书、查看图书的详细信息。

2）注册成为会员。

会员：

1）浏览图书、按类别查询图书、查看图书的详细信息。

2）加入购物车、修改购物车、订购图书、生成订单、查看订单等。

3）查看、修改个人信息。

管理员：

1）浏览图书、按类别查询图书、查看图书的详细信息。

2）查看订单、处理订单进行发货处理等。

3）查看、修改个人信息。

4）更新图书信息，如增加、删除图书、更新库存量、修改商品名称、增加图书的属性列等。

从上述的功能分析可以得出，网上书店系统包括会员、图书、订单等信息。对于会员，需要有会员的账号、密码、姓名、邮箱、电话、地址等属性；对于图书，需要有书名、图书类别、出版社、作者、图书概况、定价、折扣、库存数量等属性，其中图书可以有折扣（如 8 折、7.5 折等），实际售价可由定价乘以折扣，再除以 10 计算得出；对于一个订单，需要记录会员的订购日期、管理员进行发货的发货日期、订单总价等属性，其中订单总价是由多种图书的实际售价乘以订购数量累计计算得出的。

网上书店系统中的图书的销售基本规定如下：每个会员都可以通过订购图书生成多个订单，每个订单仅属于一个会员；每个订单中可以包含多种图书商品，每种图书商品可以出现在多个订单中；在订单信息中，每种图书都有对应的订购数量。

为简便起见，网上书店系统仅考虑会员、订单、图书三者之间的关系，至于实际网店的网上支付、商品评论等信息的处理，暂时略去，这里也不考虑普通用户，假设会员确认生成了订单以后，就是已经付了款的订单，管理员就可以对其进行发货处理等。

4.2 概念结构设计

概念结构设计主要是通过分析网上书店系统的基本需求，对需求分析结果中的信息进行分类和组织，以得到系统的实体、实体的属性、实体的码、实体之间的联系及联系的类型，从而设计出系统的概念模型。设计概念结构的具体步骤如下。

1. 抽象出系统的实体

根据分析，网上书店系统的基本实体集为：会员、订单、图书，而每个实体应该具有如下所列的基本属性，并标记主键（加下划线的属性），画出 E-R 图，如图 4-1、图 4-2、图 4-3 所示，其中，账号是会员的主键，订单号是订单的主键，ISBN（国际标准图书号）是图书的主键。

会员：账号、密码、姓名、地址、邮箱、手机、管理员标识，其中账号是主键，管理员标识为 0 表示为普通会员，为 1 则表示为管理员。

订单：订单号、订购日期、订购总价、发货日期，其中订单号是主键。

图书：ISBN、书名、作者、出版社、定价、折扣、图书类别、图书概况、库存数量，其中 ISBN 是主键。

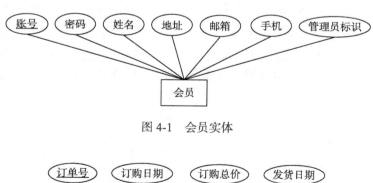

图 4-1 会员实体

图 4-2 订单实体

2. 设计分 E-R 图

网上书店系统中，涉及的三个实体集分别是会员、订单、图书，这三个实体集之间存在联系。

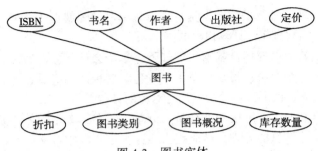

图 4-3   图书实体

会员通过订购图书生成订单，一个会员可以生成多个订单，每个订单只能属于一个会员，即会员与订单之间的联系是一对多的联系。

一个订单可以包含多种图书，一种图书也可以被多个订单包含，即每一种图书可以出现在多个订单中，每个订单中对应的每种图书均有对应的订购数量，因此，订单与图书之间的联系是多对多的联系。

通过上述分析，可以将会员与订单之间的联系命名为订购联系，将订单与图书之间的联系命名为订单详情，从而得到各个局部的 E-R 图。如图 4-4、图 4-5 所示。

图 4-4   会员与订单之间的 E-R 图   图 4-5   订单与图书之间的 E-R 图

3. 合并分 E-R 图，生成初步 E-R 图

经过分析，可以得到会员、订单和图书三者之间可分别通过订购和订单详情这两个联系进行关联。因此，合并上述分 E-R 图，生成初步 E-R 图，如图 4-6 所示。

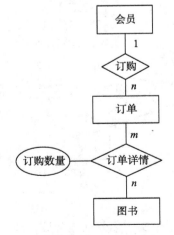

图 4-6   网上书店系统初步 E-R 图

4. 生成全局 E-R 图

将各个实体的属性加入到初步 E-R 图当中，形成全局 E-R 图，如图 4-7 所示。

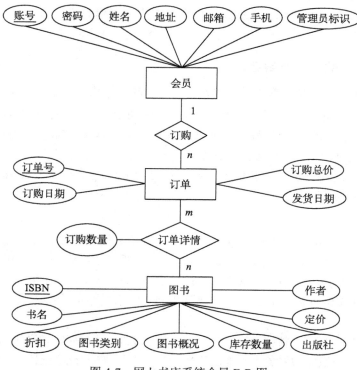

图 4-7　网上书店系统全局 E-R 图

4.3　逻辑结构设计

在概念结构设计阶段得到 E-R 图之后，下一步即可进行数据库的逻辑结构设计，根据转换规则将 E-R 图转换为关系模型，即将实体和联系转换为关系数据库的基本表，并标识各个表的主键。

根据第 1 章介绍的转换规则，可以得到网上书店系统的关系模式如下。

会员（<u>账号</u>，密码，姓名，地址，邮箱，手机号码，管理员标识）为会员实体对应的关系模式，其中账号是会员关系的主键。

订单（<u>订单号</u>，订购日期，订购总价，发货日期，账号）为订单实体和订购联系合并的关系模式，其中订单号是主键。会员的主键账号是订单关系的外键。

图书（<u>ISBN</u>，书名，作者，出版社，定价，图书类别，图书概况，折扣，库存数量）为图书实体对应的关系模式，其中 ISBN 是图书实体的主键。

订单详情（<u>订单号，ISBN</u>，订购数量）为"订单详情"联系对应的关系模式。因为订单详情是订单与图书之间的多对多联系，因此订单、图书的主属性及订单详情联系本身的属性"订购数量"，共同构成了订单详情关系模式的属性，其中（订单号，ISBN）的组合是主键，订单号、ISBN 分别是订单详情关系模式的外键。

4.4　数据库物理设计与实施

在建立数据库的过程中，应首先根据应用情况进行分析、测算来确定数据库的大小、存储路径、增长速度等信息，创建数据库，再在数据库中创建对应的基本表、视图和索引等，下面将分别详细介绍。

4.4.1　创建"网上书店系统"数据库

因为本系统是一个小型的网上书店系统，经过分析，可建立数据库"网上书店系统"，其初始大小可以设为 100MB，增长率设置为 10% 即可满足需要，并将数据文件和日志文件分别命名为："网上书店系统 _data"和"网上书店系统 _log"，其存储路径选择在" D:\data"文件夹下，下面就为网上书店系统建立数据库。

建立数据库有两种方式：利用 SQL Server 2008 的 Management Studio 图形工具的交互向导方式和 SQL 语句方式。

1. 交互向导方式

利用 SQL Server 2008 中的 Management Studio 图形工具向导建立数据库的步骤如下。

1）启动 SQL Server 2008。依次单击"开始"→"所有程序"→" SQL Server 2008"→"SQL Server 2008 Management Studio Express"，启动 SQL Server 2008 数据库管理系统。

2）连接数据库服务器。单击"连接到服务器"对话框中的连接按钮连接到 SQL Server 2008 数据库服务器。

3）创建数据库"网上书店系统"。在 SQL Server 2008 数据库管理系统的左边栏"对象资源管理器"中，右击数据库对象，在弹出的快捷菜单中单击"新建数据库"命令。

4）在弹出的"新建数据库"对话框中输入数据库的名称"网上书店系统"，数据库的初始大小中输入 100MB，增长方式设置为按 10% 的增长率进行增长，存储路径修改为" D：\data"，然后单击"确定"按钮。

5）在左侧的对象资源管理器中，右击"数据库"，在弹出的快捷菜单中单击"刷新"按钮，就可以看到新建的数据库"网上书店系统"，如图 4-8所示。

2. 使用 SQL 建立数据库

图 4-8　新建的"网上书店系统"数据库

使用 SQL 的 CREATE DATABASE 语句建立数据库的步骤如下。

启动 SQL Server 2008 并连接到服务器，单击"新建查询"，在新建查询窗口中输入建立"网上书店系统"数据库的 SQL 语句。

建立数据库的 SQL 语句描述如下。

```
CREATE DATABASE 网上书店系统 -- 创建数据库
ON PRIMARY
( NAME=' 网上书店系统 _data',-- 主数据文件的逻辑名
FILENAME='D:\data\ 网上书店系统 .mdf',-- 主数据文件的物理名
SIZE=100MB,-- 初始大小
FILEGROWTH=10% -- 增长率 )
log ON
```

```
( NAME='网上书店系统_log',-- 日志文件的逻辑名
FILENAME='D:\data\网上书店系统.ldf',-- 日志文件的物理名
SIZE=1MB,
MAXSIZE=200MB,
FILEGROWTH=10% )
```

如图 4-9 所示，单击按钮"🔲 执行(X)"，在消息窗口中会提示"命令已成功完成"，证明数据库已经成功建立，右击数据库，单击"刷新"按钮，可以看到如图 4-8 所示新建的"网上书店系统"数据库。

图 4-9　使用 SQL 语句建立"网上书店系统"数据库

4.4.2　建立和管理基本表

1.建立基本表

经过前面的分析可知，需要为"网上书店系统"数据库建立会员、订单、图书和订单详情 4 张基本表。建立数据表同样有两种方法：一种是利用 SQL Server 2008 的 Management Studio 图形工具建表；另一种是利用 SQL 语句在查询分析器中建表。下面将分别举例说明。

（1）建立"会员"表

在建立逻辑模型的时候，即可得到会员基本表模式如下。

会员（账号，密码，姓名，地址，邮箱，手机，管理员标识），其中各个属性列的名称及数据类型可参见表 4-1，根据表 4-1 中所列出的信息建立会员表。

表 4-1　会员表的属性信息

属性	数据类型	是否为空 / 约束条件
账号	CHAR(20)	主键
密码	CHAR(20)	否
姓名	CHAR(10)	否
地址	VARCHAR(50)	否
邮箱	VARCHAR(30)	可以为空
手机	CHAR(11)	否
管理员标识	INT	0 或 1

其中账号是主键，除邮箱外所有的属性均不允许为空。

使用 SQL Server 2008 的 Management Studio 图形工具建立"会员"表的步骤如下。

1）建立表。打开 SQL Server 2008，在对象资源管理器中单击"网上书店系统"数据库图标前的"+"展开子菜单，选中"表"并右击，在快捷菜单中单击"新建表"，如图 4-10 所示。

图 4-10 使用对象资源管理器"新建表"

在打开的创建表的窗口中，按照表 4-1 的要求进行建表，如图 4-11 所示。

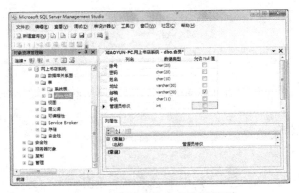

图 4-11 设置会员表基本属性列

将"账号"属性再设置为主键，方法为：右击"账号"这一列，单击"设置主键"，设置成功后，"账号"属性列的左边出现了 ，表示设置成功，如图 4-12 所示。

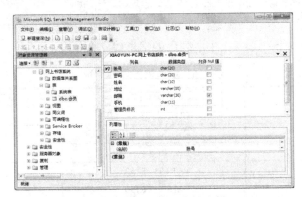

图 4-12 设置会员表的主键

管理员标识的约束条件为取值只能为 0 或 1，因此需要为"管理员标识"属性列设置约束条件，要求只能输入"0"或"1"两种属性值。设置约束条件的方法为选中"管理员标识"列，右击"CHECK 约束"，在弹出的对话框中将"标识"名称改为"CK_ 会员 _ 管理员标识"，如图 4-13 所示。

图 4-13　设置会员表 CHECK 约束名称

在此对话框中点击"常规"标签页，单击"表达式"后面的空白处后面的小按钮" "，弹出" CHECK 约束表达式"对话框，在对话框中输入约束条件"管理员标识 ='0' OR 管理员标识 ='1'"（如图 4-14 所示），单击"确定"按钮，单击"关闭"按钮即可完成。

图 4-14　设置会员表 CHECK 约束表达式

2）保存表。单击工具栏上的"保存"按钮，在弹出来的对话框中输入表名"会员"，单击"确定"按钮即可。

3）右击对象资源管理器中"网上书店系统"中的"表"，单击"刷新"按钮，即可看到新建立的"会员"表，如图 4-15 所示。

图 4-15　新建的"会员"表

也可以利用 SQL 语句建立会员表，具体的步骤可参见下面订单表的建立过程。首先附上建立会员表的 SQL 语句。

如图 4-16 所示，创建会员基本表的 SQL 语句如下。

```
CREATE TABLE 会员
(   账号 CHAR(20) PRIMARY KEY,
    密码 CHAR(20) NOT NULL,
    姓名 CHAR(10) NOT NULL,
    地址 VARCHAR(50) NOT NULL,
    邮箱 VARCHAR(30),
    手机 CHAR(11) NOT NULL,
    管理员标识 INT NOT NULL CHECK (管理员标识 IN ('0','1')))
```

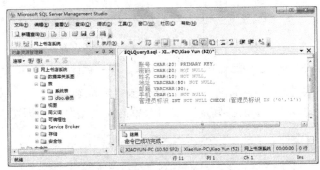

图 4-16　使用 CREATE TABLE 语句建立"会员"表

（2）建立"订单"表

在建立逻辑模型的时候，即可得到"订单"表的模式如下。

订单（订单号，订购日期，订购总价，发货日期，账号），其中各个属性列的名称及数据类型可参见表 4-2，根据表 4-2 中所列出的信息建立订单表。

表 4-2　订单基本表的属性信息

属性列	数据类型	是否为空 / 约束条件
订单号	CHAR(10)	主键
订购日期	DATETIME	否
订购总价	MONEY	可以为空，非空时 >=0
发货日期	DATETIME	可以为空
账号	CHAR(20)	否

下面将利用 SQL 语句在查询分析器中建立"订单"表，步骤如下。

1）单击工具栏中的"新建查询"按钮。

2）在新建查询窗口中输入创建表的 SQL 代码，建立"订单"表，其中创建"订单"表的 SQL 语句如下。

```
CREATE TABLE 订单
(   订单号 CHAR(10) PRIMARY KEY,
    订购日期 DATETIME NOT NULL,
    订购总价 MONEY  CHECK (订购总价 >=0),
    发货日期 DATETIME,
    账号 VARCHAR(20) NOT NULL)
```

3）如图 4-17 所示，单击工具栏中的" 执行(X)"按钮，运行 SQL 语句，完成"订单"表的创建工作。在左侧的"对象资源管理器"中，单击"刷新"即可看到新建的"订单"表。

图 4-17　使用 CREATE TABLE 语句建立"订单"表

可以参照"会员"表和"订单"表的建立方式，分别创建其余的两张表，这里就不再一一赘述了。下面分别附上其余两张表的属性信息列表及相应的建立表的 SQL 语句。

（3）建立"图书"表

在建立逻辑模型的时候，即可得到图书基本表的属性信息，如表 4-3 所示。

表 4-3　图书基本表的属性信息

属性列	数据类型	是否为空 / 约束条件
ISBN	CHAR(20)	主键
书名	VARCHAR(50)	否
作者	CHAR(30)	可以为空
出版社	CHAR(30)	可以为空
定价	MONEY	否，>=0
折扣	FLOAT	否，0-10
图书类别	CHAR(20)	否
图书概况	VARCHAR(100)	可以为空
库存数量	INT	否，>=0

如图 4-18 所示，创建图书基本表的 SQL 语句如下。

```
CREATE TABLE 图书
(    ISBN CHAR(20) PRIMARY KEY,
书名 VARCHAR(50) NOT NULL,
作者 CHAR(30),
出版社 CHAR(30),
定价 MONEY NOT NULL CHECK ( 定价 >=0),
折扣 FLOAT NOT NULL CHECK (0<= 折扣 and 折扣 <=10),
图书类别 CHAR(20) NOT NULL,
图书概况 VARCHAR(100),
库存数量 INT NOT NULL CHECK ( 库存数量 >=0))
```

（4）建立"订单详情"表

在建立逻辑模型的时候，即可得到订单详情基本表的属性信息，如表 4-4 所示。其中（订单号、ISBN）的组合是主键，订单号、ISBN 是外键，它们分别参照订单表、图书表的主键。

如图 4-19 所示，创建订单详情基本表的 SQL 语句如下。

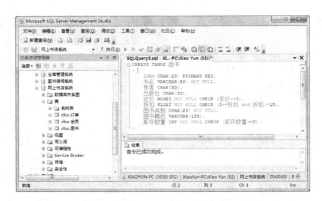

图 4-18　使用 CREATE TABLE 语句建立"图书"表

表 4-4　订单详情基本表的属性信息

属性列	数据类型	是否为空 / 约束条件
订单号	CHAR(10)	否，主属性
ISBN	CHAR(20)	否，主属性
订购数量	INT	否，>=0

```
CREATE TABLE 订单详情
(   订单号 CHAR(10) NOT NULL,
    ISBN CHAR(20) NOT NULL,
    订购数量 INT NOT NULL CHECK (订购数量 >=0)
    CONSTRAINT  PK_订单详情  PRIMARY KEY (订单号,ISBN),
    FOREIGN KEY (订单号) REFERENCES 订单 (订单号),
    FOREIGN KEY (ISBN) REFERENCES 图书 (ISBN))
```

图 4-19　使用 CREATE TABLE 语句建立"订单详情"表

需要注意的是：在建立"订单详情"表的时候，需要为"订单详情"表的字段"订单号"和国际标准图书号"ISBN"加上外键约束。订单详情表的这两个字段信息分别来源于订单表和图书表中的字段，在没有订单表中的"订单号"、图书表中的"ISBN"的信息时，向订单详情表中增加数据是不符合逻辑的，违反了数据的参照完整性约束条件。在 CREATE TABLE 语句中可以利用子句 [CONSTRAINT <约束名>] FOREIGN KEY <列名> REFERENCES <被参照表名.><列名>定义外键约束，其中"[…]"中间的部分是对约束进行命名。

2. 管理基本表

随着应用环境和应用需求的改变，有时需要修改已经建立好的基本表的结构。SQL 采用

ALTER TABLE 语句修改基本表的结构，利用 DROP 语句删除基本表。ALTER TABLE 命令可以修改基本表的名称、增加新列、增加新的完整性约束条件、修改原有列的定义包括修改列名和数据类型等，其中 DROP 子句用于删除指定的完整性约束条件。

当然，也可以在 SQL Server 2008 的 Management Studio 图形工具中交互式地修改基本表的结构。

注意：当数据库投入运行之后，对基本表结构的修改是需要小心慎重的，不能经常进行，以免造成数据库数据的丢失。实际应用系统中数据库的管理工作都必须是经过授权的数据库管理员才能进行的。

下面以"图书"表为例，进行一些基本表的管理操作。

【例 4-1】向"图书"表中增加"页数"列，其数据类型是整数型。

解析：增加表的一个属性列，可以使用 ALTER TABLE … ADD 语句。

SQL 语句：`ALTER TABLE 图书 ADD 页数 INT NOT NULL`

当然，也可以利用 Management Studio 图形工具交互式地向图书表中增加"页数"列，具体的操作步骤如下。

1）打开 SQL Server 2008，在对象资源管理器中单击"网上书店系统"数据库的"+"展开子菜单，选中"图书"表，右击"修改"，如图 4-20 所示。

图 4-20　修改"图书"表结构界面

2）在最后一行对应的列名中输入"页数"，数据类型选择"int"，不允许为空，即去掉"允许 Null 值"列的"钩号"，如图 4-21 所示。

图 4-21　图书表中增加"页数"属性列

3）单击上方的"保存"🖫按钮，即可完成向"图书"表中增加"页数"列的操作。

【例 4-2】将"图书"表中"页数"的数据类型改为短整型。

解析：修改属性列的数据类型，可以使用 ALTER TABLE … ALTER COLUMN 语句。

SQL 语句：ALTER TABLE 图书 ALTER COLUMN 页数 TINYINT

同样，也可以利用交互式的方法修改"图书"表中"页数"的数据类型。具体操作步骤如下。

1）打开 SQL Server 2008，在对象资源管理器中单击"网上书店系统"数据库的"+"展开子菜单，选中"图书"表，右击"修改"。

2）找到对应列名"页数"的这一行，单击"页数"字段的数据类型，从下拉列表中选择"tinyint"，如图 4-22 所示。

图 4-22　修改图书表中"页数"的数据类型

3）单击上方的"保存"🖫按钮，即可完成将"图书"表中"页数"列的字段类型修改为 TINYINT 的操作。

【例 4-3】增加"图书"表中"页数"取值必须大于 0 的约束条件。

解析：增加属性列的约束条件，可以使用 ALTER TABLE … ADD CHECK 语句。

SQL 语句：ALTER TABLE 图书 ADD CHECK（页数 >0）

同样，也可以利用交互式的方法对'图书'表中的'页数'增加约束条件。具体步骤如下。

1）打开 SQL Server 2008，在对象资源管理器中单击"网上书店系统"数据库的"+"展开子菜单，选中"图书"表，右击"修改"。

2）在打开的图书表中，右击"页数"列名，选择"CHECK 约束"，如图 4-23 所示。

图 4-23　设置图书表"页数"列的"CHECK 约束"

3）在打开的对话框中单击左方的"添加"按钮，添加新的 CHECK 约束，在"常规"标签页下方，单击"表达式"后面的"⌨"，在弹出的窗口中输入"页数 >0"，如图 4-24 所示。

图 4-24　为图书表中的"页数"创建 CHECK 约束

4）单击"确定"按钮，单击"关闭"按钮即可完成 CHECK 约束的创建。此时向"图书"表的页数列中输入数据时，如果不是"＞0"的数据，将会出现错误的提示信息，数据无法输入，表明 CHECK 约束创建成功。

由于篇幅有限，下面的例子中对于交互式管理基本表的方式就不再一一赘述了。

【例 4-4】删除"图书"表中的"页数"列。

解析：删除某一属性列时，可以使用 ALTER TABLE … DROP COLUMN 语句。

SQL 语句：`ALTER TABLE 图书 DROP COLUMN 页数`

【例 4-5】删除"图书"表。

解析：当不再需要某个表时，可以使用 DROP TABLE 语句进行删除。

SQL 语句：`DROP TABLE 图书 CASCADE`

其中 CASCADE 表示级联删除，在向表中添加关系约束的时候应注意添加"ON DELETE CASCADE"，表示在删除表的同时，相关的依赖对象比如视图等，都将一起被删除。执行该语句将删除数据库中"图书"基本表的定义。

注意：数据库正在运行时，不能随便删除表。表的删除在这里仅作为一个例子来进行说明，删除表的操作一定要慎用。

4.4.3　建立和管理视图

视图是通过基本表和其他视图创建出来的表，创建一个视图后，数据字典中只会存放视图的定义，并不会存储与视图对应的数据，数据依然存放在对应的表中，因此，视图又称为"虚表"。

假设在网上书店系统中已经导入了数据，导入的数据内容请参看 4.5 节，要想从图书表中找出有哪些图书类别，其 SQL 语句如下。

```
SELECT DISTINCT 图书类别
FROM 图书
```

其中，DISTINCT 的作用是去除重复列，返回唯一值。

从返回值可以得出，网上书店系统中有 5 个图书类别，分别为"文学"、"历史"、"计算机"、"外语"和"医学"。可以分别为每个类别建立一个视图。在 SQL Server 2008 中建立视图的方法有两种：一种是利用 SQL 语句建立视图；另一种是利用 Management Studio 工具交互式地建立视图。

【例 4-6】使用 SQL 语句建立视图的方法，生成一张"图书类别"为"计算机"的视图，并将其命名为"计算机图书"。

具体步骤如下：

1）在"新建查询"窗口中，输入创建"计算机图书"视图的 SQL 语句，如下所示。

```
CREATE VIEW 计算机图书
AS
    SELECT *
    FROM 图书
    WHERE 图书类别='计算机'
```

2）单击" 执行(X)"按钮，在消息提示框中可以看到提示信息"命令已成功完成"，如图 4-25 所示。

图 4-25　建立"计算机图书"视图

当视图建好之后，就可以像操作基本表一样查看视图：在新建查询窗口中，输入查询语句查询新建的视图，这个视图中只能看到"计算机"类图书的信息，而其他类别的图书信息则看不到，从而可以满足不同用户的需求，发挥视图的作用。

查询"计算机图书"视图的 SQL 语句如下，查询结果如图 4-26 所示。

```
SELECT * FROM 计算机图书
```

图 4-26　使用 SQL 语句查看的"计算机图书"视图

【例 4-7】使用 Management Studio 工具交互式建立视图的方法，生成一张"图书类别"为"外语"的视图，将其命名为"外语图书"视图。

使用 Management Studio 工具交互式建立"外语图书"视图的步骤如下。

1）打开"对象资源管理器"，找到"网上书店系统"数据库，右击 ⊞ □ 视图 ，在菜单中单击"新建视图"。

2）在弹出的对话框中单击"添加"按钮，选中"图书"表，单击"关闭"按钮，然后勾选"图书"表中所有的列，在"图书类别"的"筛选器"中输入"外语"，单击工具栏上的"保存"按钮，将视图名称重命名为"外语图书"，单击"确定"按钮。在左侧的"对象资源管理器"中右击"视图"，单击"刷新"，即可看到新建的"外语图书"视图，如图4-27所示。

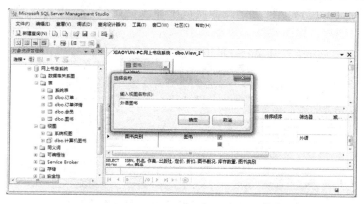

图4-27　使用交互式工具创建"外语图书"视图

查看新建立的视图中的信息：右击"外语图书"视图，单击"打开视图"，在右侧即可看到新建立的视图的信息，如图4-28所示。

图4-28　使用交互式工具查看"外语图书"视图

其他视图的建立均可以按照这两种方式分别进行创建，这里就不再一一赘述了，读者可以自己练习。

4.4.4　建立和管理索引

索引属于数据表的物理存取路径，索引是加快查询速度的有效手段。用户可以根据应用的需要，在基本表上建立一个或多个索引，数据库管理系统会自动选择可用的存取路径，加快查询速度。

为基本表建立索引有两种方法：一种是利用 Management Studio 工具交互式建立索引；另一种是使用 SQL 语句建立索引。根据需求分析，各个基本表的主键分别是账号、订单号、

ISBN、(订单号 ,ISBN)。DBMS 会自动为主键建立主索引，因此不需要再额外为主键建立索引。

对于会员表来说，常用的查询除了使用会员账号进行查询以外，还经常会使用会员的姓名来查询对应的信息，因此可以在会员表上为姓名建立次索引。

【例 4-8】用 SQL 语句建立索引的方法，为"会员"表中的姓名建立次索引。

解析：利用 CREATE INDEX 语句建立次索引，其 SQL 语句如下。

```
CREATE INDEX  INDEX_ 姓名
ON 会员（姓名）
```

打开"新建查询"窗口，在新建查询窗口中输入上述代码，单击工具栏上的" ❗执行(X) "按钮即可完成索引创建，如图 4-29 所示。

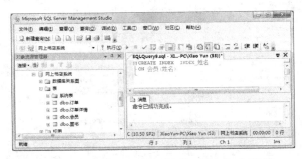

图 4-29　使用 SQL 语句创建"姓名"次索引

对于图书表来说，常用的查询除了使用 ISBN 来进行查询以外，还会经常使用书名、作者、出版社、图书类别来查询对应的信息，下面就在图书表上为"作者"属性建立次索引。

【例 4-9】使用 Management Studio 工具交互式建立索引的方法，为"图书"表中的作者建立次索引。

解析：利用 Management Studio 工具交互式建立索引的步骤如下。

打开"对象资源管理器"，将"图书"表展开，找到"索引"，右击"新建索引"，在打开的"新建索引"窗口中输入索引名称" INDEX_ 作者"，索引类型选择"非聚集"，单击"添加"按钮，在新打开的窗口中选中"作者"，单击"确定"按钮。如图 4-30 所示，单击"确定"，完成索引的创建。可以在左侧的资源管理器中看到新建的次索引。

图 4-30　使用交互式工具为图书表的"作者"属性创建次索引

4.5 访问数据库

为了满足数据库访问的要求，可以事先利用 INSERT 语句向数据库的基本表中插入一批数据作为例子，具体的利用 INSERT 语句插入数据的方法请参见 4.5.2 节。各个基本表的数据分别如表 4-5、表 4-6、表 4-7 和表 4-8 所示。

注意：在实际应用系统中，用户的密码信息不能以明文形式给出，一定要进行加密处理。此处在会员表中明文显示密码仅仅是作为教学案例。

表 4-5　会员表的实例数据

账号	密码	姓名	地址	邮箱	手机	管理员标识
admin1	admin1	江涛	湖北武汉黄陂…	admin1@sina.com	13441075455	1
admin2	admin2	夏亮	吉林省长春市…	admin2@163.com	15255691716	1
admin3	admin3	胡开立	天津市红桥区…	admin3@yahoo.com	18643685390	1
admin4	admin4	石慧	陕西省延安市…	admin4@126.com	18224648162	1
admin5	admin5	陈羽	河南省南阳市…	admin5@126.com	18341659506	1
dgliu	dgliu	陈东光	广州市黄浦区…	dgliu@163.com	15098981235	0
hhhuang	hhhuang	黄虎海	江苏省南京市…	hhhuang@162.com	13709893234	0
jtxia	jtxia	夏军亭	合肥市政务新区…	jtxia@sina.com	15900493648	0
lingzhang	lingzhang	张玲	北京市保定区…	lingzhang@sina.com	13801007685	0
xiangchen	xiangchen	陈翔	天津市河东区…	xiangchen@yahoo.com	13909239873	0
yanli	yanli	李岩	上海市徐汇区…	yanli@163.com	13902119870	0

表 4-6　图书表的实例数据

ISBN	书名	作者	出版社	定价	折扣	图书类别
9787302252849	ASP.NET 4 从入门…	（美）谢菲尔德	清华大学出版社	69.00	8	计算机
9787100074667	国史大纲（全两册）	钱穆	商务印书馆	60.00	6.8	文学
9787301189528	英语名篇诵读与赏析	王焰	北京大学出版社	25.00	7.5	外语
9787121173608	VC++ 深入详解（修…	孙鑫	电子工业出版社	99.00	7.5	计算机
9787213046339	明朝那些事儿第 1…	当年明月	中国友谊出版社	29.80	6.5	医学
9787306041586	人人说英语	京珍文	中山出版社	39.80	5.5	外语
9787540472108	南渡北归（2015 年…	岳南	湖南文艺出版社	195.00	6.2	文学
9787544755023	中国通史	吕思勉	电子工业出版社	99.00	6	历史
9787510040290	大学英语四级词汇…	茅风华	世界图书出版公司	29.80	6.1	外语
9787549553631	窗里窗外	林青霞	广西师范大学出版社	49.00	6.6	文学
9787560006451	英语初级听力（学…	何其莘	外语教学与研究出版社	24.90	6.8	外语
9787563339198	思考中医：对自然…	刘力红	广西师范大学出版社	30.00	5.9	医学
9787506770095	圆运动的古中医学	彭子益	中国中医药出版社	28.00	6.6	医学
9787806878545	英雄城	张正隆	白山出版社	38.00	7	文学
9787567903371	协和临床用药速查…	沈悌，韩潇	中国协和医科大学出版社	36.00	5.7	医学

表 4-7　订单表的实例数据

订单号	订购日期	订购总价	发货日期	账号
1174659317	2015-7-24 9:00:00	225.00	2015-7-31 9:05:00	dgliu

（续）

订单号	订购日期	订购总价	发货日期	账号
1191192536	2015-7-21 9:16:00	55.20	2015-7-28 19:30:00	lingzhang
1100963160	2015-7-22 9:10:00	81.80	2015-7-29 8:43:00	xiangchen
1103210813	2015-7-18 21:10:00	225.00	2015-7-26 21:50:00	dgliu
1121608889	2015-7-17 9:10:00	62.00	2015-7-24 14:20:00	yanli
1133780723	2015-7-16 6:16:00	112.50	2015-7-22 15:40:00	xiangchen
1135146977	2015-7-13 8:55:00	33.86	2015-7-18 7:50:00	dgliu
1137514430	2015-7-25 7:10:00	110.40	2015-8-1 11:53:00	hhhuang
1138366050	2015-7-14 9:10:00	103.12	2015-7-21 9:16:00	jtxia
1146780767	2015-7-23 7:10:00	70.80	2015-7-30 21:30:00	yanli
1169775647	2015-7-14 7:50:00	53.20	2015-7-19 9:10:00	hhhuang
1172558918	2015-7-19 9:56:00	220.80	2015-7-26 22:10:00	hhhuang
1178249509	2015-7-15 7:20:00	72.90	2015-7-22 11:10:00	lingzhang
1192199147	2015-7-26 12:12:00	56.25	2015-8-1 16:14:00	jtxia
1199152132	2015-7-19 11:13:00	168.75	2015-7-26 5:32:00	jtxia

表 4-8　订单详情表的实例数据

订单号	ISBN	订购数量	订单号	ISBN	订购数量
1174659317	9787100074667	4	1138366050	9787121173608	2
1191192536	9787549553631	1	1138366050	9787302252849	4
1100963160	9787510040290	1	1146780767	9787560006451	4
1100963160	9787549553631	1	1169775647	9787100074667	2
1103210813	9787510040290	4	1172558918	9787510040290	4
1121608889	9787121173608	2	1178249509	9787121173608	1
1121608889	9787544755023	1	1178249510	9787306041586	1
1133780723	9787306041586	2	1192199147	9787544755023	1
1135146977	9787302252849	2	1199152132	9787544755023	3
1137514430	9787560006451	2			

4.5.1　数据查询

在网上书店系统中，普通用户、会员和管理员对数据进行查询是最常用的功能之一。数据查询功能可以根据用户提出的要求进行查询，并得到查询结果。SQL 提供了 SELECT 语句进行数据库查询，该语句具有灵活的使用方式和功能。在网上书店系统中常用的查询操作主要包括：会员经常查询图书信息及图书的价格、查询自己的订单，管理员查询图书的库存量、查询某种图书的定价及查询会员订购的图书情况等。下面将针对常用的查询操作进行举例说明。

【例 4-10】查询姓名为"张玲"的会员信息。

解析：本查询只涉及会员表，是一个简单的查询。查询语句如下，查询结果如图 4-31 所示。

```
SELECT  *
```

```
FROM 会员
WHERE 姓名='张玲'
```

图 4-31　会员信息查询结果

【例 4-11】查询图书"中国通史"的价格。

解析：本查询只涉及"图书"表就可以查到相应的信息，属于一个简单查询。其查询语句如下，查询结果如图 4-32 所示。

```
SELECT 书名，定价，折扣 FROM 图书
WHERE 书名='中国通史'
```

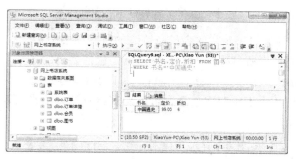

图 4-32　图书价格查询结果

【例 4-12】查询网上书店系统中每种书的库存数量，并按照库存数量由多到少进行排列。

解析：本查询只涉及一张表"图书"，使用 ORDER BY 来对库存数量进行排序，通过分析可知 SQL 查询语句如下，查询结果如图 4-33 所示。

```
SELECT 书名，库存数量
FROM 图书
ORDER BY 库存数量 DESC
```

图 4-33　图书库存数量查询结果

【例 4-13】查询"陈东光"订购图书的订单情况。

解析：本查询中姓名涉及会员表，订单的情况涉及订单表，因此共涉及两张表，即会员、订单表，是一个复合查询，结果内容应该包括姓名、订单号、订购日期、订购总价、发货日期。查询语句如下，查询结果如图 4-34 所示。

```
SELECT 会员.姓名,订单.订单号,订单.订购日期,订单.订购总价,订单.发货日期
FROM 会员,订单
WHERE 会员.账号=订单.账号
AND 姓名='陈东光'
```

图 4-34　单个会员订单的查询结果

【例 4-14】列出账号为"jtxia"的会员所订购的所有图书信息。

解析：本查询需要列出所订购图书的具体信息，包括会员的账号、姓名、订单的订单号、订购日期、图书的 ISBN、书名、作者、出版社、订购数量等，要实现本查询，需要从会员、订单、图书、订单详情 4 个表中获取信息，可以用连接查询方法来实现，具体查询语句如下，查询结果如图 4-35 所示。

```
SELECT 会员.账号,会员.姓名,订单.订单号,订单.订购日期,图书.ISBN,图书.书名,图书.作
者,图书.出版社,订单详情.订购数量
FROM 会员,订单,图书,订单详情
WHERE 会员.账号=订单.账号 AND 订单.订单号=订单详情.订单号
 AND 图书.ISBN=订单详情.ISBN  AND 会员.账号='jtxia'
```

图 4-35　会员订购图书的查询结果

【例 4-15】列出"英语初级听力（学生用书）（MP3 版）"图书的订购情况，按照订购数量由大到小降序排列。

解析：本查询是查询某个订单中某本图书的订购情况，订购情况的信息包括订单的订单

号和订购人的姓名、订购日期、书名、订购数量。姓名涉及会员表，订购日期涉及订单表，书名涉及图书表，要得到订购数量，需要利用订单号和书名在订单详情表当中进行查询，因此查询将涉及 4 张表，即会员表、订单表、图书表和订单详情表。查询语句如下，查询结果如图 4-36 所示。

```
SELECT 图书.书名,订单.订单号,会员.姓名,订单.订购日期,订单详情.订购数量
FROM 图书,订单,会员,订单详情
WHERE 会员.账号=订单.账号 AND 订单.订单号=订单详情.订单号
 AND 订单详情.ISBN=图书.ISBN AND 图书.书名='英语初级听力（学生用书）(MP3 版）'
ORDER BY 订单详情.订购数量 DESC
```

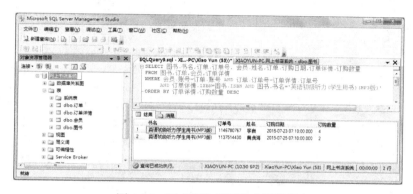

图 4-36　图书订购情况的查询结果

【例 4-16】查询订单数位列前三的会员信息。

解析：本查询首先需要确定每个会员的订单数，再根据订单数的多少来筛选出前三位的会员。可以利用连接查询进行操作，参与连接的一个是会员表，一个是订单表中订单数前三名的查询结果，查询语句如下，查询结果如图 4-37 所示。

```
SELECT a.账号,a.姓名,b.订单数
FROM 会员 a,
(SELECT  TOP 3 COUNT(订单号)订单数,账号
FROM 订单
GROUP BY 账号
ORDER BY COUNT(订单号) DESC) b
WHERE a.账号= b.账号
```

图 4-37　订单数前三位会员的查询结果

【例 4-17】查询出订购过图书"英语初级听力"，或者购买过图书"思考中医"的会员账

号和姓名。

解析：本查询需要找出订购过"英语初级听力"或"思考中医"的会员信息，可以利用合并操作 UNION 来实现。查询将涉及 4 张表，即会员表、订单表、图书表和订单详情表。查询语句如下，查询结果如图 4-38 所示。

```
SELECT 会员.账号,会员.姓名
FROM 图书,订单,会员,订单详情
WHERE 会员.账号=订单.账号 AND 订单.订单号=订单详情.订单号
  AND 订单详情.ISBN=图书.ISBN
AND 图书.书名='英语初级听力（学生用书）(MP3 版)'
UNION
SELECT 会员.账号，会员.姓名
FROM 图书,订单,会员,订单详情
WHERE 会员.账号=订单.账号 AND 订单.订单号=订单详情.订单号
  AND 订单详情.ISBN=图书.ISBN
AND 图书.书名='思考中医：对自然与生命的时间解读'
```

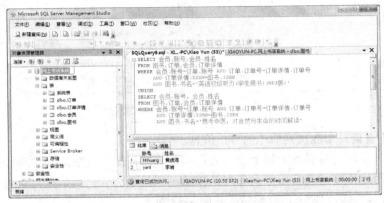

图 4-38　购买两种图书的会员查询结果

【例 4-18】统计会员所有订单的订购总价。

解析：本查询是统计所有订单中各个不同的会员账号的订购总价情况，此次查询主要用到了订单表，针对查询的结果集用 GROUP BY 按会员账号进行分组，并与汇总函数 SUM() 一起使用，查询语句如下，查询结果如图 4-39 所示。

```
SELECT 账号,SUM(订购总价) 账号消费 FROM 订单
GROUP BY 账号
```

图 4-39　查询账号消费结果

【例 4-19】查询订购总价大于 200 的会员的账号。

解析：本查询是在【例 4-18】的基础上加入一个特定的限制条件，使用查询子句 HAVING 即可实现。HAVING 子句必须与 GROUP BY 子句同时使用，表示在 GROUP BY 分组的结果中选择满足条件的账号作为查询的最终结果。如果不使用 GROUP BY 子句，则不能使用 HAVING 子句。查询语句如下，查询结果如图 4-40 所示。

```
SELECT 账号 ,SUM( 订购总价 ) 账号消费 FROM 订单
GROUP BY 账号 HAVING  SUM( 订购总价 )>200
```

图 4-40　查询消费大于 200 的账号情况

4.5.2　数据更新

常用的数据更新操作包括向表中插入数据、修改或删除表中的数据；比如增加图书记录、修改图书的价格、删除图书记录等。

下面就针对上面常见的更新语句，结合网上书店系统，具体讲解数据更新语句的使用。

【例 4-20】书店新进一种图书，即向图书表中增加一种新的图书，其 ISBN 为 9787302164784，书名为软件工程导论（第 5 版），作者为张海藩，出版社为清华大学出版社，定价为 35，折扣为 8，图书类别为计算机，图书概况为"本书可作为高等院校'软件工程'课程的教材或教学参考书"，库存量为 50。

解析：增加一种新的图书即表示在"图书"表中插入一条图书信息，使用 INSERT INTO … 语句即可实现。成功后下方将显示"1 行受影响"，如图 4-41 所示。

```
INSERT INTO 图书 (ISBN,书名 ,作者 ,出版社 ,定价 ,折扣 ,图书类别 ,图书概况 ,库存数量 )
VALUES('9787302164784','软件工程导论 ( 第 5 版 )','张海藩 ', ' 清华大学出版社 ','35' ,'8','
计算机 ',' 本书可作为高等院校 " 软件工程 " 课程的教材或教学参考书。','50')
```

图 4-41　增加一种新的图书

【例 4-21】 书店价格调整，将"软件工程导论（第 5 版）"图书的"折扣"更新为 7.5 折

解析：更新"图书"表中的折扣属性列，可使用 UPDATE 语句。其 SQL 语句如下，更新结果如图 4-42 所示。

```
UPDATE 图书
SET 折扣 ='7.5'
WHERE 书名 =' 软件工程导论（第 5 版）'
```

图 4-42　修改图书的折扣

【例 4-22】 会员地址变更，将会员账号为"jtxia"的地址更新为"安徽省合肥市包河大道 236 号"。

解析：更新"会员"表中的地址属性列，可使用 UPDATE 语句。其 SQL 语句如下，更新结果如图 4-43 所示。

```
UPDATE 会员
SET 地址 =' 安徽省合肥市包河大道 236 号 '
WHERE 账号 ='jtxia'
```

图 4-43　更新会员的地址

【例 4-23】 书店进货，将所有图书的库存数量增加 10。

解析：更新"图书"表中的库存数量属性列，可使用 UPDATE 语句。其 SQL 语句如下，更新结果如图 4-44 所示。

```
UPDATE 图书
SET 库存数量 = 库存数量 +10
```

【例 4-24】 活动促销，将"计算机"类图书的折扣全部减 1（多打一折）。

解析：更新"图书"表中计算机类图书的折扣属性列，可使用 UPDATE 语句。其 SQL 语句如下，更新结果如图 4-45 所示。

```
UPDATE 图书
SET 折扣 = 折扣 -1
WHERE 图书类别 ='计算机'
```

图 4-44　增加图书的库存数量

图 4-45　计算机类图书折扣调整

【例 4-25】由于图书下架，删除书名为"软件工程导论（第 5 版）"的图书信息。

解析：删除"图书"表中的信息，可使用 DELETE 语句。其 SQL 语句如下，更新结果如图 4-46 所示。

```
DELETE FROM 图书
WHERE 书名 ='软件工程导论（第 5 版）'
```

图 4-46　删除图书

4.6　数据库维护

对于网上书店系统来说，还有一项非常重要的工作就是数据库维护工作。而常见的数据库维护工作主要是指定期对数据库进行备份。下面将分别介绍数据库的备份和维护，并简要介绍触发器的相关内容。

1. 数据库备份

由 2.6 节可知，SQL Server 2008 提供了 4 种不同的备份方式，分别是：①完整备份，备份整个数据库的所有内容，包括事务日志。②差异备份，它是完整备份的补充，差异备份只备份上次完整备份后更改的数据。③事务日志备份，事务日志备份只备份事务日志里的内容。④数据库文件和文件组备份，如果在创建数据库时，为数据库创建了多个数据库文件或文件组，可以使用该备份方式。

常见的数据库备份有两种方法：一种是利用 Management Studio 进行数据库备份；另一种是利用 SQL 语句进行备份。

（1）利用 Management Studio 进行数据库备份

在备份数据库之前，首先需要新建设备以用于存储备份的数据库，下面先介绍如何新建备份设备。

新建备份设备的步骤为：打开"对象资源管理器"，点击"服务器对象"，右击"备份设备"，选择"新建备份设备"，在打开的"备份设备"窗口中，输入备份设备的名称"网上书店系统_bak"，在"文件"路径处输入"D:\BACKUPDB\网上书店系统_bak"（如图 4-47 所示），单击"确定"，即可在左侧的对象资源管理器中看到新建的备份文件"网上书店系统_bak"。

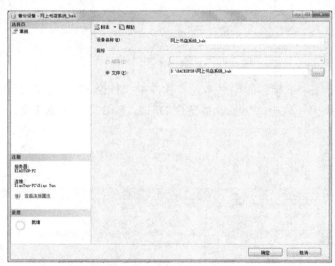

图 4-47　使用交互式工具新建备份设备

备份数据库：打开"服务器对象"，右击"网上书店系统_bak"这个新建立的备份设备，单击"备份数据库"，在打开的备份数据库窗口中，选择"网上书店系统"数据库、备份类型为"完整"、备份集名称默认为"网上书店系统 - 完整 数据库 备份"，单击"确定"按钮即可看到备份数据库成功的提示对话框（如图 4-48 所示）。

（2）使用 SQL 语句备份数据库

1）在新建查询窗口中，输入下面的语句创建备份设备。

```
SP_ADDUMPDEVICE 'disk',' 网上书店系统 _bak','D:\BACKUPDB\ 网上书店系统 _bakup'
```

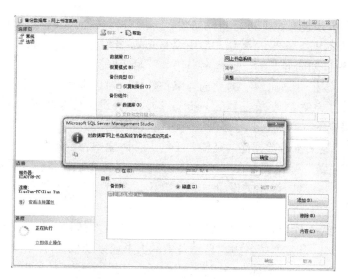

图 4-48　网上书店数据库备份成功对话框

2）在新建查询窗口中，输入下面的语句备份数据库。

```
BACKUP DATABASE 网上书店系统 TO DISK='网上书店系统_bak'
```

3）单击工具栏上的"　！执行(X)　"按钮，可以看到消息窗口提示备份成功的消息，如图 4-49 所示。

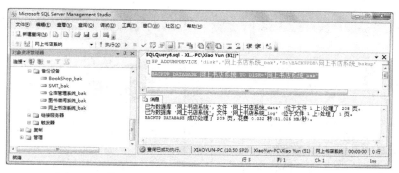

图 4-49　使用 SQL 语句备份"网上书店系统"数据库

2. 数据库维护计划

为减少数据库管理员的工作量，使数据能够定期保存，数据库提供了自动备份的功能。可以对"网上书店系统"每周进行一次自动备份，具体步骤如下。

1）启动"SQL Server Management Studio"，打开"对象资源管理器"。

2）在"对象资源管理器"中，单击"管理"前面的"+"展开子菜单，右击"维护计划"，单击"维护计划向导"，打开"维护计划向导"对话框（需要提前确定已经打开了 SQL Server Configuration Manager，启用 SQL Server Agent（实例名）），单击"下一步"，进入"维护计划向导"的"选择目标服务器"。

3）在打开的"维护计划向导"对话框中，对"选择目标服务器"进行相应的设置：修改名称（例如，将名称设置为"网上书店系统自动备份计划"），添加相应的说明（例如，"说明"

设置为"为网上书店系统数据库进行自动备份"），服务器选择想要将数据库备份到的服务器（例如，默认选择为本机服务器），默认"使用 Windows 身份验证"，如图 4-50 所示，单击"下一步"，进入"维护计划向导"的"选择维护任务"对话框。

4）在打开的"维护计划向导"的"选择维护任务"对话框中，可以选择一项或多项任务（选择"备份数据库（完整）"），单击"下一步"，进入选择维护任务顺序，单击"下一步"，进入"定义备份数据库（完整）任务"。

5）在弹出的"定义备份数据库（完整）任务"对话框中，选择数据库下拉列表来选择要备份的"网上书店系统"数据库，在"备份组件"区域里可以选择备份"数据库"，在"目标"区域里选择备份到"磁盘"等相关设置，其余默认，单击"下一步"按钮，进入"选择计划属性"对话框。

6）在打开的"选择计划属性"对话框中，单击"更改"按钮，打开"新建作业计划"对话框，制定作业计划：将名称命名为"自动备份网上书店系统数据库"，计划类型选择为"重复执行"，执行频率选择为"每周"，执行日期选择为"星期一"，执行时间为"22:00"，其余的为默认设置，单击"确定"按钮，单击"下一步"按钮，进入"选择报告选项"对话框。

7）在打开的"选择报告选项"对话框中，选择如何管理和维护计划报告：可以将其写入文件中，也可以通过电子邮件发送给数据库管理员。这里选择"将报告写入文本文件"，并选择文本文件的相应路径，单击"下一步"按钮，进入"完成该向导"对话框。

8）在打开的"完成该向导"对话框中，如图 4-51 所示，单击"完成"按钮即可完成自动备份数据库的备份计划。

图 4-50　选择目标服务器

图 4-51　完成该向导对话框

3．触发器

触发器是一种特殊的存储过程，它不是由程序调用或手工启动的，而是由事件来触发，一旦用户或管理员对数据库中的某一个表进行操作（如 INSERT、DELETE、UPDATE）时，就会激活触发器执行相关的操作。下面针对网上书店系统，利用 CREATE TRIGGER 语句创建触发器进行举例介绍。

【例 4-26】在"订单"表中建立一个插入触发器，保证向"订单"表中插入的"账号"在"会员"表中是存在的，如果不存在，就给出提示，且不能向"订单"表中插入订单的信息记录。

解析：当向订单表中插入一条订单记录时，首先需要在会员表中查看是否存在该账号的会员，如果没有该会员，那么将无法向订单表中插入订单记录，并输出提示信息"没有该会员信息"。

创建插入触发器的 SQL 语句如下。

```
CREATE TRIGGER Insert_ 订单
ON 订单
FOR INSERT
AS
IF
   (SELECT  COUNT(*) FROM 会员,inserted WHERE 会员.账号=inserted.账号)=0
BEGIN
PRINT '没有该会员信息'
ROLLBACK TRANSACTION
END
```

在新建查询窗口中单击" ！执行(X) "按钮，就会看到"命令已成功完成"的提示信息，如图 4-52 所示。

图 4-52   在订单表上创建插入触发器

【例 4-27】在"订单"表中建立一个更新触发器，监视"订单"表的"订购日期"列，使其不能手工修改。

解析：创建触发器的 SQL 语句如下。

```
CREATE TRIGGER  UPDATE_ 订单
ON 订单
FOR UPDATE
AS
IF
   UPDATE( 订购日期 )
BEGIN
PRINT '不能手工修改订购日期'
ROLLBACK TRANSACTION
END
```

在新建查询窗口中，单击" ！执行(X) "按钮，可以看到"命令已成功完成"的消息对话框，如图 4-53 所示。

【例 4-28】在"会员"表中建立删除触发器，以实现"会员"表和"订单"表的级联删除。

解析：创建触发器的 SQL 语句如下。

```
CREATE TRIGGER DELETE_会员
ON 会员
FOR DELETE
AS
DELETE FROM 订单
WHERE 账号 IN
(SELECT 账号 FROM Deleted)
```

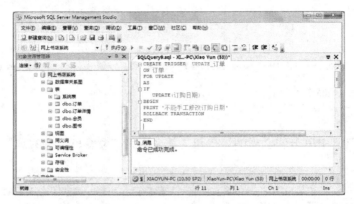

图 4-53 在订单上创建更新触发器

在新建查询窗口中，单击"　！执行(X)"按钮，可以看到"命令已成功完成"的消息对话框，如图 4-54 所示。

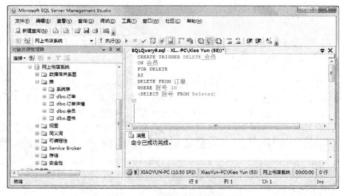

图 4-54 创建删除触发器

第 5 章
仓库管理系统

随着我国经济的飞速发展，各种类型、规模的企业迅速崛起，很多从事生产和经营管理的企业都有生产或销售的产品，而这些产品都需要储存在仓库中。随着企业规模的不断扩大，产品数量的急剧增加，所生产产品的种类也会不断更新与发展，与产品有关的各种信息数据也会成倍地增长，大型企业一般都会建立自己的仓库管理中心（仓储中心）。如何进行有效的仓库管理，对一个仓库管理中心来说是非常重要的。管理仓库的库房、人员及商品出入库数据，是一项非常复杂的系统工程，如果仅依靠手工管理，工作量庞大且容易出错，效率也会低下，因此需要建立仓库管理系统来提高工作效率，这对信息的规范管理、科学统计和快速查询，减少管理的工作量，提高生产效率等，具有十分重要的现实意义。

5.1 需求分析

作为数据库设计课题，鉴于设计时间有限，我们将整个系统进行简化，只把仓库管理所涉及的核心内容作为我们数据库管理的对象来进行设计。仓库管理系统主要针对仓储中心的库房、职工和商品进行管理，系统必须能够管理仓储中心的商品信息、库房信息、职工信息及商品的出入库信息等。

仓库管理系统可以对库房信息、职工信息、商品信息等进行有效的管理和维护，包括数据记录的增加、删除、修改等基本的维护功能和灵活的查询功能。具体的需求分析如下。

1）维护商品信息。实现对企业生产的商品信息的增加、删除和修改等。商品信息包括商品号、品名、类别、规格、单价和计量单位等。

2）维护库房的基本信息。仓储中心有多个库房，需要实现对库房信息的增加、删除和更新等。库房信息包括库房的库房号、库名、地点和面积等。

3）维护职工的个人基本信息（本系统中的职工仅限于在仓储中心工作的企业员工）。实现对职工个人信息的增加、删除和更新等。职工信息包括职工的工号、姓名、性别和电话等。

仓库管理的基本规定如下：每种商品可以存放在不同的库房中，每间库房可以存放多种商品；一间库房可以由多位职工管理，每位职工可以在多个库房工作；每个职工可以出入库多种商品，每种商品也可以由多个职工进行出入库操作；每次出入库均需要记录出入库操作类型、商品的品名和数量、存放的库房、经手的职工和操作的日期等。

为简便起见，本系统假定生产、采购等相关信息由单独的系统进行管理，我们仅考虑仓库中商品的出入库相关信息。

5.2 概念结构设计

分析仓库管理系统的基本需求，利用概念结构设计的抽象机制，对需求分析结果中的信息进行分类、组织，即可得到系统的实体、实体属性、实体的码、实体之间的联系及联系的类型，然后就可以设计出系统的概念模型。

通过前述分析，可以抽取出仓库管理系统的基本实体有：商品、库房和职工。这三个实体是通过"商品存放在库房""职工出入库商品"和"职工在库房工作"产生联系的，商品、库房和职工之间都是多对多的联系。

设计概念结构的具体步骤如下。

1. 抽象出系统的实体

根据分析，仓库管理系统主要包含商品、库房和职工三个实体，可画出三个实体的局部E-R 图，并在图中标出实体的主键（加下画线的属性），见图 5-1、图 5-2 和图 5-3，其中，商品号是商品实体的主键，库房号是库房实体的主键，工号是职工实体的主键。

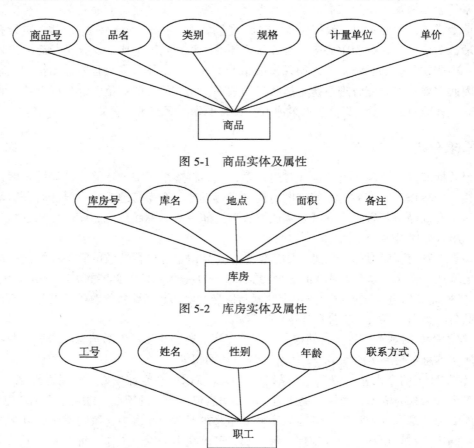

图 5-1　商品实体及属性

图 5-2　库房实体及属性

图 5-3　职工实体及属性

2. 设计分 E-R 图

仓库管理系统涉及了三个实体集：商品、库房和职工。三者之间均存在联系。

商品与库房：一种商品可以存放在多个库房中，一个库房也可以存放多种商品。因此，商品与库房之间的存放关系是多对多的联系。

商品与职工：一种商品可以被多个职工进行出入库管理，一个职工可以出入库管理多种商品。因此，商品与职工之间的关系是多对多的联系。职工对商品进行出入库管理时，可以进行出库、入库等操作，系统需要记录操作所对应的商品数量及日期。

　　库房与职工：一个库房可以有多名仓库管理员即职工工作，一名职工也可以根据工作安排在多个仓库中工作。所以，职工与库房之间的工作关系的是多对多的联系。

　　根据上述分析，得到各个局部的分 E-R 图，如图 5-4、图 5-5 和图 5-6 所示。

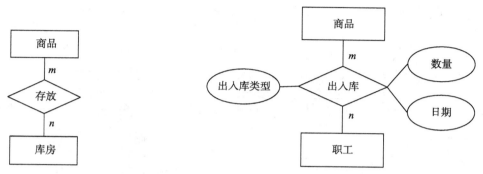

图 5-4　商品和库房之间的 E-R 图　　　　　　图 5-5　商品和职工之间的 E-R 图

3. 合并各分 E-R 图，生成初步 E-R 图

　　合并各分 E-R 图并不是单纯地将各个分 E-R 图画在一起，在合并过程中必须消除各个分 E-R 图中的不一致，以形成一个能为全系统中所有用户都理解和接受的统一的概念模型。如何合理地消除各分 E-R 图的冲突是合并各分 E-R 图、生成初步 E-R 图的关键所在。各分 E-R 图之间的冲突包括三种：属性冲突、命名冲突和结构冲突。

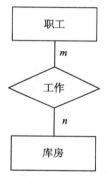

图 5-6　职工和库房
之间的 E-R 图

　　经过分析，得到商品、库房和职工三者之间的联系可以合并为一个出入库的多对多联系。因此，合并上述分 E-R 图可生成仓库管理系统的初步 E-R 图，如图 5-7 所示。

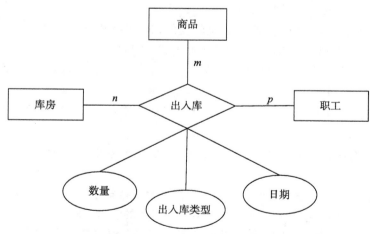

图 5-7　仓库管理系统的初步 E-R 图

4. 全局 E-R 图

　　加入各个实体的属性以形成全局 E-R 图，如图 5-8 所示。

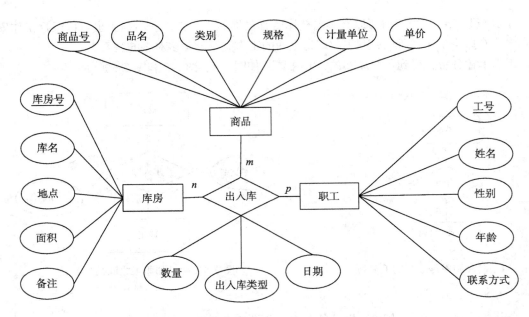

图 5-8　仓库管理系统全局 E-R 图

5.3　逻辑结构设计

　　逻辑结构设计就是将概念结构设计中的全局 E-R 图转换为与选用的 DBMS 产品所支持的数据模型相符合的逻辑结构。

　　在关系数据库系统中，数据库的逻辑设计就是按照 E-R 图到关系数据模型的转换规则，将全局 E-R 图转换为关系模型的过程，即将所有的实体和联系转化为一系列的关系模式的过程。E-R 图向关系模型的转换要解决的问题是如何将实体和实体间的联系转换为关系模式，以及如何确定这些关系模式的属性和码。

　　根据前面介绍的 E-R 图向关系数据模型转换的相关转换规则，将图 5-8 所示 E-R 图转换为关系数据模型，可得到如下的仓库管理数据库的关系模式。

　　商品（<u>商品号</u>，品名，类别，规格，计量单位，单价）为商品实体对应的关系模式，其中商品号是商品关系的主键。

　　库房（<u>库房号</u>，库名，地点，面积，备注）为库房实体对应的关系模式，其中库房号是库房关系的主键。

　　职工（<u>工号</u>，姓名，性别，年龄，联系方式）为职工实体对应的关系模式，其中工号是职工关系的主键。

　　出入库（<u>商品号</u>，<u>库房号</u>，<u>工号</u>，出入库类型，数量，日期）为商品、库房和职工三者之间的联系对应的关系模式。因为“出入库”是三者之间的多对多联系，因此商品、库房和职工的主属性及出入库联系本身的属性，共同构成了该关系模式的属性，其中（商品号，库房号，工号）共同作为出入库关系的主键。

5.4　数据库物理设计与实施

为一个给定的逻辑数据模型选取一个最适合应用要求的物理结构的过程就是数据库的物理设计。物理设计时要确定数据库的存储路径、数据规模和增长速度等，在数据库管理系统中创建数据库，建立数据库的所有数据模式，并根据访问要求给数据库的基本表设计适当的索引作为存取路径。

5.4.1　创建"仓库管理系统"数据库

因为本系统是一个小型的仓库管理系统，经过分析，建立数据库"仓库管理系统"，将其初始大小设置为 10MB、增长率设置为 10% 即可满足需要，并将数据文件和日志文件分别命名为"仓库管理系统_data"和"仓库管理系统_log"，其存储路径选择为"D:\data"文件夹。

首先为仓库管理系统建立数据库"仓库管理系统"。

建立数据库有两种方式：利用 Management Studio 图形工具交互向导和 SQL 语句。下面分别使用这两种方法建立数据库。

1. 交互向导方式

利用 SQL Server 2008 中的 Management Studio 图形工具交互向导建立数据库的步骤如下。

（1）启动 SQL Server 2008

依次单击"开始"→"所有程序"→"SQL Server 2008"→"SQL Server Management Studio"，启动 SQL Server 2008 数据库管理系统。

（2）登录数据库服务器

单击"连接到服务器"对话框中的"连接"按钮连接到 SQL Server 2008 数据库服务器。

（3）创建数据库"仓库管理系统"

在 SQL Server 2008 数据库管理系统的左边栏"对象资源管理器"中，右击数据库对象，在弹出的快捷菜单中单击"新建数据库"命令，如图 5-9 所示。

图 5-9　新建数据库菜单

在弹出的"新建数据库"对话框中输入数据库名称"仓库管理系统"，改变数据库的初始大小、增长方式（如图 5-10 所示），以及数据文件、日志文件的存储路径，单击"确定"按钮。

创建数据库之后，在左侧的对象资源管理器中右击"数据库"，在弹出的快捷菜单中单击"刷新"按钮，即可看到新建的数据库"仓库管理系统"。

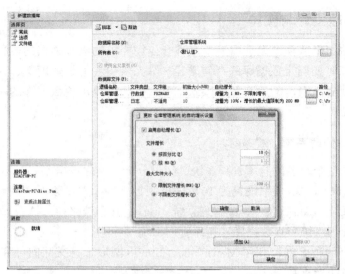

图 5-10 更改数据库增长方式

2. 使用 SQL 建立数据库

使用 SQL 的 CREATE DATABASE 语句建立数据库，可按如下步骤进行。

启动 SQL Server 2008 并连接到服务器，单击"新建查询"，在新建查询窗口中，输入建立数据库的 SQL 语句，如图 5-11 所示。

建立数据库的 SQL 语句如下。

```
CREATE DATABASE 仓库管理系统
ON PRIMARY
(NAME=' 仓库管理系统 _data',
FILENAME='D:\data\ 仓库管理系统 .mdf',
SIZE=10MB,
FILEGROWTH=10% )
log ON
(NAME=' 仓库管理系统 _log',
FILENAME='D:\data\ 仓库管理系统 .ldf',
SIZE=10MB,
MAXSIZE=100MB,
FILEGROWTH=10% )
```

图 5-11 SQL 语句创建数据库

如图 5-11 所示，单击按钮"📍执行(X)"，在消息窗口中会提示"命令已成功完成"，证明数据库已经成功建立。右击"数据库"，在弹出的菜单中单击"刷新"按钮，同样可以看到新建的数据库"仓库管理系统"。

5.4.2　建立和管理基本表

1. 建立基本表

通过上面的分析可知，需要为"仓库管理系统"数据库建立商品、库房、职工和出入库 4 张基本表。建立数据表有两种方法：一种是利用 SQL Server 2008 的 Management Studio 图形工具建表；另一种是利用 SQL 语句在查询分析器中建表。下面针对商品表的建立进行举例说明。

（1）建立商品信息表：商品。

在建立逻辑模型的时候，即可得到商品表的数据模式如下。

商品（<u>商品号</u>，品名，类别，规格，计量单位，单价)，其中各个属性的名称及数据类型可参见表 5-1，根据表 5-1 所列出的信息建立商品表。

表 5-1　商品表的属性信息

属性	数据类型	是否为空 / 约束条件
商品号	CHAR(9)	主键
品名	CHAR(30)	否
类别	CHAR(20)	否
规格	CHAR(20)	是
计量单位	CHAR(4)	是
单价	INT	是，>0

经过分析可知，商品号是主键，不允许为空，根据常识，单价的取值范围应限制为大于 0。

建立基本表也有两种方法，分别如下。

第一种方法：利用 SQL Server 2008 的 Management Studio 图形工具建表。

1）打开 SQL Server 2008，在对象资源管理器中，单击"仓库管理系统"数据库的"+"展开子菜单，选中"表"右击，在快捷菜单栏中单击"新建表"，如图 5-12 所示。

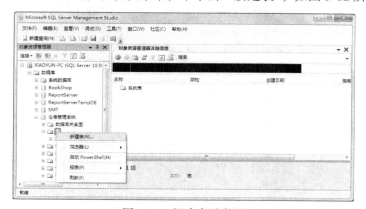

图 5-12　新建表示意图

在打开的创建表的窗口中，按照表 5-1 的要求，进行创建表的操作，如图 5-13 所示。

图 5-13　交互式建立商品表的属性列

根据表 5-1 的要求，将"商品号"属性再设置为主键，方法为：右击"商品号"这一列，单击"设置主键"，如图 5-14 所示。

图 5-14　设置主键快捷菜单

设置成功后，"商品号"属性列上面出现了 商品号，表示主键已设置成功。

2）设置约束条件。根据表 5-1 的要求，需要为"单价"属性列设置约束条件，要求单价取值只能大于 0，设置约束条件的方法为：选中"单价"列，右击"CHECK 约束"，如图 5-15 所示。

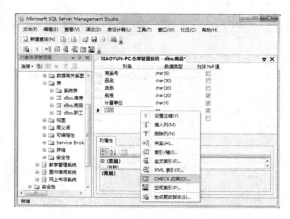

图 5-15　设置 CHECK 约束快捷菜单

在弹出的"CHECK 约束"对话框中，单击"添加"按钮，将会出现下面的对话框，将"标识"名称改为"CK_ 商品 _ 单价"，如图 5-16 所示。

图 5-16　设置 CHECK 约束标识名

在此对话框中单击"常规"标签页，单击"表达式"后空白处后面的小按钮 ⬜，弹出"CHECK 约束表达式"对话框，在此对话框中输入约束条件"单价 >0"（如图 5-17 所示），单击"确定"按钮，单击"关闭"按钮即可。

图 5-17　CHECK 约束表达式

3）保存表。单击工具栏上的"保存"按钮，在弹出来的对话框中，输入表名"商品"，单击"确定"按钮即可。

4）右击对象资源管理器中"仓库管理系统"中的"表"，单击"刷新"按钮即可看到新建立的表（如图 5-18 所示）。

第二种方法：利用 SQL 语句在查询分析器中创建表。

1）双击打开 SQL Server 2008，在弹出的"连接到服务器"对话框中单击"连接"按钮，连接到数据库服务器。

2）新建表 SQL 脚本。单击工具栏中的"新建查询"按钮，在新建查询窗口中输入创建表的 SQL 代码，建立商品表（如图 5-19 所示），其中创建表的 SQL 语句如下。

```
CREATE TABLE 商品
(    商品号 CHAR(9) NOT NULL PRIMARY KEY,
```

```
品名 CHAR(30) NOT NULL,
类别 CHAR(20) NOT NULL,
规格 CHAR(20),
计量单位 CHAR(4),
单价 INT CHECK ( 单价 > 0))
```

图 5-18 查看"商品"表

图 5-19 CREATE TABLE 语句创建库房表

3）单击工具栏中的 ▶执行(X) 按钮，运行 SQL 语句，完成商品表的创建工作。在左侧的"对象资源管理器"中刷新即可看到新建的"商品"表（如图 5-18 所示）。

由于篇幅所限，仓库管理系统的库房、职工和出入库基本表的建立均可参照商品表的建立过程，这里就不再一一赘述了。下面附上每个表的属性信息列表及相应的建立表的 SQL语句。

（2）建立库房表

库房表的属性信息如表 5-2 所示。

其中创建表的 SQL 语句如下。

表 5-2 库房表的属性信息

属性	数据类型	是否为空 / 约束条件
库房号	CHAR(5)	主键
库名	CHAR(20)	否
地点	CHAR(30)	否
面积	INT	>0
备注	VARCHAR(50)	是

```
CREATE TABLE 库房
( 库房号 CHAR(5) NOT NULL PRIMARY KEY,
  库名 CHAR(20) NOT NULL,
  地点 CHAR(30) NOT NULL,
  面积 INT NOT NULL CHECK ( 面积 > 0),
  备注 VARCHAR(50) )
```

（3）建立职工表

职工表的属性信息如表 5-3 所示。

创建职工基本表的 SQL 语句如下。

```
CREATE TABLE 职工
( 工号 CHAR(5) NOT NULL PRIMARY KEY,
  姓名 CHAR(8) NOT NULL,
  性别 CHAR(2) NOT NULL CHECK ( 性别 IN ('男','女')),
  年龄 TINYINT CHECK ( 年龄 BETWEEN 1 AND 100),
  联系方式 CHAR(12))
```

（4）建立出入库表

出入库表的属性信息如表 5-4 所示。

表 5-3 职工表的属性信息

属性	数据类型	是否为空 / 约束条件
工号	CHAR(5)	主键
姓名	CHAR(8)	否
性别	CHAR(2)	"男"，"女"
年龄	TINYINT	是，在 1 ~ 100 之间取值
联系方式	CHAR(12)	是

表 5-4 出入库表的属性信息

属性	数据类型	是否为空 / 约束条件
商品号	CHAR(9)	主键
库房号	CHAR(5)	主键
工号	CHAR(5)	主键
出入库类型	CHAR(4)	"出库" 或 "入库"
数量	INT	否
日期	DATE	否

创建出入库表的 SQL 语句如下。

```
CREATE TABLE 出入库
( 商品号 CHAR(9) NOT NULL,
  库房号 CHAR(5) NOT NULL,
  工号 CHAR(5) NOT NULL,
  出入库类型 CHAR(4) NOT NULL CHECK ( 出入库类型 IN ('出库','入库')),
  数量 INT NOT NULL,
  日期 DATE NOT NULL ,
  CONSTRAINT Order_Goods_number FOREIGN KEY ( 商品号 )
                                    REFERENCES 商品 ( 商品号 ),
  CONSTRAINT Order_Room_number FOREIGN KEY ( 库房号 )
                                    REFERENCES 库房 ( 库房号 ),
  CONSTRAINT Order_Employee_number FOREIGN KEY ( 工号 )
                                    REFERENCES 职工 ( 工号 ),
  CONSTRAINT Warehouse_pk PRIMARY KEY ( 商品号 , 库房号 , 工号 ))
```

注意：在建立"出入库"表时，应该分别对"出入库"表的属性"商品号"、"库房号"和"工号"增加外键约束。出入库表的这三个属性信息分别来源于商品表、库房表和职工表的主键属性，如果没有商品表中的"商品号"、库房表中的"库房号"或职工表中的"工号"的属性值，那么为出入库表增加数据是不符合逻辑的，同时也违反了数据的参照完整性约束条件。新建表时可以利用子句"[CONSTRAINT 约束名称] FORTIGN KEY(属性名) REFERENCES 表名（属性名）"建立外键约束，其中"[CONSTRAINT 约束名称]"是可选项，其作用是对约束进行命名。

2. 管理基本表

随着应用环境和应用需求的改变，有时候需要修改已经建立好的基本表的模式结构。SQL 采用 ALTER TABLE 语句修改基本表的结构，利用 DROP 语句删除基本表的定义。ALTER

TABLE 命令可以修改基本表的名字、增加新列或增加新的完整性约束条件、修改原有列的定义（包括修改列名和数据类型）等。ALTER TABLE 命令中 DROP 子句用于删除指定的完整性约束条件。

当然，也可以在 SQL Server 2008 的 Management Studio 图形工具中交互式地修改基本表的结构。

注意：当数据库投入运行之后，基本表结构的修改是需要小心慎重的，不能经常进行，以免造成数据库数据的丢失。在实际应用系统中数据库的管理工作都必须是经过授权了的数据库管理员才能进行。

下面以库房表为例，进行一些基本表的管理操作。

【例 5-1】向"库房"表中增加"固定电话"属性列，其数据类型是字符型。

解析：题目要求向已经存在的"库房"表中增加一列"固定电话"，所以采用 ALTER TABLE…ADD… 命令即可完成操作。具体的 SQL 语句如下，结果如图 5-20 所示。

```
ALTER TABLE 库房 ADD 固定电话 CHAR(12);
```

图 5-20   向表中增加一列

当然，也可以利用 Management Studio 图形工具交互式地向库房表中增加"固定电话"属性列，具体的操作步骤如下。

1）打开 SQL Server 2008，在对象资源管理器中单击"仓库管理系统"数据库的"＋"展开子菜单，选中"库房"表，右击"设计"，如图 5-21 所示。

图 5-21   "设计"数据表结构

2）在最后一行对应的列名处输入"固定电话"，数据类型处选择并设置为" char(12)"，"允许 Null 值"处选择允许即" ☑"，如图 5-22 所示。

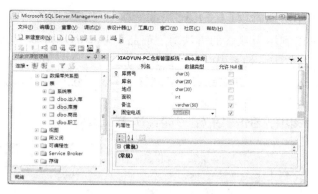

图 5-22　增加"固定电话"属性列

3）单击上方的"保存"按钮，即可完成向"库房"表中增加"固定电话"属性列的操作。

【例 5-2】将"库房"表中的"备注"属性列的数据类型改为字符型：CHAR(30)。

注意：本修改只是一次练习，当练习完成之后，应该将"备注"的数据类型再修改回 VARCHAR(50)。

解析：利用 SQL 语句修改字段类型，其 SQL 语句如下。

```
ALTER TABLE 库房 ALTER COLUMN 备注 CHAR(30)
```

同样，这里也可以利用交互式的方法修改"库房"表中的"备注"的数据类型。具体步骤如下。

1）打开 SQL Server 2008，在对象资源管理器中单击"仓库管理系统"数据库的"+"展开子菜单，选中"库房"表，右击"设计"。

2）找到对应列名"备注"的这一行，在"备注"字段的数据类型处，从下拉列表中选择" char(10)"，再将"10"更改为"30"（注意，这里默认的字符长度是"10"，而题目要求字符长度是"30"，所以当选择完成之后，即可将"10"修改为"30"），如图 5-23 所示。

3）单击工具栏上的"保存"按钮，即可完成将"库房"表中"备注"属性列的字段类型修改为 CHAR(30) 的操作。

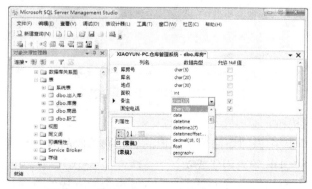

图 5-23　修改"备注"属性列的数据类型

【例 5-3】增加名称必须取唯一值的约束条件。

解析：利用 SQL 语句增加约束条件，其 SQL 语句如下。

```
ALTER TABLE 商品 ADD UNIQUE(品名)
```

同样，这里也可以利用交互式的方法对"商品"表中的"品名"增加唯一性约束条件，实际上是为"品名"建立唯一性索引，具体步骤如下。

1）打开 SQL Server 2008，在对象资源管理器中单击"仓库管理系统"数据库的"+"展开子菜单，选中"商品"表，右击"设计"。

2）在打开的商品表中，右击"品名"列名，选择"索引/键"，如图 5-24 所示。

图 5-24 右击"品名"列名的"索引/键"

3）在打开的对话框中，单击"添加"按钮，在"常规"标签页中将列改为"品名（ASC）"，将"是唯一的"确认为"是"，在"标识"标签页中将名称改为"UNIQUE_品名"，如图 5-25 所示。

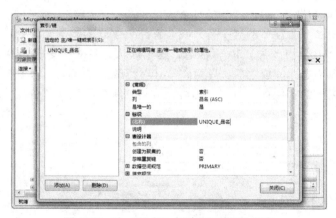

图 5-25 为"品名"创建 UNIQUE 约束

4）单击"关闭"按钮。

之后再向"商品"表中添加商品号不同但品名相同的商品时会出现错误的信息提示，数据无法插入，表明 UNIQUE 约束创建成功。

由于篇幅有限，下面的例子对于交互式管理基本表的方法就不再一一赘述了，感兴趣的读者可以自行多加练习。

【例 5-4】删除"库房"表中的列"固定电话"。

解析：利用 SQL 语句删除"固定电话"列，其 SQL 语句如下。

```
ALTER TABLE 库房 DROP  COLUMN   固定电话
```

【例 5-5】删除"库房"表。

解析：当不再需要某个表时，我们就可以用 DROP 语句进行删除，其 SQL 语句如下。

```
DROP TABLE  库房 CASCADE
```

其中 CASCADE 表示级联删除，在添加表的关系约束的时候要注意添加" ON DELETE CASCADE"，表示在删除表的同时，相关的依赖对象比如视图等，都将一起被删除。执行该语句将会删除保存在数据库的数据字典中"库房"基本表的定义。

注意：数据库正在运行时，不能随便删除表。表的删除在这里仅作为一个例子来进行说明，删除表的操作一定要慎用。

5.4.3 建立和管理视图

数据库中的视图是常用的数据对象，它常用于定义数据库中某类用户的外模式。通过创建视图，可以限制不同的用户查看不同的信息，屏蔽用户不关心的或不应该看到的信息。

视图是从一个或几个基本表中导出的表，它与基本表不同，视图是一个虚表，其数据不会单独保存在一个基本文件中，而是依然保存在导出视图的基本表文件中，数据库系统中只保存了视图的定义。视图一经定义，就和基本表一样，也是关系，可以进行基本的操作如查询、删除等。

在 SQL Server 2008 中建立视图的方法有两种：一种是利用 SQL 语句建立视图，另一种是利用 Management Studio 工具向导交互式地建立视图。下面就以仓库管理系统中需要建立的一些视图为例进行说明。

【例 5-6】假设仓库管理系统数据库中的商品有三种类别，即空调、洗衣机和冰箱，为方便不同部门的人员查看各个类别的商品，下面就为每种类别分别建立一个商品视图。

解析：下面就针对这个商品视图的建立用两种方法分别进行说明。

第一种方法：用 SQL 语句建立视图。

在"新建查询"窗口中，输入如下创建视图的 SQL 语句，单击"执行"按钮，在消息提示框中可以看到提示信息"命令已成功完成"。

```
CREATE VIEW 冰箱
AS
SELECT *
FROM 商品
WHERE 类别 ='冰箱'
```

当视图建好之后，就可以像操作基本表一样查看视图：在新建查询窗口中，输入查询语句查询新建的视图，在这个视图中只能看到冰箱的商品信息，而其他类别的商品信息是看不到的，从而达到视图的作用，即限制不同的用户查看信息。使用下面的 SQL 语句查询视图，查询结果如图 5-26 所示。

查询视图的 SQL 语句如下。

```
SELECT * FROM 冰箱
```

第二种方法：利用 Management Studio 工具交互式建立视图。

打开"对象资源管理器"，找到"仓库管理系统"数据库，单击 视图 ，找到"视图"，右击"视图",在菜单中单击"新建视图",如图 5-27 所示。

图 5-26　查看冰箱视图结果

图 5-27　新建视图

在弹出的对话框中单击"添加"按钮,选中"商品"表,单击"关闭"按钮。将所有的列选中,在"类别"这一行对应的"筛选器"一列中输入"洗衣机",如图 5-28 所示。

图 5-28　新建视图筛选器设置

单击工具栏上的"保存"按钮,将视图名称命名为"洗衣机",单击"确定"按钮(如图 5-29 所示),在左侧的"对象资源管理器"中右击"视图",单击"刷新"按钮即可看到新建的视图"洗衣机"。

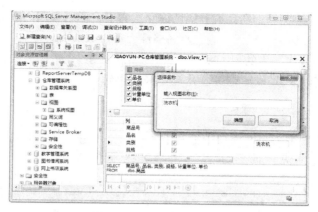

图 5-29　对新建视图命名

查看新建立的视图中的信息：右击"洗衣机"，在快捷菜单中单击"打开视图"，在右侧即可看到新建立的"洗衣机"视图中的信息，如图 5-30 所示。

图 5-30　查看"洗衣机"视图中的信息

由于篇幅所限，其他视图的建立过程这里就不再一一赘述了，下面只列出使用第一种方法建立视图的 SQL 语句。

为空调建立视图的 SQL 语句如下。

```
CREATE VIEW 空调
AS
    SELECT *
    FROM 商品
    WHERE 类别 = ' 空调 '
```

当视图建好之后，可利用下面的 SQL 语句进行查看。

```
SELECT * FROM 空调
```

5.4.4　建立和管理索引

为基本表建立索引有两种方法：一种是利用 Management Studio 工具向导交互式建立索引，另一种是使用 SQL 语句建立索引。根据需求分析，各个基本表的主键分别是商品号、库房号、工号，以及三者的组合，DBMS 会自动为主键建立主索引，所以不需要为主键再建立索引。

由于出入库表常用的查询是根据商品号或工号来查询出入库商品的情况和数量，所以在

"出入库"表中，应该为工号、商品编号属性建立次索引；职工常用的查询是根据工号和姓名来进行的，因此同样应该为"职工"表在姓名属性上建立次索引。

【例 5-7】在"出入库"表的列"商品号"、"工号"上建立索引。

第一种方法：利用 SQL 语句建立索引，某 SQL 语句如下。

```
CREATE INDEX EmpNum_GNumber
ON 出入库（商品号，工号）
```

打开"新建查询"窗口，在窗口中输入上述代码，单击工具栏上的"执行"即可完成索引的创建，如图 5-31 所示。

图 5-31   利用 SQL 语句创建索引

第二种方法：利用 Management Studio 工具交互式建立索引，具体步骤如下。

打开"对象资源管理器"，右击"出入库"表，选择"设计"打开表设计窗口，在任意位置单击鼠标右键，在弹出的快捷菜单中选择"索引 / 键"命令，单击"添加"按钮，创建索引，在"名称"文本框中输入索引名称"ENumber_GNumber"，选中"商品号"、"工号"（如图 5-32 所示），单击"关闭"按钮。

图 5-32   选中创建索引的列

大家可以练习在职工表的姓名、商品表的类别和名称等属性上分别建立次索引。

5.5 访问数据库

为了满足数据库访问的要求，应事先利用 INSERT 语句或交互式的方法给数据库中的商品表、库房表、职工表及出入库表插入一批实例数据，其中出入库表的数据当中，入库的数量为正数，出库的数量为负数。具体的利用 INSERT 语句插入数据的方法可参见 2.5.2 节。每个基本表的实例数据如表 5-5、表 5-6、表 5-7 和表 5-8 所示。

表 5-5　商品基本表的部分实例数据

商品号	品名	类别	规格	计量单位	单价
BX2015001	美的 BCD206TM	冰箱	593X544X1725	台	1298
BX2015002	美的 BCD610WKM	冰箱	730X922X1751	台	3999
BX2015003	美的 BCD215TZ	冰箱	601X560X1789	台	1699
BX2015004	美的 BC93M	冰箱	450X472X860	台	666
BX2015005	美的 BCD200DKM	冰箱	615X979X862	台	1199
XY2016001	海尔 EG7012B29W	洗衣机	510X595X850	台	1799
XY2016002	海尔 EG8012HB86S	洗衣机	600X595X850	台	3599
XY2016003	海尔 XQB55M1269	洗衣机	520X500X902	台	799
XY2016004	海尔 EG8012B29WE	洗衣机	600X600X850	台	2299
XY2016005	海尔 EB70Z2WD	洗衣机	540X520X905	台	1199
KT2016001	格力 KFR26GW	空调	835X290X192 内机	台	2799
KT2016002	格力 KFR72LW	空调	500X1730X320 内机	台	6599
KT2016003	格力 KFR23GW	空调	780X277X177 内机	台	1899
KT2016004	格力 KFR50LW	空调	482X1706X310 内机	台	4299
TV2016001	三星 TV001	电视			

表 5-6　职工基本表的数据

工号	姓名	性别	年龄	联系方式
05003	张琳	女	45	13898092345
11004	王文	男	35	13809238946
08086	蒋敏	女	40	13645092347
13025	李莉	女	28	13348438092
14038	秦羽	男	33	13623489099
15056	贾云鹏	男	25	13768395450
12085	刘雯雯	女	30	15075692351

表 5-7　库房基本表的数据

库房号	库名	地点	面积	备注
KF001	1 号库房	九龙路 111 号	500	
KF002	2 号库房	繁华大道 300 号	500	
KF003	3 号库房	金寨路 105 号	305	
KF004	4 号库房	长江西路 305 号	400	
KF005	5 号库房	芙蓉路 102 号	800	
KF006	6 号库房	翡翠路 220 号	300	
KF007	7 号库房	黄山路 125 号	600	
KF008	8 号库房	望江路 180 号	200	

表 5-8 出入库基本表的数据

工号	出入库类型	数量	日期
13025	入库	10	2015/1/1
14038	入库	10	2015/2/1
14038	入库	20	2015/3/1
12085	入库	30	2015/4/1
13025	入库	40	2015/5/1
14038	入库	25	2016/1/1
15056	入库	9	2016/2/1
12085	入库	12	2016/3/1
13025	入库	11	2016/4/1
14038	入库	18	2016/5/1
15056	入库	7	2016/1/1
12085	入库	8	2016/2/1
13025	入库	15	2016/3/1
14038	入库	20	2016/4/1
15056	出库	−3	2016/1/1
12085	出库	−4	2016/2/1
13025	出库	−6	2016/3/1
14038	出库	−5	2016/4/1
15056	出库	−5	2016/5/1
12085	出库	−4	2016/1/1
13025	出库	−6	2016/2/1
14038	出库	−6	2016/3/1
15056	出库	−4	2016/4/1
12085	出库	−1	2016/1/1
13025	出库	−6	2016/2/1

5.5.1 数据查询

数据查询是数据库的核心操作。SQL 提供了 SELECT 语句进行数据库查询，该语句具有灵活的使用方式和功能。在仓库管理系统中常用的查询操作主要包括：查询库房现有的商品信息；查看企业拥有的仓库信息；查看仓库职工的信息；查询相应的出入库信息等。下面针对常用的查询操作进行举例说明。

【例 5-8】查询库房号为"KF001"的库房信息。

解析：本查询只涉及库房表，是一个简单查询，查询语句如下。

```
SELECT *
FROM 库房
WHERE 库房号 ='KF001'
```

【例 5-9】查询品名为"美的 BCD206TM"的商品信息。

解析：本查询只涉及商品表，是一个简单查询，查询语句如下。

```
SELECT *
FROM 商品
```

```
WHERE 品名 ='美的BCD206TM'
```

【例 5-10】查询"洗衣机"类别的商品共有多少品种。

解析：本查询主要是统计洗衣机商品的总数，因此本查询需要使用聚合函数 count 进行查询，查询语句如下。

```
SELECT COUNT(*)  AS 洗衣机品种数
FROM 商品
WHERE 类别 ='洗衣机'
```

查询结果如图 5-33 所示。

图 5-33　查询洗衣机的品种数

【例 5-11】查询 40 岁以下女职工的信息。

解析：本查询是查询职工的信息，只涉及一张"职工"表，但是限制条件有两个，一个条件是必须是女性，另一个条件是年龄必须小于 40 岁，因此 WHERE 中的限制条件有两个，查询语句如下。

```
SELECT *
FROM 职工
WHERE 性别 ='女' AND 年龄 <40 ;
```

查询结果如图 5-34 所示。

图 5-34　40 岁以下女职工信息查询结果图

【例 5-12】列出"李莉"所经办的商品出入库的详细信息。

解析：本查询需要列出仓库出入库的具体信息，包括库房号、库名、商品号和品名等，要实现本查询，需要从职工、商品、出入库三个表中获取信息，可以用连接查询的方法来实现，具体查询语句如下。

```
SELECT DISTINCT 职工.姓名,出入库.*,商品.品名
FROM 职工,商品,出入库
WHERE 职工.工号=出入库.工号
      AND 出入库.商品号=商品.商品号
      AND 职工.姓名='李莉';
```

查询结果如图 5-35 所示。

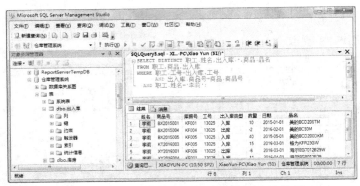

图 5-35   李莉经办的出入库商品信息查询结果

【例 5-13】列出职工"刘雯雯"所经办入库的"洗衣机"类型的商品清单,按数量由高到低进行显示。

解析:本查询是查询某个职工经办的具体某类商品的清单,清单信息应该包括职工的名称和工号,商品的编号、名称和类别。如果要得到数量,还需要利用职工的工号和商品的编号在出入库表中进行查询,因此查询涉及三张表,即职工表、商品表和出入库表。本查询可以利用连接查询进行操作,查询语句如下。

```
SELECT 职工.工号,职工.姓名,商品.商品号,商品.品名,类别,数量
FROM 职工,商品,出入库
WHERE 职工.工号=出入库.工号
AND 商品.商品号=出入库.商品号
      AND 姓名='刘雯雯'
      AND 类别='洗衣机'
      AND 出入库类型='入库'
ORDER BY 数量 DESC
```

查询结果如图 5-36 所示。

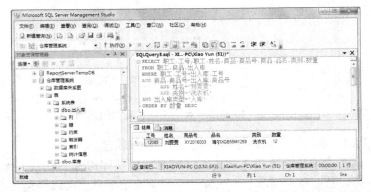

图 5-36   "刘雯雯"所经办的"洗衣机"类型商品的清单查询结果

【例5-14】列出职工"秦羽"所经办出库的商品详细信息。

解析：本查询需要列出职工"秦羽"所经办的出库信息包括库单号、日期、数量、商品名称、库房名称等。其中商品的信息要从商品表中进行查询，职工的信息要在职工表中进行查询，库房信息要在库房表中进行查询，三者之间是通过出入库表进行联系的，因此本查询涉及4张表，即库房、职工、商品和出入库。本查询可以利用嵌套子查询也可以利用连接查询进行操作。下面列出的是连接查询的 SQL 语句。

```
SELECT DISTINCT 姓名,品名,库名,数量,日期
FROM 库房,商品,职工,出入库
WHERE 出入库.商品号=商品.商品号
    AND 出入库.工号=职工.工号
    AND 出入库.库房号=库房.库房号
    AND 姓名='秦羽'
    AND 出入库类型='出库'
```

查询结果如图 5-37 所示。

图 5-37 "秦羽"所经办的出库详细信息的查询结果

【例5-15】查询 3 号库房的出入库详细信息。

解析：本查询需要获得 3 号库房的出入库详细信息，通过库房号在出入库信息表中查询即可。因此本查询涉及库房表及出入库表两张表。可利用连接查询进行查询，其 SQL 语句如下。

```
SELECT 库名,出入库.*
FROM 库房,出入库
WHERE 库房.库房号=出入库.库房号
      AND 库名='3号库房'
```

查询结果如图 5-38 所示。

【例5-16】统计企业当前库存的所有品种的库存量。

解析：本查询需要列出以下信息，按照商品类别分别进行统计计算，类别信息在商品表中，出入库信息在出入库表中。因此，本查询涉及出入库表及商品表两张表，商品库存量是出入库数量的总和，所以本查询需要用到聚合函数 SUM() 来求和，具体的查询 SQL 语句如下。

```
SELECT 类别,SUM(数量)  库存量
FROM 出入库,商品
WHERE 商品.商品号=出入库.商品号
GROUP BY 类别
```

图 5-38　"3 号库房"出入库的详细信息查询结果

查询结果如图 5-39 所示。

图 5-39　各类商品的库存量查询结果

5.5.2　数据更新

　　常用的数据更新操作包括向表中插入数据、修改或删除表中已有的数据等；比如修改职工的联系方式，增加商品信息，当某种商品不再生产并且没有库存时删除商品表中的该商品信息等。

　　下面就针对上述常用的数据更新要求，在仓库管理系统中进行具体的数据更新操作。

　　【例 5-17】增加一种新的商品，具体信息：编号为 TV2016001，名称为三星 TV001，类别为电视。

　　解析：增加一种新的商品也就是向商品表中插入一条商品记录。

```
INSERT INTO 商品（商品号，品名，类别）
VALUES('TV2016001','三星 TV001','电视')
```

　　【例 5-18】将"王文"的联系方式修改为"15956660101"。

　　解析：对职工表中的"王文"的"电话"进行修改，也就相当于更新职工表中的姓名为"王文"的信息。

```
UPDATE 职工
SET 联系方式 ='15956660101'
WHERE 姓名 =' 王文 '
```

【例 5-19】因仓库需要扩大，在合肥市合作化路 1 号新建了一处库房，用于存放易碎品，库房编号为 KF009，命名为库房 9，面积为 800 平方米。

解析：本题就是向库房表中插入一条库房信息。

```
INSERT INTO 库房（库房号，库名，地点，面积，备注）
VALUES ('KF009','库房9','合肥市合作化路1号','800','用于存放易碎品')
```

查询插入的出入库商品信息结果如图 5-40 所示。

图 5-40　查询新插入的库房信息

【例 5-20】将上题中库房的名称修改为"9 号库房"。

解析：本题就是将库房表中的对应库名更新为"9 号库房"，具体的 SQL 语句如下。

```
UPDATE 库房
SET 库名='9号库房'
WHERE 库房号='KF009'
```

更新之后，可利用下面的 SQL 语句查询库名信息是否更新成功，查询语句如下。

```
SELECT *
FROM 库房
WHERE 库房号='KF009'
```

查询结果如图 5-41 所示，已成功将该记录的库名进行更新。

图 5-41　查询库名是否更新结果图

【例 5-21】因为新员工贾云鹏工作失误，造成入库时漏登记，所以需要将贾云鹏的入库记录中商品的数量增加 1。

解析：首先，根据下面的查询语句可以查到贾云鹏的"入库"记录中的商品数量，如图 5-42 所示。

查询贾云鹏的"入库"记录中的商品数量, 其 SQL 语句如下

```
SELECT *
FROM 出入库
WHERE 工号=(SELECT 工号 FROM 职工 WHERE 姓名='贾云鹏')
    AND 出入库类型='入库'
```

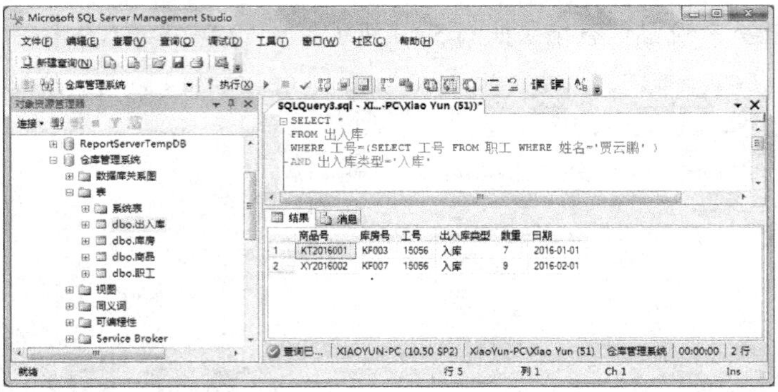

图 5-42 查询贾云鹏的"入库"记录的商品数量

因为贾云鹏工作失误造成漏登记, 因此需要将贾云鹏的入库记录中的商品数量增加 1。

```
UPDATE 出入库
SET 数量=数量+1
WHERE 工号=(SELECT 工号 FROM 职工 WHERE 姓名='贾云鹏')
    AND 出入库类型='入库'
```

当更新完毕之后, 可以利用查询贾云鹏的出库记录商品数量的 SQL 语句来查询更新之后的结果, 如图 5-43 所示, 可以看到数量已更新成功。

图 5-43 查询商品数量更新之后的结果

限于篇幅, 关于数据更新的操作这里就不再举例说明了。

5.6 数据库维护

1. 备份数据库

【例 5-22】备份"仓库管理系统"数据库到本地磁盘 E 盘下的 BACKUPDB 文件夹下面。

解析: 备份数据库有两种方法: 一种是利用 SQL 语句备份数据库; 一种是利用

Management Studio 备份数据库。

第一种方法：使用 SQL 语句备份数据库。

1）在新建查询窗口中，输入下面的语句创建备份设备。

```
SP_ADDUMPDEVICE 'disk','仓库管理系统_bak','E:\BACKUPDB\仓库管理系统_bakup'
```

2）在新建查询窗口中，可输入下面的语句备份数据库。

```
BACKUP DATABASE 仓库管理系统 TO DISK='仓库管理系统.bak'
```

3）单击工具栏上的"执行"按钮可以看到消息窗口提示备份成功的信息，如图 5-44 所示。

图 5-44　用 SQL 语句备份"仓库管理系统"数据库

第二种方法：利用 Management Studio 工具交互式备份数据库。

1）创建备份设备。打开"对象资源管理器"，单击"服务器对象"，右击"备份设备"、"新建备份设备"，在打开的"备份设备"窗口中，输入备份设备名称"仓库管理系统_bak"，在"文件"路径处输入"E:\BACKUPDB\仓库管理系统_bakup"，单击"确定"按钮即可在左侧的对象资源管理器中看到新建的备份文件"仓库管理系统_bak"了。

2）备份数据库。右击"仓库管理系统_bak"的备份设备，单击"备份数据库"，在打开的备份数据库对话框（如图 5-45 所示）中，在数据库处选择"仓库管理系统"，备份类型处选择"完整"，备份集名称命名为"仓库管理系统 - 完整 数据库备份"，单击"确定"按钮即可弹出备份成功的提示对话框。

2. 数据库维护计划

数据库备份是防止数据丢失的一个重要的措施，因此数据库备份很重要，作为一个数据库管理员不得不花大量的时间去给数据库做备份。当一个数据库的数据更新得非常频繁时，那么一天进行多次备份也是可能的。如果每次都要数据库管理员手动备份数据库，那将是一个艰巨的任务。SQL Server 2008 中可以使用维护计划来实现数据库的定时自动备份，从而减少数据库管理员的工作负担。下面就来介绍一下在 SQL Server 2008 中如何制定维护计划，实现数据库的自动备份功能。

【例 5-23】为仓库管理系统建立自动备份计划，要求每天晚上的 00:00:00 进行一次备份，步骤如下。

1）启动"SQL Server Management Studio"，在"对象资源管理器"窗口里选择"仓库管理系统"数据库实例。

图 5-45　交互式备份"仓库管理系统"数据库

2）在"对象资源管理器"中，单击"出入库"前面的加号节点展开子菜单，找到"维护计划"，右击"维护计划向导"，打开"维护计划向导"对话框，单击"下一步"按钮。

3）在打开的"维护计划向导"对话框中选择目标服务器这个项目进行相应的设置，将名称设置为"仓库管理系统自动备份计划"，将"说明"设置为"为仓库管理系统数据库进行自动备份"，单击"下一步"按钮。

4）在打开的维护计划向导对话框的"选择维护任务"对话框中，选择维护任务"备份数据库（完整）"，如图 5-46 所示，单击"下一步"按钮，在出现的窗口中再单击"下一步"按钮。

图 5-46　选择维护任务

5）在弹出的"定义备份数据库（完整）任务"对话框中，选择数据库下拉列表来选择要备份"仓库管理系统"数据库，在"备份组件"区域里选择备份"数据库"，在"目标"区域里选择备份到"磁盘"等相关设置，如图 5-47 所示，单击"下一步"按钮。

6）在打开的"选择计划属性"对话框中，单击"更改"按钮，在打开的"新建作业计划"对话框中，将名称命名为"自动备份仓库管理系统数据库"，将计划类型选择为"重复执行"，执行频率选择为"每天"，其余的为默认设置，单击"确定"按钮，单击"下一步"按钮。

7）在打开的"选择报告选项"对话框中，选择如何管理维护计划报告：可以将其写入文件中，也可以通过电子邮件发送给数据库管理员。这里选择"将报告写入文本文件"，并选择文本文件的相应路径，如图 5-48 所示，单击"下一步"按钮。

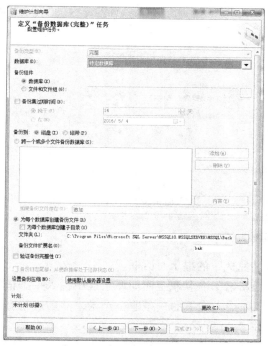

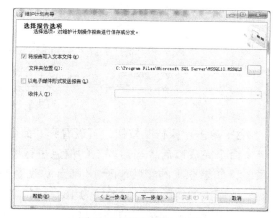

图 5-47　定义备份任务　　　　　　　　　　　图 5-48　选择报告选项

8）在打开的"完成该向导"对话框中单击"完成"按钮，即可完成自动备份数据库的备份计划。

3. 创建触发器

触发器是数据库中一种确保数据完整性的方法，同时也是 DBMS 执行的特殊类型的存储过程，触发器都定义在基本表上，每个基本表都可以为插入、删除和修改三种操作定义触发器，即 Insert 触发器、Update 触发器和 Delete 触发器，对基本表的插入、修改或删除操作会使得相应的触发器触发运行，以保证操作不会破坏数据的完整性。

创建触发器有两种方法：一种方法是利用 SQL Server Management Studio 创建触发器，另一种方法是利用 SQL 语句 CREATE TRRIGER 创建触发器。

【例 5-24】 在"职工"表上定义一个触发器，当插入或修改职工信息时，若职工的年龄小于 18，则自动改为 18。

解析：建立触发器有两种方法，下面分别用这两种方法进行解答。

第一种方法：利用 SQL 语句的 CREATE TRIGGER 语句创建触发器，步骤如下。

1）打开"新建查询窗口"，选择数据库"仓库管理系统"。

2）在新建查询窗口中，输入如下代码，如图 5-49 所示。

创建触发器的 SQL 语句如下。

```
CREATE TRIGGER Insert_Or_Update_ 职工
      ON 职工
      AFTER INSERT,UPDATE    /* 触发事件是插入或更新操作 */
      AS    /* 定义触发动作体 */
          UPDATE 职工
             SET 年龄 =18
             FROM 职工 , Inserted i
             WHERE 职工 . 年龄 =i. 年龄 AND  i. 年龄 <18
```

图 5-49　创建触发器

3）单击"执行"按钮，可以看到"命令已成功完成"的提示对话框。

命令完成以后，当对职工的信息进行更新或因新增了一名职工而向职工表中插入一条记录时，如果职工的年龄小于 18 则自动改为 18。比如插入如下的一条职工记录，然后进行查看，该职工的年龄已经被触发为 18，而非 17。如图 5-50 所示。

触发器是一种特殊的存储过程，它不能被显式地调用，而是在往表中插入记录、更新记录或删除记录时被自动激活。

```
INSERT INTO 职工（工号，姓名，性别，年龄，联系方式）
VALUES('16001',' 张三 ',' 男 ','17',NULL)
```

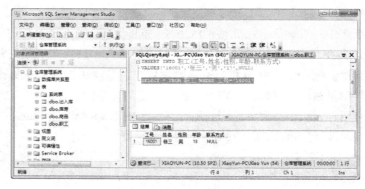

图 5-50　验证触发器成功

第二种方法：利用 SQL Server Management Studio 创建触发器，步骤如下。

1）打开 SQL Server Management Studio 的"对象资源管理器"，找到"仓库管理系统"数据库，找到要在其上创建触发器的"职工"表，将其展开，找到并右击"触发器"，在菜单中选择"新建触发器"，如图 5-51 所示。

图 5-51　新建触发器

2）在打开的"新建触发器"窗口中，修改相应的触发器代码，如图 5-52 所示，单击"执行"按钮，会看到"命令已成功完成"的消息对话框，表示触发器已创建成功。

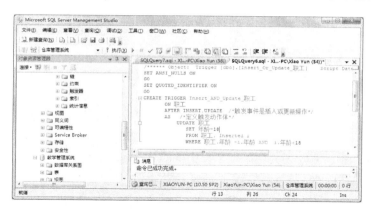

图 5-52　新建触发器窗口

【例 5-25】创建触发器，当"库房"表中某"库房号"的库房被删除时，自动将"出入库"表中该库房的出入库记录删除，即在"库房"表中建立删除触发器，实现"库房"表和"出入库"表的级联删除。

解析：利用 SQL 语句的 CREATE TRIGGER 语句创建触发器。

创建触发器的 SQL 语句如下。

```
CREATE TRIGGER DELETE_库房
    ON 库房
    AFTER DELETE
    AS
     DELETE FROM 出入库
      WHERE 库房号 IN (SELECT 库房号 FROM Deleted )
```

在新建查询窗口中执行，可以看到"命令已成功完成"的消息提示对话框，如图 5-53 所示。

图 5-53　创建删除触发器

同样，也可以按照【例 5-24】中的第二种方法交互式创建触发器，这里就不再赘述了，请大家自己实践。

第 6 章
网上书店系统的设计与实现

随着 Internet 的迅速发展，当今电子商务已经被广大互联网用户所接受，各种网络环境的数据库应用系统层出不穷，网上书店系统作为其中的一部分也有了迅速的发展。网上书店系统是一个可以无限伸展的电子书库系统，它可以不受时空的限制，使得购书过程变得轻松、快捷和方便。卓越、亚马逊、当当都是著名的网上书城，深受广大读者的欢迎。第 4 章详细介绍了网上书店系统的数据库结构设计，本章将对网上书店系统的应用功能进行分析和设计，并通过 JSP 平台编程实现系统的主要功能。关于应用开发环境的内容，将在第 7 章做简要的介绍，但在实际生产中进行具体的应用开发时，还需要认真查阅大量的相关资料，并熟悉开发平台的工具。

6.1 系统分析与设计

随着网络的普及、网上交易手段的逐渐完善，越来越多的人习惯于网上购物，习惯于"动动手指"就能有货到门的快捷、便利的消费方式。网上书店系统的设计目标是对图书的销售过程进行科学化、规范化的管理，提高图书销售的效率，并且为人们在网上购书提供各种方便。

6.1.1 系统功能描述

网上书店系统分为前台管理和后台管理。前台管理包括浏览图书、查询图书、订购图书、购物车和用户信息维护等功能。后台管理包括图书管理、订单管理和用户管理等模块。

关于系统需求的具体描述可参见 4.1 节。

6.1.2 系统功能模块划分

根据系统功能的要求，可以将系统分解成用户注册模块、用户登录模块、购物车模块、查看订单模块、修改用户信息模块、管理员登录模块、图书管理模块、用户管理模块和订单管理模块，一共包括 9 个模块，如图 6-1 所示。

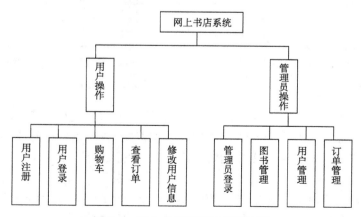

图 6-1 网上书店系统功能模块图

6.2　数据库设计

在本教程的第 4 章中，已经较为详细地介绍了网上书店系统数据库的结构设计，并且在 SQL Server 2008 数据库管理系统中建立了数据库及所有的基本表，数据库被命名为"网上书店系统"。我们的设计与开发都将基于该数据库进行。

网上书店系统数据库中有以下 4 张基本表：会员、图书、订单、订单详情。具体的数据模式请参见第 4 章的相关内容。

6.3　设计工程框架

随着 Internet 的发展与普及，用户都已经习惯了使用 Web 浏览器浏览网页，在网上进行各种操作。因此网上书店系统开发采用 B/S 架构模式，客户端使用 Web 网页类型的操作界面，用户可以使用自己熟悉的 Web 浏览器访问网上书店，在网上对各种图书进行信息查询和下单购买的相关操作。

以下将逐步介绍用 JSP 开发平台实现网上书店系统的具体步骤。

6.3.1　创建工程

启动 Eclipse，单击" File → New → Project → Web → Dynamic Web Project"，如图 6-2 所示。

输入项目名称为 NetBookShop，单击 Next，默认" Source folders on build path"的内容为 src，" Default output folder"的内容为 build\classes，单击 Next 按钮，默认" Context root"的内容为 NetBookShop，" Content directory"的内容为 WebContent，单击 Finish 按钮，建成的工程界面如图 6-3 所示。

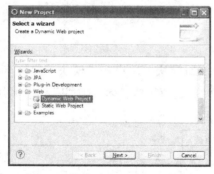
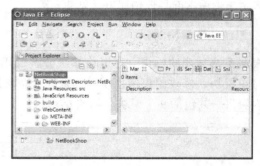

图 6-2　新建动态 Web 工程图示　　　　图 6-3　新建空项目文件结构图

6.3.2　配置环境

环境变量是一个具有特定名字的对象，它包含了一个或多个应用程序将要使用到的信息。例如 path，当要求系统运行一个程序而没有告诉它程序所在的完整路径时，系统除了在当前目录下寻找此程序外，还应到 path 中指定的路径下寻找。本节将主要配置 Java 的运行环境，配置方法如下。

1）配置 JDK 的步骤如下：单击" Windows → Preferences → Installed JREs"，如果 IDE 工具未能自动找到相应的路径，则单击 Add，再选择 JDK 的安装目录，如图 6-4 所示。

    2）配置 Apache Tomcat 的步骤如下：单击 "Run → Run As → Run On Server → Apache → Tomcat v6.0 Server"，单击 Next，浏览 Apache Tomcat 的安装目录，如图 6-5 所示。

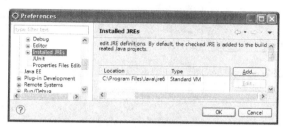

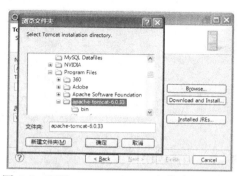

图 6-4　配置 JDK 路径示意图　　　　　　　　图 6-5　配置 Apache Tomcat 安装路径示意图

6.3.3　测试环境

    环境配置结束，可以通过一个小例子对项目环境进行测试。

    在项目中新建一个 JSP 页面，将其命名为 index.jsp，在页面中的 body 标签内插入 "<p>Hello World!</p>"。然后运行项目，即右击项目单击 "Run As → Run On Server"，运行成功的结果如图 6-6 所示。

图 6-6　简单的 JSP 运行结果图

    测试网页若能够成功运行，则说明项目开发环境已搭建完成。

6.4　目录结构与通用模块

6.4.1　目录结构

    在开发网上书店系统项目时，NetBookShop 目录下包含了如下所示子目录。

    1）src：用于存储 Java 源文件。

    2）admin：用于存储系统管理员的后台操作页面文件，包括图书信息管理、订单信息管理和用户信息管理等。

    3）user：用于存储普通用户的操作页面文件，包括用户注册、用户登录、浏览图书信息和购买图书等相关功能。

    4）css：用于存储 CSS（Cascading Style Sheet，级联样式表）文件。

    5）image：用于存储网页中的图片文件。

    6）js：用于存储网页中用到的共用 JavaScript 文件。

    index.html 文件放置于网上书店系统的根目录 NetBookShop 之下，整个目录结构如图 6-7 所示。

图 6-7　网上书店系统目录结构图

6.4.2　通用模块

本节所指的通用模块是指在每个案例中都会频繁用到的模块，主要有数据库连接模块、获得用户登录信息模块、代理模式和 JSON 工具模块。下面将对这些模块做具体介绍。

1. 数据库连接

连接数据库是数据库系统开发过程中的重要操作，在实际大型应用中一般都会用到数据库连接池。为了简化起见，网上书店系统采用传统的 JDBC 连接方式（连接池在原理上和此方法也很类似）。

JDBC（Java Data Base Connectivity，Java 数据库连接）是一种用于执行 SQL 语句的 Java API，可以为多种关系数据库提供统一的访问，它由一组用 Java 语言编写的类和接口组成。JDBC 提供了一种基准，据此可以构建更高级的工具和接口，使数据库开发人员能够编写数据库应用程序。

数据库连接是一种关键的、有限的、昂贵的资源，这在多用户的网页应用程序中体现得尤为突出。对数据库连接的管理能显著影响到整个应用程序的伸缩性和健壮性，能够影响到程序的性能指标，数据库连接池正是针对这个问题提出来的。数据库连接池负责分配、管理和释放数据库连接，它允许应用程序重复使用一个现有的数据库连接，而不是重新建立一个；释放空闲时间超过最大空闲时间的数据库连接以避免因为没有释放数据库连接而引起的数据库连接遗漏。这项技术能明显提高对数据库操作的性能。

新建 DataBaseConn 类，具体代码如下。

```java
public class DataBaseConn {
    private static String dbDriver = "com.mysql.jdbc.Driver";    // 数据库驱动名称
    // jdbc:subprotocol:subname 形式的数据库 url
private static String dbUrl = "jdbc:mysql://localhost/db_library";
    private static String dbUser = "root";                       // 用户名
    private static String dbPass = "123456";                     // 密码
    private Connection conn = null;

    public DataBaseConn(){
        try{
                Class.forName(dbDriver);                          // 加载驱动
        }catch(ClassNotFoundException e){
                e.printStackTrace();
        }
        try {
```

```
                        conn=DriverManager.getConnection(dbUrl,dbUser,dbPass);// 获得一个连接
                } catch (SQLException e) {
                        e.printStackTrace();
                }
        }
        public Connection getConnection(){                      // 提供返回一个连接的方法
                return this.conn;
        }
        public void close(){                                    // 提供一个关闭连接的方法
                if(this.conn!=null)
                        try {
                                conn.close();
                        } catch (SQLException e) {
                                e.printStackTrace();
                        }
                }
        }
}
```

2. 获得用户登录信息

用户登录信息几乎在每个模块中都会涉及，所以将它独立出来是很有必要的。将用户信息保存在 Session 里，以方便其他模块调用。

```
public String getUserSessionInfo(){
    Object bean = UserDataThred.getUserSession();
    if(bean == null)
            return null;
    String userInfo = JSONUtils.objectTojson(bean);
    return userInfo;
}
// 详细代码略
```

3. 代理模式在本系统中的应用示例

代理是一种常用的设计模式，其目的就是为其他对象提供一个代理以控制对某个对象的访问。为了提高代码的重用性与灵活性，本系统将采用代理模式。以用户登录为例，具体实现过程如下。

（1）创建接口 IuserDao

```
public interface IUserDao {
    public String Login(T_user user) throws Exception;
}
```

（2）实现接口

```
public class IUserDaoImpl implements IUserDao {
    private Connection conn=null;
    public IUserDaoImpl(Connection conn){
            this.conn=conn;
    }
    @Override
    public String Login(T_user user) throws Exception {
            String flag=AJAX_CONSTANT.AJAX_ERROR;
            // 详细代码略
            return flag;
    }
}
```

（3）创建代理类

```
public class IUserDaoProxy implements IUserDao {
    private DataBaseConn dbc=null;
    private IUserDao udao=null;
    public IUserDaoProxy(){
            this.dbc=new DataBaseConn();
            this.udao=new IUserDaoImpl(this.dbc.getConnection());
    }
    @Override
    public String Login(T_user user) throws Exception {
            String flag;
            try{
                    flag=this.udao.Login(user);
            }catch(Exception e){
                    throw e;
            }finally{
                    this.dbc.close();
            }
            return flag;
    }
}
```

（4）创建工厂类

```
public class UserDaoFactory {
    public static IUserDao getIUserDAOInstance(){
            return new IUserDaoProxy();
    }
}
```

这样，调用 Login 方法时就可以进行如下操作。

```
try {
            flag = UserDaoFactory.getIUserDAOInstance().Login(user);
    } catch (Exception e) {
            e.printStackTrace();
}
```

从上面的代码可以看出，用代理模式和工厂模式实现的代码结构十分清晰。

6.4.3　JSONUtils 类的一些公用方法

网络应用系统开发中经常会用到对 JSON 数据的操作，如果每次都重新编写代码的话，不仅费时而且也容易出错。下面将对 JSON 数据的操作方法封装成一些公用的方法，这样就可以做到通用性。

1. 将 JSON 格式数据转换成 JavaBean，方法名称是 json2bean

```
public static <T> T json2bean(String json, T t) {// 泛型
    // 去 JSON 格式字符
        json = json.replace("}", "").replace("{", "").replace("\"", "");
    // 字符串信息转换成属性数组
        String jsonArray[] = json.split(",");
        for (String jsonStr : jsonArray) {
            String temp[] = jsonStr.split(":");
            try {
             //Java 中的反射机制
                    Method method = new PropertyDescriptor(temp[0], t.getClass()).
```

```
getWriteMethod();
                    method.invoke(t,temp[1]);
                } catch (Exception e) {
                    e.printStackTrace();
                }
            }
            return t;
    }
```

2. 将 JavaBean 转换成 JSON 格式数据，方法名称是 bean2json

```java
public static String bean2json(Object bean) {
        StringBuilder json = new StringBuilder();
        json.append("{");
        PropertyDescriptor[] props = null;
        try {
            // 得到属性描述符
            props = Introspector.getBeanInfo(
bean.getClass(), Object.class).getPropertyDescriptors();
        } catch (IntrospectionException ignored) {
        }
        if (props != null) {
            String name, value = null;
            for (PropertyDescriptor prop : props) {
                json.append("\"").append(prop.getName()).append("\":");
                try {
                    // 通过反射机制得到 get 方法
                    value = objectTojson(prop.getReadMethod().invoke(bean));
                } catch (IllegalAccessException e) {
                    e.printStackTrace();
                } catch (InvocationTargetException e) {
                    e.printStackTrace();
                }
                json.append(value);
                json.append(',');
            }
            json.setCharAt(json.length() - 1, '}');
        } else {
            json.append('}');
        }
        return json.toString();
    }
```

3. 将列表转化为 JSON 格式数据

```java
public static String list2json(List<?> list) {
        StringBuilder json = new StringBuilder();
        json.append("[");
        if (list != null && list.size() > 0) {
            for (Object obj : list) {
                json.append(objectTojson(obj));
                json.append(",");
            }
            json.setCharAt(json.length() - 1, ']');
        } else {
            json.append("]");
        }
        return json.toString();
    }
```

这里只给出大体思路，详细代码略。

6.5   系统详细设计与实现

6.5.1   用户注册模块

为了使用户能够在网上书店系统进行图书购买的操作并能够方便地记录用户的行为，用户必须首先将个人信息注册到系统数据库的用户表中，成为网上书店数据库的合法用户，没有注册的用户不能进入网上书店系统进行购书操作。

用户数据表的模式如表 6-1 所示。

表 6-1   用户数据表的模式

属性	数据类型	是否为空 / 约束条件
账号	CHAR(20)	主键
密码	CHAR(20)	否
姓名	CHAR(10)	否
地址	VARCHAR(50)	否
邮箱	VARCHAR(30)	否
手机	CHAR(11)	否
管理员标识	INT	否

用户注册模块的功能是提供界面让用户登记个人信息，并将信息保存到用户数据表中。注册模块的设计介绍如下。

1. 界面设计

新建一个 HTML 页面，在页面上添加 7 个输入框，分别用于输入账号、密码、确认密码、地址、邮箱和手机，以及一个确认按钮，各控件的 ID 及其说明分别如表 6-2 所示。

表 6-2   注册界面的控件 ID 及其变量说明

ID	标题	变量类型	备注说明
userId	账号	String	不能重名，内容为 6 ~ 20 个由字母和数字组成的字符串
userPwd	密码	String	内容为 6 ~ 20 个由字母和数字组成的字符串
userPwd2	密码确认	String	格式要求同 userPwd，提交时验证两个密码是否相同，只有相同才能通过
userName	姓名	String	内容为 6 ~ 10 个由中文、字母和数字组成的字符串
address	地址	String	内容为 6 ~ 50 个由中文、字母和数字组成的字符串
email	邮箱	String	内容为 6 ~ 20 个由字母和数字组成的字符串，要求符合邮箱格式
phone	手机	String	内容为 11 个由数字组成的字符串
saveBtn	注册		先在客户端对输入的信息进行验证，确定无误后再提交至后台

设计完成的注册界面如图 6-8 所示。

2. 功能逻辑要求

单击"注册"按钮时，程序要检查用户输入的信息是否符合要求，比如账号不能重复、两次输入的密码必须一致等。当用户输入的内容不符合要求时，光标能够定位到对应的控件上并以弹出框的形式给出提示，而不是刷新整个界面。

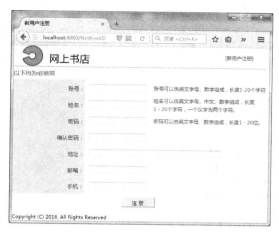

图 6-8　注册模块界面

3. 编程实现

由于篇幅有限，本章只是给出前台 JavaScript 和后台 Java 代码的重点部分，详细代码和页面代码都将省略。

（1）客户端代码

```javascript
// 对用户输入的每个字段都进行合法性验证，当某个字段不合法时就返回 false，就不再往下运行
    $("#saveBtn").click(function(){
    // 字段的最大长度，用 input 控件的 maxlength 属性进行控制，下同
        if ($.trim($("#userName").val()) == "")
        {
            alert(" 账号不能为空！ ");
            $("#userName").focus();
            return false;
        }
        if ($.trim($("#password").val()) == "")
        {
            alert(" 密码不能为空！ ");
            $("#password").focus();
            return false;
        }
        if ($.trim($("#password").val()) != $.trim($("#password2").val()))
        {
            alert(" 确认密码和密码不一致！ ");
            $("#password2").focus();
            return false;
        }
        if ($.trim($("#address").val()) == "")
        {
            alert(" 地址不能为空！ ");
            $("#address").focus();
            return false;
        }
        if ($.trim($("#email").val()) == "")
        {
            alert(" 邮箱不能为空！ ");
            $("#email").focus();
            return false;
        }
```

```
        var json = '[{"userName":"' + $.trim($("#userName").val()) + '","password":"' +
$.trim($("#password").val())+ '","realName":"' + $.trim($("#realName").val())+ '","address":"' +
$.trim($("#address").val())+ '","email":"' + $.trim($("#email").val())+ '","mobile":"' +
$.trim($("#mobile").val())+ '"}]';
        $.ajax( {
        type : "POST",
        url : '../addUser.do',
        data : 'json='+json,
        dataType : "text",
        timeout : 10000,
        success : function(data) {
        if (data == "success") {
            alert(" 注册成功！ ");
            window.location.href = "login.html";
        } else {
            alert(" 该账号已存在！ ");
        }
}});;});
```

（2）服务器端代码

服务器端代码将客户端传来的 JSON 数据转换成实体对象，实体对象的每个属性都对应到 pst(preparedStatement) 对象，然后执行数据库用户表的插入操作。

类 UserActions 中的代码如下。

```
public String addUser(String json){
Map<String, String> listMap = JSONUtils.jsonToMap(json);
T_user user = new T_user();
user.setUserName(listMap.get("userName"));
user.setPassword(listMap.get("password"));
user.setRealName(listMap.get("realName"));
user.setAddress(listMap.get("address"));
user.setEmail(listMap.get("email"));
user.setMobile(listMap.get("mobile"));
boolean flag = false;
try {
        flag = UserDaoFactory.getIUserDAOInstance().doCreate(user);
} catch (Exception e) {
        e.printStackTrace();
}
if(flag)
        return AJAX_CONSTANT.AJAX_SUCCESS;
else
        return AJAX_CONSTANT.AJAX_ERROR;
}
```

类 IUserDaoImpl 中的代码如下。

```
// 新建用户
public boolean doCreate(T_user user) throws Exception {
    if(isExist(user))
    {        return false;}
    boolean flag=false;
    PreparedStatement pstmt=null;
    String sql="INSERT INTO tb_user(userName,password,address,email,
mobile,realName,flag)VALUES(?,?,?,?,?,?,'0')";
    try{
        pstmt=this.conn.prepareStatement(sql);
        pstmt.setString(1, user.getUserName());
```

```
                pstmt.setString(2, user.getPassword());
                pstmt.setString(3, user.getEmail());
                pstmt.setString(4, user.getEmail());
                pstmt.setString(5, user.getMobile());
                pstmt.setString(6, user.getRealName());
                if(pstmt.executeUpdate()>0){
                        flag=true;
                }
        }catch(Exception e){
                throw e;
        }finally{
                if(pstmt!=null){
                try {
                        pstmt.close();
                } catch (Exception e) {
                        e.printStackTrace();
                }}}
        return flag;
}
// 判断账号是否已经存在
public boolean isExist(T_user user) throws Exception {
    boolean flag=false;
    PreparedStatement pstmt=null;
    String sql="select userName from tb_user where userName=?";
    try{
            pstmt=this.conn.prepareStatement(sql);
            pstmt.setString(1, user.getUserName());
            //pstmt.setString(2, user.getPassword());
            ResultSet rs=pstmt.executeQuery();
            if(rs.next()){
                    flag=true;
            }
            rs.close();
    }catch(Exception e){
            throw e;
    }finally{
            if(pstmt!=null){
            pstmt.close();
            }}
    return flag;
}
```

6.5.2 用户登录模块

用户登录模块提供界面让用户登录进入网上书店系统，并且实现对用户操作权限的限制，普通用户和系统管理员的权限不一样，用户具有查看图书信息、购买图书的权限，管理员具有图书信息管理、订单信息管理和用户信息管理的权限。用户必须输入正确的密码才能进入系统，如果用户输入的信息有误，应用程序会提示错误信息。

网上书店系统的用户登录模块的设计如下。

1. 界面设计

新建一个 HTML 页面，在页面上添加两个输入框和一个按钮，分别用于输入用户账号和密码，各控件的 ID 及其说明如表 6-3 所示。

表 6-3　登录界面的控件 ID 及其变量说明

ID	标题	变量类型	备注说明
userId	账号	String	最大长度为 20 个字符
userPwd	密码	String	内容为 1 ~ 20 个由字母和数字组成的字符串
saveBtn	登录		先在客户端对输入的信息进行验证，确定无误后再提交至后台

设计完成的用户登录界面如图 6-9 所示。

2. 功能逻辑要求

当用户输入的账号和密码格式不符合要求，或者输入的用户
信息在数据库中不存在时，光标能够定位到账号输入框中并且给
出弹出框提示信息，而不是刷新界面。账号的格式要求是字符长
度最大为 20 且都不为空的字符串，密码的格式要求是 1 ~ 20 个
字符组成的字符串，具体信息见表 6-3。

3. 编程实现

（1）客户端代码

图 6-9　用户登录模块界面

```
// 启用回车键
    $(document).keydown(function(event) {
            var myEvent = event || window.event;
            var kcode = myEvent.keyCode;
            // 判断回车键是否按下
                    if (kcode == 13) {
                            login();
                    }
            })
    $(".login-submit").click(function() {
            login();
});
function login() {
    var userName = $.trim($("#userName").val());
    var password = $.trim($("#password").val());
    if (userName.length == 0) {
            alert(" 请输入用户名 ");
            $("#userName").focus();
            return false;
    }
    if (password.length == 0) {
            alert(" 请输入密码 ");
            $("#password").focus();
            return false;
    }
    var json = '[{"userName":"' + userName + '","password":"' +
password+'","flag":"0"}]';
    $.ajax({
            type : "POST",
            url : '../login.do',
            data : 'json='+json,
            dataType : "text",
            timeout : 10000,
            success : function(data) {
            if (data == "success") {
                    $.cookie("userName", userName);
```

```
                    window.location.href = "index.html";
            } else {
                    alert("用户名和密码有误");
            }
    }});}
```

（2）服务器端代码

类 UserActions 中的代码如下。

```
// 用户登录
    public String checkLogin(String json){
    T_user user = new T_user();
    user = JSONUtils.json2bean(json, user);
    String flag = AJAX_CONSTANT.AJAX_ERROR;
    try {
            flag = UserDaoFactory.getIUserDAOInstance().Login(user);
    } catch (Exception e) {
            e.printStackTrace();
    }
    return flag;
}
```

类 IUserDaoImpl 中的代码如下。

```
public String Login(T_user user) throws Exception {
    String flag=AJAX_CONSTANT.AJAX_ERROR;
    PreparedStatement pstmt=null;
    String sql="select userName, password, realName, address, email,
mobile, flag from tb_user where userName=?
and password=? and flag=?";
    T_user userSession = new T_user();
    try{
            pstmt=this.conn.prepareStatement(sql);
            pstmt.setString(1, user.getUserName());
            pstmt.setString(2, user.getPassword());
            pstmt.setString(3, user.getFlag());
            ResultSet rs=pstmt.executeQuery();
            if(rs.next()){
                    flag = AJAX_CONSTANT.AJAX_SUCCESS;
                    BeanProcessor bp = new BeanProcessor();
                    userSession = (T_user)bp.toBean(rs, T_user.class);
                    // 把登录用户信息写入 session
                    UserDataThred.setUserSession(userSession);
            }
            rs.close();
    }catch(Exception e){
            throw e;
    }finally{
            if(pstmt!=null){
            pstmt.close();
            }
    }
    return flag;
    }
```

6.5.3 购物车模块

购物车是网上购物的重要模块，网上商店的购物车需要能够跟踪顾客所选的商品、记录下所选的商品，还要能随时更新、支付购买，能给顾客提供很大的方便。购物车模块的重要功能包括将图书添加到购物车、将图书从购物车中删除，在结算之前可以修改订购数量。购物车模块的设计如下。

1. 界面设计

新建一个 HTML 页面，在页面上添加一个表格，表头的各个字段分别为书名、定价、折扣、数量、小计和删除，表格主体用于显示用户放入购物车中的图书信息，"数量"文本框用于显示和修改用户购买的数量，"删除"操作可供用户将对应的图书从购物车中删除（放弃订购），"结算"按钮供用户确认购物车中的图书信息，并付款购买（本系统不考虑物理的付款处理，假定单击"结算"按钮就表示用户已经付款了）。

设计完成的界面如图 6-10 所示。

图 6-10　购物车模块界面

2. 功能逻辑要求

客户端界面用于显示用户购物车中的图书信息，当用户单击"结算"按钮提交订单的时候，系统首先要判断用户是否已登录，如果用户还未登录，那么页面将自动跳转到用户登录页面。然后再判断当前库存量是否满足用户的需求，如果不满足要给出提示信息，并等待用户处理；如果满足要求，则要进行发货处理，从图书表相应图书的库存中减去购物车中所购买的数量。

3. 编程实现

在购物车模块中，用户可以删除购物车中的图书，修改要购买图书的数量。当用户单击"结算"按钮提交订单时，要判断当前用户是否登录，还要检查当前库存是否能满足用户的需求。当订单提交完成后，要更新库存量即当前库存数量等于原库存数量减去用户购买的数量。

（1）客户端代码

```
// 判断购物车中是否有图书
    if($.cookie("bookid")==null)
{
    return false;
}
//cookie 中 bookid 对应的数据是图书的 ISBN 连接串，每个 ISBN 之间用 "|" 进行分隔
var books = $.cookie("bookid").split("|");
// 同一本图书用户可能要购买多本，所以函数在处理时需要去除重复 ISBN，从而得到每本书对应的购买数量
var books_unique = unique(books);
books = $.cookie("bookid").split("|");
var BookArray = new Array(books_unique.length);
```

```
var count;
    var obj={
        totalPrice:0
    };
for(var i = 0; i < books_unique.length; i++)
{
    count = 0;
    for(j = 0; j < books.length; j++)
    {
            if(books[j]==books_unique[i])
            {
                    count++;
            }
    }
    BookArray[i]=new Array(books_unique[i],count);
}
$.ajax({
    type : "POST",
    url : '../selectAllShopCartItem.do',
    data : 'json='+books_unique.toString(),
    dataType : "json",
    timeout : 10000,
    success : function(data) {
    var html=[];
    $.each(data.root,function(index, node){
            obj.totalPrice = obj.totalPrice + parseFloat(node["price"])*
    parseFloat(node["discount"])/10*BookArray[index][1];
            html.push('<tr>');
            html.push('<td style="display:none" class="ISBN">'+node["ISBN"]+'</
td>');
            html.push('<TD height="30" width="296" align="left"> <span class="book
Name">'+node["bookName"]+'</span></TD>');
            html.push('<TD width="60" align="left" > <FONT class="more"> ￥<span cl-
ass="price">'+node["price"]+'</span></FONT> </TD>');
            html.push('<TD width="60" align="left" ><span class="discount">'+node
["discount"]+'</span> 折 </TD>');
            html.push('<TD  width="60" align="left"><INPUT name="shop1" type="text"
class="input1" value="'+BookArray[index][1]+'"></TD>');
            html.push('<TD width="60" align="left"><span class="endPrice">'+dot1
(node["price"]*BookArray[index][1]*node["discount"]/10)+'</span></TD>');
            html.push('<TD width="60" align="left"><a href="#" class="delItem"> 删
除 </a></TD>');
            html.push('</tr>');
    });
    html.push('<TR><TD colspan="4"><HR size="1"
color="8ab6db"></TD></TR>');
    html.push('<TR><TD colspan="4" align="right"> 金额总计: <span
id="totalPrice"><FONT class="more">
￥'+dot1(obj.totalPrice)+'</FONT></span>
       &nb
sp; <INPUT name="tj" type="submit"
id="submitBtn" class="shopping"
value=" "></TD></TR>');
    $("#shopCartCont").append(html.join(""));
    // 用户删除购物车中的图书
$(".delItem").click(function(){
            $(this).parent().parent().remove();
                reCountTotalPrice(obj);
```

```
            });
            // 用户修改要购买图书的数量
             $(".input1").blur(function(){
                var node = $(this).parent().parent();
                var price = node.find(".price").text();
                var amount = node.find(".input1").val();
                var discount = node.find(".discount").text();
                node.find(".endPrice").html(dot1(price*amount*discount/10));
                reCountTotalPrice(obj);
            });
        // 用户提交购买订单
        $("#submitBtn").click(function(){
                if(getData("../getUserSessionInfo.do")==null)
                {
                    alert("请先登录!");
                    window.location.href="login.html";
                    return false;
                }
// 前台收集到的数据格式形如: //totalPrice:214.23|978-7-560-92418-2,2; 978-7-302-25284-9
// 其中 ISBN 后的数字表示要购买的数量
                var json = "";
                json = json+"totalPrice:"+dot1(obj.totalPrice)+"|";
                $.each($("#shopCartCont tr").find(".ISBN"),function(index,
                node){
                        json = json + $(node).text()+","+$(node).parent()
                            .find(".input1").val()+";";
                });
                // 去除最后一个分号
                 json = json.substring(0,json.length-1);
                $.ajax({
                type : "POST",
                url : '../testStorage.do',
                data : 'json='+json,
                dataType : "text",
                timeout : 10000,
                success : function(data) {
                if (data == "success") {
                        $.ajax({
                            type : "POST",
                            url : '../addOrder.do',
                            data : 'json='+json,
                            dataType : "text",
                            timeout : 10000,
                            success : function(data) {
                                if (data == "success") {
                                    alert("订单提交成功, 请等待收获! ");
                                } else {
                                    alert(data);
                                }
                            }
                        });
                } else {
                        alert(data);
                }
}}});});}});
```

（2）服务器端代码

类 **OrderDetailActions** 中的代码如下。

```java
// 检查当前库存是否能满足用户的需求
public String testStorage(String json){
    // 假定传过来的值的格式为 "totalPrice:123.23|ISBN,数量;ISBN,数量"
        String[] jsonArray = json.split("[|]");
    String[] items = jsonArray[1].split(";");
    List<T_orderDetail> all = new ArrayList<T_orderDetail>();
    String retStr = null;
    for(String item:items)
    {
        String temp[] = item.split(",");
        T_orderDetail orderDetail = new T_orderDetail();
        orderDetail.setISBN(temp[0]);
        orderDetail.setQuantity(temp[1]);
        all.add(orderDetail);
    }
    try {
retStr = OrderDetailDaoFactory.getIOrderDetailDAOInstance().
testStorage(all);
    } catch (Exception e) {
        e.printStackTrace();
    }
    return retStr;
}
```

类 **IOrderDetailDaoImpl** 中的代码如下。

```java
public String testStorage(List<T_orderDetail> odList) throws
Exception {
    String retStr=AJAX_CONSTANT.AJAX_SUCCESS;
    PreparedStatement pstmt=null;
    for(T_orderDetail orderDetail : odList)
    {
        String sql="select storage, bookName from tb_book where
ISBN=?";
        try{
            pstmt=this.conn.prepareStatement(sql);
            pstmt.setString(1, orderDetail.getISBN());
            ResultSet rs=pstmt.executeQuery();
            if(rs.next()){
                if(Integer.valueOf(rs.getString(1))<
Integer.valueOf(orderDetail.getQuantity()))
                {
                    retStr = rs.getString(2)+" 库存不足，该图书在库存中只
有 "+rs.getString(1)+" 本！";
                    break;
                }
            }
            rs.close();
        }catch(Exception e){
            throw e;
        }finally{
            if(pstmt!=null){
            pstmt.close();
            }}}
    return retStr;
}
```

类 OrderActions 中的代码如下。

```java
public String addOrder(String json){
        // 假定传过来的值的格式为 "totalPrice:123.23|ISBN,数量;ISBN,数量"
    String jsonArray[] = json.split("[|]");
    String[] items = jsonArray[1].split(";");
        T_order order = new T_order();
        order.setId(DateUtils.generateOrderId());
        order.setUserid(UserDataThred.getUserSession().getUserName());
        order.setOrderTime(DateUtils.time(DateUtils.nowTime()));
        order.setTotalPrice(jsonArray[0].split(":")[1]);
    List<T_orderDetail> all = new ArrayList<T_orderDetail>();
    String retStr = null;
        boolean flag = false;
    for(String item:items)
    {
            String temp[] = item.split(",");
            T_orderDetail orderDetail = new T_orderDetail();
             orderDetail.setOrderId(order.getId());
            orderDetail.setISBN(temp[0]);
            orderDetail.setQuantity(temp[1]);
            all.add(orderDetail);
    }
        try{
            flag = OrderDaoFactory.getIOrderDAOInstance()
.doCreate(order);
            if(flag)
            {
                retStr = OrderDetailDaoFactory
.getIOrderDetailDAOInstance().doCreate(all);
            }
        }catch (Exception e){
            e.printStackTrace();
        }
        return retStr.equals(AJAX_CONSTANT.AJAX_SUCCESS)?
AJAX_CONSTANT.AJAX_SUCCESS:AJAX_CONSTANT.AJAX_ERROR;
}
```

类 IOrderDaoImpl 中的代码如下。

```java
public boolean doCreate(T_order order) throws Exception {
        boolean flag=false;
    PreparedStatement pstmt=null;
    String sql="INSERT INTO tb_order
(id,orderTime,totalPrice,userId)VALUES(?,?,?,?)";
            try{
                    pstmt=this.conn.prepareStatement(sql);
                    pstmt.setString(1, order.getId());
                    pstmt.setString(2, order.getOrderTime());
                    pstmt.setString(3, order.getTotalPrice());
                        pstmt.setString(4,order.getUserid());
                    if(pstmt.executeUpdate()>0){
                            flag=true;
                    }
            }catch(Exception e){
                    throw e;
            }finally{
                    if(pstmt!=null){
                            try {
```

```
                        pstmt.close();
                } catch (Exception e) {
                        e.printStackTrace();
                }}}
        return flag;
}
```

类 **IOrderDetailDaoImpl** 中的代码如下。

```java
public String doCreate(List<T_orderDetail> odList) throws Exception {

    boolean flag=false;
    PreparedStatement pstmt=null;
    for(T_orderDetail orderDetail : odList)
    {
        // 插入订单详情记录
        String sql="INSERT INTO tb_orderDetail(orderId,ISBN,quantity
)VALUES(?,?,?)";
        try{
                pstmt=this.conn.prepareStatement(sql);
                pstmt.setString(1, orderDetail.getOrderId());
                pstmt.setString(2, orderDetail.getISBN());
                pstmt.setString(3, orderDetail.getQuantity());
                if(pstmt.executeUpdate()>0){
                        flag=true;
                }
        }catch(Exception e){
                throw e;
        }finally{
                if(pstmt!=null){
                        try {
                                pstmt.close();
                        } catch (Exception e) {
                                e.printStackTrace();
                        }
                }
        }
        // 更新库存数量
        String sql2="update tb_book set storage = storage - ?
where ISBN = ?";
        try{
                pstmt=this.conn.prepareStatement(sql2);
                pstmt.setString(1, orderDetail.getQuantity());
                pstmt.setString(2, orderDetail.getISBN());
                if(pstmt.executeUpdate()>0){
                        flag=true;
                }
        }catch(Exception e){
                throw e;
        }finally{
                if(pstmt!=null){
                        try {
                                pstmt.close();
                        } catch (Exception e) {
                                e.printStackTrace();
                        }}
}}
    return flag==true?AJAX_CONSTANT.AJAX_SUCCESS:
AJAX_CONSTANT.AJAX_ERROR;
}
```

6.5.4 查看订单模块

查看订单模块可供用户查看当前正在处理的订单和历史订单，以方便用户了解自己的购书信息。在查看订单模块中，为了简化起见，规定用户只能查看订单，而不能对订单进行修改操作。查看订单模块的设计具体如下。

1. 界面设计

新建一个 HTML 页面，在其中添加一个表格用于显示订单信息。设计完成的界面如图 6-11 所示。

图 6-11　查看订单模块界面

2. 功能逻辑要求

显示用户图书订单的详细信息，对于已发货的订单将在操作栏上显示"已发货"，对于未发货的订单将在操作栏上显示"未发货"。

3. 编程实现

（1）客户端的代码如下。

```
var obj = {
            pageSize:5,
            currentPage:1,
            data:null,
            totalPage:0
        }
        obj.data = getData('../selectAllOrders.do');
        obj.totalPage = obj.data.totalProperty / obj.pageSize > 0 ?
Math.ceil(obj.data.totalProperty / obj.pageSize) : 1;
        showPager(obj);
        showData(obj);
        pageFunc(obj);
        $(".tbOpers").click(function() {
            if (confirm(' 确定要发货吗 ?')) {
                $.ajax({
                    type : "POST",
                    url : '../setSendTimeofOrder.do',
                    data : 'json=' + $(this).attr("id"),
                    dataType : "text",
                    timeout : 10000,
                    success : function(data) {
                        if (data == "success") {
                            obj.data =
getData('../selectAllOrders.do');
                            obj.totalPage = obj.data.totalProperty /
obj.pageSize > 0 ? Math.ceil(
```

```
                obj.data.totalProperty / obj.pageSize) : 1;
                                            showPager(obj);
                                            showData(obj);
                                    } else {
                                        alert("操作失败");
                                    }
                                }
                            });
                    }
                });
                $(".tbOpersView").click(function() {
                        window.location.href = "orderDetail.html?id=" +
$(this).attr("id");
});

function showPager(obj) {
            if (obj.totalPage <= 1) {
                $("#prev").attr("disabled", true);
                $("#first").attr("disabled", true);
                $("#next").attr("disabled", true);
                $("#last").attr("disabled", true);
            }
            if (obj.totalPage > 1 && obj.currentPage == obj.totalPage) {
                $("#next").attr("disabled", true);
                $("#last").attr("disabled", true);
                $("#prev").attr("disabled", false);
                $("#first").attr("disabled", false);
            }
            if (obj.totalPage > 1 && obj.currentPage == 1) {
                $("#prev").attr("disabled", true);
                $("#first").attr("disabled", true);
                $("#next").attr("disabled", false);
                $("#last").attr("disabled", false);
            }
            if (obj.currentPage > 1 && obj.currentPage < obj.totalPage) {
                $("#prev").attr("disabled", false);
                $("#first").attr("disabled", false);
                $("#next").attr("disabled", false);
                $("#last").attr("disabled", false);
            }
            $("#pageInfo").html(obj.pageSize + "条/页，共" +
obj.data.totalProperty + "条," + obj.currentPage + "页");
        }
    // 显示表格内容
    function showData(o) {
            var html = [];
            $("#tbodyCont").empty();
            $.each(o.data.root, function(index, node) {
                if (index >= (o.currentPage - 1) * o.pageSize && index <
o.currentPage * o.pageSize) {
                    html.push('<tr bgcolor="#FFFFFF">');
                    html.push('<td align="center">' + node["id"] +
'</td>');
                    html.push('<td align="center">' +
strToTime(node["orderTime"]) + '</td>');
                    html.push('<td align="center">' + node["totalPrice"] +
'</td>');
                    html.push('<td align="center">' +
strToTime(node["sendTime"]) + '</td>');
```

```
                          html.push('<td align="center">' + node["userid"] +
'</td>');
                          if (node["sendTime"] == "")
                             html.push('<td align="center"><a href="#"
class="tbOpersView" id=' + node["id"] + '>详情 </a> 未发货 </td></tr>');
                          else
                             html.push('<td align="center"><a href="#"
class="tbOpersView" id=' + node["id"] + '>详情 </a> 已发货 </td></tr>');
                      }
              });
              $("#tbodyCont").append(html.join(""));
          }
      // 表格分页功能
          function pageFunc(obj) {
              $("#prev").click(function() {
                  obj.currentPage = 1;
                  showPager(obj);
                  showData(obj);
              });
              $("#first").click(function() {
                  obj.currentPage = obj.currentPage - 1 > 0 ? obj.currentPage
- 1 : 1;
                  showPager(obj);
                  showData(obj);
              });
              $("#next").click(function() {
                  obj.currentPage = obj.currentPage + 1 > obj.totalPage ?
obj.totalPage : obj.currentPage + 1;
                  showPager(obj);
                  showData(obj);
              });
              $("#last").click(function() {
                  obj.currentPage = obj.totalPage;
                  showPager(obj);
                  showData(obj);
              })
          }
```

说明：上面三个函数的主要作用是分页显示数据，在其他页面中也会用到这三个函数，由于函数是类似的，所以在其他页面中不再赘述。

```
// 显示时间
function strToTime(str, type) {
          if (!str || str == "" || typeof str == "object") return "";
          var yeas = str.substring(0, 4);
          var month = str.substring(4, 6);
          var day = str.substring(6, 8);
          var h = str.substring(8, 10);
          var f = str.substring(10, 12);
          var s = str.substring(12, 14);
          if (type == "sfm") {
              return yeas + "年" + month + "月" + day + "日";
          } else if (type == "sf") {
              return yeas + "-" + month + "-" + day + " " + h + ":" + f;
          } else {
              return yeas + "-" + month + "-" + day + " " + h + ":" + f
+ ":" + s;
          }
      }
```

（2）服务器的代码

类 OrderActions 中的代码如下。

```
// 显示登录用户的订单
public String selectOwnOrders(){
    String jsonData=null;
    try {
            jsonData =Pagination.paging(OrderDaoFactory
.getIOrderDAOInstance().selectOwnOrders());
    } catch (Exception e) {
            e.printStackTrace();
    }
    return jsonData;
}
```

类 IOrderDaoImpl 中的代码如下。

```
public List<T_order> selectOwnOrders() throws Exception {
        List<T_order> all=new ArrayList<T_order>();
    PreparedStatement pstmt=null;
    String sql="SELECT id,orderTime,totalPrice,sendTime,userId FROM
tb_order where userId = ? ORDER BY orderTime desc";
    try{
            pstmt=this.conn.prepareStatement(sql);
            pstmt.setString(1, UserDataThred.getUserSession()
.getUserName());
            ResultSet rs=pstmt.executeQuery();
            while(rs.next()){
                    T_order order=new T_order();
                    order.setId(rs.getString(1));
                    order.setOrderTime(rs.getString(2));
                    order.setTotalPrice(rs.getString(3));
                    order.setSendTime(rs.getString(4));
                    order.setUserid(rs.getString(5));
                    all.add(order);
            }
            rs.close();
    }catch(Exception e){
            throw e;
    }finally{
            if(pstmt!=null){
            pstmt.close();
            }
    }
    return all;
}
```

6.5.5　修改用户信息模块

随着时间的推移，用户的一些基本信息可能会发生变化，所以系统应该提供对用户信息进行修改的功能。修改用户信息的模块设计如下。

1. 界面设计

新建一个 HTML 页面，上面添加的控件和用户注册的界面类似，这里就不再赘述了。

设计完成的界面如图 6-12 所示。

2. 功能逻辑要求

显示登录用户的信息，允许用户进行修改。对于用户修改密码的情况，要求输入的原密码必须是正确的，新输入的密码要符合格式要求并且与确认密码一致才能正确提交。为安全起见，密码输入时只显示"*"。

3. 编程实现

（1）客户端代码

图 6-12　修改用户信息模块截图

```
// 显示当前登录的用户信息
var userData = getData("../getUserSessionInfo.do");
$("#userName").html(userData.userName);
$("#realName").val(userData.realName);
$("#address").val(userData.address);
$("#email").val(userData.email);
$("#mobile").val(userData.mobile);
$("#saveBtn").click(function(){
    var isModifyPwd = false;
    var _password;
    if($.trim($("#password").val())!="")
    {
            isModifyPwd = true;
    }
    if(isModifyPwd)
    {
            if ($.trim($("#password").val()) != userData.password)
            {
                alert(" 输入的密码与原密码不一致！ ");
                $("#password").focus();
                return false;
            }
            if ($.trim($("#password_new").val()) == "")
            {
                alert(" 密码不能为空！ ");
                $("#password_new").focus();
                return false;
            }
            if ($.trim($("#password_new").val()) !=
$.trim($("#password2").val()))
            {
                alert(" 确认密码和密码不一致！ ");
                $("#password2").focus();
                return false;
            }
    }
    if(isModifyPwd)
    {
            _password = $.trim($("#password_new").val());
    }
    else
        _password = userData.password;

        if ($.trim($("#address").val()) == "")
        {
            alert(" 地址不能为空！ ");
            $("#address").focus();
```

```
                return false;
            }

            if ($.trim($("#email").val()) == "")
            {
                alert(" 邮箱不能为空！ ");
                $("#email").focus();
                return false;
            }
            var json = '[{"userName":"' + userData.userName + '","password":"'
    + _password+ '","realName":"' + $.trim($("#realName").val())+ '","address":"' +
$.trim($("#address").val())+ '","email":"' + $.trim($("#email").val())+ '","mobile":"'
+ $.trim($("#mobile").val())+ '"}]';

        $.ajax({
        type : "POST",
        url : '../updateUser.do',
        data : 'json='+json,
        dataType : "text",
        timeout : 10000,
        success : function(data) {
        if (data == "success") {
                alert(" 修改成功！ ");
                window.location.href = "personInfoEdit.html";
        } else {
                alert(" 修改失败！ ");
        }
}});});
```

（2）服务器端代码

类 UserActions 中的代码如下。

```java
// 更新用户信息
public String updateUser(String json){
    Map<String, String> listMap = JSONUtils.jsonToMap(json);
    T_user user = new T_user();
    user.setUserName(listMap.get("userName"));
    user.setPassword(listMap.get("password"));
    user.setRealName(listMap.get("realName"));
    user.setAddress(listMap.get("address"));
    user.setEmail(listMap.get("email"));
    user.setMobile(listMap.get("mobile"));
    boolean flag = false;
    try {
            flag = UserDaoFactory.getIUserDAOInstance().doUpdate(user);
    } catch (Exception e) {
            e.printStackTrace();
    }
    if(flag)
            return AJAX_CONSTANT.AJAX_SUCCESS;
    else
            return AJAX_CONSTANT.AJAX_ERROR;
}
```

类 IUserDaoImpl 中的代码如下。

```java
public boolean doUpdate(T_user user) throws Exception {
    boolean flag=false;
    PreparedStatement pstmt=null;
```

```
    String sql="UPDATE tb_user set realName=?,password=?,address=?,
email=?,mobile=? WHere userName=?";
    try{
            pstmt=this.conn.prepareStatement(sql);
            pstmt.setString(1, user.getRealName());
            pstmt.setString(2, user.getPassword());
            pstmt.setString(3, user.getAddress());
            pstmt.setString(4, user.getEmail());
            pstmt.setString(5, user.getMobile());
            pstmt.setString(6, user.getUserName());
            if(pstmt.executeUpdate()>0){
                    flag=true;
            }
    }catch(Exception e){
            throw e;
    }finally{
            if(pstmt!=null){
            pstmt.close();
            }
    }
    return flag;
}
```

6.5.6 管理员登录模块

管理员登录模块和普通用户登录模块类似，不同的是登录成功后将进入管理员模块。网上书店系统的管理员登录模块具体设计如下。

1. 界面设计

新建一个 HTML 页面，在页面上添加两个输入框和一个按钮，分别用于输入用户账号和密码，各控件的 ID 及其说明如表 6-4 所示。

表 6-4　登录界面的控件 ID 及其变量说明

ID	标题	变量类型	备注说明
userId	账号	String	最大长度为 20 个字符
userPwd	密码	String	内容为 1 ~ 20 个由字母和数字组成的字符串
saveBtn	登录		先在客户端对输入的信息进行验证，确定无误后再提交至后台

设计完成的管理员登录界面如图 6-13 所示。

2. 功能逻辑要求

当用户输入的内容不符合格式要求，或者用户的信息在数据库中不存在时，光标要能够定位到账号输入框中，并给出错误提示，等待用户操作，而不是刷新界面。

3. 编程实现

（1）客户端代码

请参考用户登录模块。

（2）服务器端代码

请参考用户登录模块，只是管理员的标识为 1。

图 6-13　管理员登录模块界面

6.5.7 图书管理模块

图书信息是本系统最重要的信息之一，管理员在后台可以对图书信息进行增加、删除、修改和查询的操作。本系统中图书的详情查看、修改和增加使用的是同一个界面，具体界面的设计如下，对于表格的标题信息可以用 js 代码进行控制。进行查看操作时标题显示"查看图书信息"，进行修改操作时标题显示"修改图书信息"，进行增加操作时标题显示"添加新书信息"。

1. 界面设计

新建一个 HTML 页面，在页面上添加 7 个文本框和两个按钮，分别用于输入图书的 ISBN、书名、作者、出版社、定价、折扣和库存量信息，以及提交和返回操作，控件的 ID 及其说明如表 6-5 所示。

表 6-5　图书添加界面的控件 ID 及其变量说明

ID	标题	变量类型	备注说明
ISBN	ISBN	String	符合国际标准，内容为由若干个 "-" 分隔的 10 个数字组成的字符串
bookName	书名	String	内容为 6 ~ 50 个由中文、字母和数字组成的字符串
author	作者	String	内容为 4 ~ 20 个由字母和数字组成的字符串
press	出版社	String	内容为 4 ~ 30 个由字母和数字组成的字符串
price	定价	float	大于等于 0 的浮点数
discount	折扣	float	大于等于 0 的浮点数
bookType	图书类别	String	
bookDesc	图书概况	String	
storage	库存数量	int	大于等于 0 的整数
saveBtn	保存		
backBtn	返回		

设计完成的编辑图书信息的界面如图 6-14 所示。

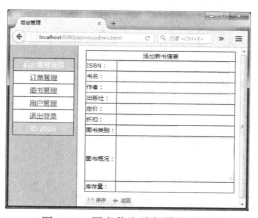

图 6-14　图书信息编辑模块界面

2. 功能逻辑要求

添加新书信息，客户端接收用户输入的图书信息，并打包成 JSON 格式的数据。服务器根据客户端传来的数据构造成一条 INSERT 语句，将图书信息插入图书表中。修改图书信息与添加图书信息类似，只是服务器端处理的方法不一样而已。添加图书是将连同 ISBN 的图书信息插入数据库图书表中，而修改图书则是将数据库图书表中与 ISBN 对应的图书信息更新成客户端传来的信息。对于图书信息的删除操作，应弹出确认框"是否确认删除？"，如果用户选择"是"，则执行删除操作；如果用户选择"否"，则不执行删除操作。

3. 编程实现

（1）客户端代码

```
var op = getQueryStr("op");
    var id = getQueryStr("id");
    //op = "add";
    if(op=="view" || op=="modify")
    {
            if(op=="view")
            {
                    $("#tip").html(" 查看图书信息 ");
                    $("#saveBtn").hide();
            }
            if(op=="modify")
            {
                    $("#tip").html(" 修改图书信息 ");
            }
            $.ajax({
            type : "POST",
            url : '../findBookById.do',
            data : 'json='+id,
            dataType : "json",
            timeout : 10000,
            success : function(data) {
            if (data != null) {
                    $("#ISBN").val(data.ISBN);
                    $("#bookName").val(data.ISBN);
                    $("#author").val(data.author);
                    $("#press").val(data.press);
                    $("#price").val(data.price);
                    $("#discount").val(data.discount);
                    $("#bookType").val(data.bookType);
                    $("#bookDesc").val(data.bookDesc);
                    $("#storage").val(data.storage);
            } else {
                    alert(" 加载数据失败！ ");
            }
    }
    });
    }
    if(getQueryStr("isUser")==1)
    {
            $("#backBtn").hide();
    }
    $("#saveBtn").click(function(){
            if ($.trim($("#ISBN").val()) == "")
             {
                 alert(" 图书 ISBN 不能为空！ ");
                 $("#ISBN").focus();
                 return false;
             }
            if ($.trim($("#bookName").val()) == "")
```

```
            {
                alert(" 图书名称不能为空！ ");
                $("#bookName").focus();
                return false;
            }
            //var reg = /^0$|^[1-9]\\d{0,10}$/;
            if ($.trim($("#price").val()) == "")
            {
                alert(" 单价不能为空！ ");
                $("#price").focus();
                return false;
            }
            if(parseFloat($.trim($("#price").val()))<0 ||
parseFloat($.trim($("#price").val()))>10000)
            {
                    alert(" 请输入合理的价格，价格在 0-10000 之间！ ");
                $("#price").focus();
                return false;
            }
            if ($.trim($("#discount").val()) == "")
            {
                alert(" 折扣不能为空！ ");
                $("#discount").focus();
                return false;
            }
            if(parseFloat($.trim($("#discount").val()))<0 ||
parseFloat($.trim($("#discount").val()))>10)
            {
                    alert(" 请输入合理的折扣，折扣在 0-10 之间！ ");
                $("#discount").focus();
                return false;
            }
            if ($.trim($("#bookType").val()) == "")
            {
                alert(" 图书类别不能为空！ ");
                $("#bookType").focus();
                return false;
            }
            if ($.trim($("#bookDesc").val()).length > 50)
            {
                alert(" 图书概况不能大于 100 个字符！ ");
                $("#bookDesc").focus();
                return false;
            }
            if ($.trim($("#storage").val()) == "")
            {
                alert(" 库存数量不能为空！ ");
                $("#storage").focus();
                return false;
            }
            if (parseInt($.trim($("#storage").val()))<0
||parseInt($.trim($("#storage").val()))>1000000000)
            {
                alert(" 库存数量应为自然数！ ");
                $("#storage").focus();
                return false;
            }
        if(op=="add")
```

```
                              {
        json='[{"ISBN":"'+$.trim($("#ISBN").val())+'","bookName":"'+$.trim($("#bookName").
val())+'","author":"'+$.trim($("#author").val())+'","press":"'+$.trim($("#press").
val())+'","price":"'+$.trim($("#price").val())+'","discount":"'+$.trim($("#discount").
val())+'","bookDesc":"'+$.trim($("#bookDesc").val())+'","storage":"'+$.
trim($("#storage").val())+'","bookType":"'+$.trim($("#bookType").val())+'"}]';
                              $.ajax({
                              type : "POST",
                              url : '../addBook.do',
                              data : 'json='+json,
                              dataType : "text",
                              timeout : 10000,
                              success : function(data) {
                                      //alert(data);
                              if (data == "success") {
                                      alert("添加成功！");
                                      window.location.href = "bookmanagement.html";
                              } else {
                                      alert("ISBN 不能重复！");
                              }
                      }
                      });
                  }
              if(op=="modify")
              {
        json='[{"ISBN":"'+$.trim($("#ISBN").val())+'","bookName":"'+$.
trim($("#bookName").val())+'","author":"'+$.trim($("#author").val())+'","press":"'+$.
trim($("#press").val())+'","price":"'+$.trim($("#price").val())+'","discount":"'+$.
trim($("#discount").val())+'","bookDesc":"'+$.trim($("#bookDesc").
val())+'","storage":"'+$.trim($("#storage").val())+'","bookType":"'+$.
trim($("#bookType").val())+'"}]';
                              $.ajax({
                              type : "POST",
                              url : '../updateBook.do',
                              data : 'json='+json,
                              dataType : "text",
                              timeout : 10000,
                              success : function(data) {
                                      //alert(data);
                              if (data == "success") {
                                      alert("修改成功！");
                                      window.location.href = "bookmanagement.html";
                              } else {
                                      alert("修改失败！");
                              }
                  }}));}});
```

（2）服务器端代码

类 BookActions 中的代码如下。

```
// 添加图书信息
public String addBook(String json){
    Map<String, String> listMap = JSONUtils.jsonToMap(json);
    T_book book = new T_book();
    book.setISBN(listMap.get("ISBN"));
    book.setBookName(listMap.get("bookName"));
    book.setAuthor(listMap.get("author"));
    book.setPress(listMap.get("press"));
```

```
        book.setPrice(listMap.get("price"));
        book.setDiscount(listMap.get("discount"));
        book.setStorage(listMap.get("storage"));
        book.setBookDesc(listMap.get("bookDesc"));
        book.setBookType(listMap.get("bookType"));
        boolean flag = false;
        try {
                flag = BookDaoFactory.getIBookDAOInstance().doCreate(book);
        } catch (Exception e) {
                e.printStackTrace();
        }
        if(flag)
                return AJAX_CONSTANT.AJAX_SUCCESS;
        else
                return AJAX_CONSTANT.AJAX_ERROR;
}
// 获得指定 ISBN 的图书信息
public String findBookById(String id)
{
    T_book book = new T_book();
    try {
            book = BookDaoFactory.getIBookDAOInstance().findById(id);
    } catch (Exception e) {
            e.printStackTrace();
    }
    if(book == null)
            return null;
    String bookInfo = JSONUtils.objectTojson(book);
    return bookInfo;
}
// 修改图书信息
public String updateBook(String json)
{
    Map<String, String> listMap = JSONUtils.jsonToMap(json);
    T_book book = new T_book();
    book.setISBN(listMap.get("ISBN"));
    book.setBookName(listMap.get("bookName"));
    book.setAuthor(listMap.get("author"));
    book.setPress(listMap.get("press"));
    book.setPrice(listMap.get("price"));
    book.setDiscount(listMap.get("discount"));
    book.setStorage(listMap.get("storage"));
    book.setBookDesc(listMap.get("bookDesc"));
    book.setBookType(listMap.get("bookType"));
    boolean flag = false;
    try {
            flag = BookDaoFactory.getIBookDAOInstance().doUpdate(book);
    } catch (Exception e) {
            e.printStackTrace();
    }
    if(flag)
            return AJAX_CONSTANT.AJAX_SUCCESS;
    else
            return AJAX_CONSTANT.AJAX_ERROR;
}
```

类 **IBookDaoImpl** 中的代码如下。

```
public boolean doCreate(T_book book) throws Exception {
```

```
        if(isExist(book))
        {
                return false;
        }

        boolean flag=false;
        PreparedStatement pstmt=null;
        String sql="INSERT INTO
    tb_book(ISBN,bookName,author,press,price,discount,booktype,bookDesc,storage)
VALUES(?,?,?,?,?,?,?,?,?)";
        try{
                pstmt=this.conn.prepareStatement(sql);
                pstmt.setString(1, book.getISBN());
                pstmt.setString(2, book.getBookName());
                pstmt.setString(3, book.getAuthor());
                pstmt.setString(4, book.getPress());
                pstmt.setString(5, book.getPrice());
                pstmt.setString(6, book.getDiscount());
                pstmt.setString(7, book.getBookType());
                pstmt.setString(8, book.getBookDesc());
                pstmt.setString(9, book.getStorage());
                if(pstmt.executeUpdate()>0){
                        flag=true;
                }
        }catch(Exception e){
                throw e;
        }finally{
                if(pstmt!=null){
                try {
                        pstmt.close();
                } catch (Exception e) {
                        e.printStackTrace();
                }
                }
        }
        return flag;
    }
    // 检查图书的 ISBN 是否已经存在
    public boolean isExist(T_book book) throws Exception {
        boolean flag=false;
        PreparedStatement pstmt=null;
        String sql="select bookName from tb_book where ISBN=?";
        try{
                pstmt=this.conn.prepareStatement(sql);
                pstmt.setString(1, book.getISBN());
                ResultSet rs=pstmt.executeQuery();
                if(rs.next()){
                        flag=true;
                }
                rs.close();
        }catch(Exception e){
                throw e;
        }finally{
                if(pstmt!=null){
                pstmt.close();
                }
        }
        return flag;
```

```
    }
    public T_book findById(String id) throws Exception {
        T_book book=null;
        PreparedStatement pstmt=null;
        String sql="SELECT ISBN,bookName,author,press,price,discount,booktype,bookdesc
,storage FROM tb_book where ISBN=?";
        try{
                pstmt=this.conn.prepareStatement(sql);
                pstmt.setString(1, id);
                ResultSet rs=pstmt.executeQuery();
                if(rs.next()){
                        book=new T_book();
                        book.setISBN(rs.getString(1));
                        book.setBookName(rs.getString(2));
                        book.setAuthor(rs.getString(3));
                        book.setPress(rs.getString(4));
                        book.setPrice(rs.getString(5));
                        book.setDiscount(rs.getString(6));
                        book.setBookType(rs.getString(7));
                        book.setBookDesc(rs.getString(8));
                        book.setStorage(rs.getString(9));
                }
                rs.close();
        }catch(Exception e){
                throw e;
        }finally{
                if(pstmt!=null){
                pstmt.close();
                }
        }
        return book;
    }
    public boolean doUpdate(T_book book) throws Exception {
        boolean flag=false;
        PreparedStatement pstmt=null;
        String sql="UPDATE tb_book set
    bookName=?,author=?,press=?,price=?,discount=?,booktype=?,bookdesc=?,storage=?
where ISBN=?";
        try{
                pstmt=this.conn.prepareStatement(sql);
                pstmt.setString(1, book.getBookName());
                pstmt.setString(2, book.getAuthor());
                pstmt.setString(3, book.getPress());
                pstmt.setString(4, book.getPrice());
                pstmt.setString(5, book.getDiscount());
                pstmt.setString(6, book.getBookType());
                pstmt.setString(7, book.getBookDesc());
                pstmt.setString(8, book.getStorage());
                pstmt.setString(9, book.getISBN());
                if(pstmt.executeUpdate()>0){
                        flag=true;
                }
        }catch(Exception e){
                throw e;
        }finally{
                if(pstmt!=null){
                pstmt.close();
                }
```

```
    }
    return flag;
}
```

6.5.8 订单管理模块

订单是用户和管理员最直接的联系，管理员通过订单管理模块对用户订单进行处理。管理员对订单有查看和发货的操作权限。管理员对于未发货的订单可以进行发货操作，对于已发货的订单将在对应的操作栏中显示"已发货"。对于所有订单信息，均以表格形式列出，管理员可以单击"详情"链接来查看订单详情。订单列表的界面设计如下。

1. 界面设计

新建一个 HTML 页面，在页面上添加一个表格，表头分别为订单号、订购日期、订购总价（元）、发货日期、账号和操作。

设计完成的界面如图 6-15 所示。

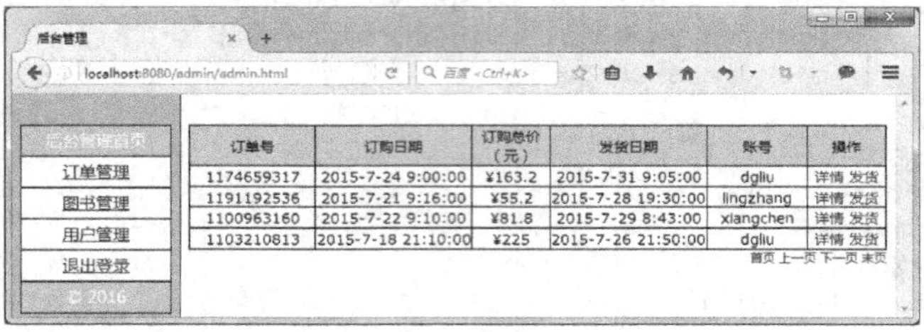

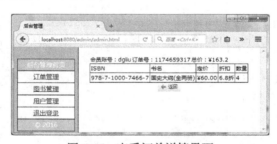

图 6-15　订单管理模块界面

查看订单详情的界面如图 6-16 所示。

图 6-16　查看订单详情界面

2. 功能逻辑要求

显示用户订单的详细信息。如果管理员执行"发货"操作，则修改该订单的发货日期作为发货标志，然后重新加载当前表格的内容以显示最新数据。

3. 编程实现

显示订单列表信息的代码与查看订单模块的代码类似，读者可以参考其实现方式。另外发货功能只是将订单表中的发货时间属性设置为发货时的时间。鉴于篇幅有限，这里将省略实现代码。

（1）客户端代码

```
$.ajax( {
    type : "POST",
```

```
        url : '../selectOrderDetail.do',
        data : 'json='+getQueryStr("id"),
        dataType : "json",
        timeout : 10000,
        success : function(data) {
        if (data == ""||data==null) {
                alert("加载数据失败！");
        } else {
                $("#tTop").empty();
                $("#tTop").append('<td align="left">会员账号：'+getQueryStr("userid")+'</td> ');
                $("#tTop").append('<td align="left">订单号:
  '+data["id"]+'</td><td align="right">总价: ￥'+data["totalPrice"]+'</td>');
                var html=[];
                $.each(data.items,function(index,node){
  html.push('<tr><td>'+node["ISBN"]+'</td><td>'+node["bookName"]+'</
td><td>'+node["price"]+'</td><td>'+node["discount"]+'折</
td><td>'+node["quantity"]+'</td></tr>');
                $("#tCont").empty();
                $("#tCont").append(html.join(""));
                })
        }
    }
});
```

（2）服务器端代码

类 OrderActions 中的代码如下。

```
public String selectOrderDetail(String id){
        String jsonData=null;
    try {
            jsonData = OrderDaoFactory.getIOrderDAOInstance()
.selectOrderDetail(id);
    } catch (Exception e) {
            // TODO Auto-generated catch block
            e.printStackTrace();
    }
    return jsonData;
}
```

类 IOrderDaoImpl 中的代码如下。

```
public String selectOrderDetail(String id) throws Exception{
        String retJson = null;
        T_order order=null;
    PreparedStatement pstmt=null;
    String sql="SELECT id,orderTime,totalPrice,sendTime,userId FROM
tb_order WHERE id=?";
    try{
            pstmt=this.conn.prepareStatement(sql);
            pstmt.setString(1, id);
            ResultSet rs=pstmt.executeQuery();
            if(rs.next()){
                    order=new T_order();
                    order.setId(rs.getString(1));
                    order.setOrderTime(rs.getString(2));
                      order.setTotalPrice(rs.getString(3));
                    order.setSendTime(rs.getString(4));
                      order.setUserid(rs.getString(5));
            }
```

```
                rs.close();
        }catch(Exception e){
                throw e;
        }finally{
                if(pstmt!=null){
                pstmt.close();
                }
        }

        List<T_orderDetail> all = new ArrayList<T_orderDetail>();
        String sql2="select
   b.ISBN,b.bookName,b.price,b.discount,od.quantity from tb_orderDetail od, tb_book
b  where od.ISBN = b.ISBN and od.orderId=?";
     String temp = null;
        try{
            pstmt=this.conn.prepareStatement(sql2);
            pstmt.setString(1, id);
            ResultSet rs=pstmt.executeQuery();
            while(rs.next()){
                    T_orderDetail orderDetail=new T_orderDetail();
                    orderDetail.setISBN(rs.getString(1));
                    orderDetail.setBookName(rs.getString(2));
                    orderDetail.setPrice(rs.getString(3));
                        orderDetail.setDiscount(rs.getString(4));
                        orderDetail.setQuantity(rs.getString(5));
                    all.add(orderDetail);
            }
            rs.close();
        }catch(Exception e){
                throw e;
        }finally{
                if(pstmt!=null){
                pstmt.close();
                }
        }
        temp = JSONUtils.objectTojson(order);
        retJson = temp.substring(0,temp.length()-1)+",items:"
    +JSONUtils.listTojson(all)+"}";
     return retJson;
 }
```

6.5.9 用户管理模块

用户信息是本系统主要的信息之一，用户管理模块主要是为管理员提供对用户信息进行管理的功能。该功能主要分为显示用户信息和删除用户信息的操作。

1. 界面设计

新建一个页面，在页面上添加一个表格，表头字段有账号、姓名、地址、邮箱、手机和操作。设计完成的界面如图6-17所示。

2. 功能逻辑要求

分页显示用户信息列表。管理员若要执行删除操作，则从用户表中删除该用户的记录，然后重新加载表格内容。

3. 编程实现

用户信息列表的显示功能与查看订单模块类似，读者可参考其实现方式。

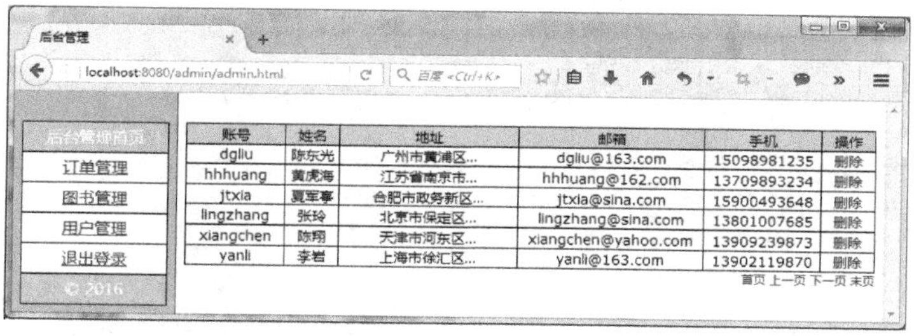

图 6-17 用户管理模块界面

（1）客户端代码

```javascript
$(".tbOpers").click(function(){
        //alert($(this).attr("id"));
    if(confirm('确定要删除记录吗?')){
        $.ajax({
            type : "POST",
            url : '../deleteUser.do',
            data : 'json='+$(this).attr("id"),
            dataType : "text",
            timeout : 10000,
            success : function(data) {
                    //alert(data);
            if (data == "success") {
                    obj.data = getData('../getUserList.do');
                    obj.totalPage = obj.data.totalProperty/obj.pageSize >
0?Math.ceil(obj.data.totalProperty/obj.pageSize):1;
                        showPager(obj);
                        showData(obj);
            } else {
                    alert("删除失败");
            }
        }
    });
}}});
```

（2）服务器端代码

类 UsersActions 中的代码如下。

```java
public String deleteUser(String userId)
{
    boolean flag = false;
    try {
flag = UserDaoFactory.getIUserDAOInstance()
.doDelete(userId);
    } catch (Exception e) {
            e.printStackTrace();
    }
    if(flag)
            return AJAX_CONSTANT.AJAX_SUCCESS;
    else
            return AJAX_CONSTANT.AJAX_ERROR;
}
```

类 IUserDaoImpl 中的代码如下。

```java
public boolean doDelete(String id) throws Exception {
```

```
boolean flag=false;
PreparedStatement pstmt=null;
String sql="DELETE FROM tb_user WHERE userName=?";
try{
        pstmt=this.conn.prepareStatement(sql);
        pstmt.setString(1, id);
        if(pstmt.executeUpdate()>0){
                flag=true;
        }
}catch(Exception e){
        throw e;
}finally{
        if(pstmt!=null){
        pstmt.close();
        }
}
return flag;
}
```

第7章
应用开发环境介绍

7.1 数据库应用系统的架构

基于数据库的应用系统是计算机应用中最普及最成功的应用领域之一，各种数据库应用系统正在深入影响着广大用户的日常生活和工作。在计算机网络环境下，数据库应用系统主要有客户端/服务器模式（Client/Server，C/S 模式）和浏览器/服务器模式（Browser/Server，B/S 模式）这两种常用的架构模式。

7.1.1 客户端/服务器模式

客户端/服务器模式架构将数据库应用系统的功能分成了数据库服务器和客户端软件两个部分，数据库服务器负责提供各种数据管理、数据库操作的服务，客户端则完成与用户之间的交互，收集用户访问数据的各种请求，通过计算机网络通信系统提交给数据库服务器，数据库服务器执行用户请求的数据访问操作，并将操作结果通过网络传送到客户端，最后通过客户端软件传达给用户。

采用客户端/服务器模式，所有的数据都将存储在服务器上，服务器可以更好地控制访问和保护数据资源，以保证只有那些具有适当权限的用户才可以访问和更改数据。

客户端/服务器模式可以确保系统安全，用户界面友好，且具有易用性。但是，客户端/服务器模式缺乏良好的健壮性。在客户端/服务器应用系统中，如果一个重要的服务器发生了故障，那么客户的数据访问要求就不能得到满足。

7.1.2 浏览器/服务器模式

浏览器/服务器模式架构，是随着 Internet 技术的兴起，对 C/S 结构的一种变化和改进。其客户端采用统一的 Web 浏览器作为界面来运行软件，该架构主要利用了不断成熟的 WWW 浏览器技术，结合多种 Script 语言（VBScript、JavaScript 等）和 ActiveX 技术，是一种全新的软件系统构造技术。

在 B/S 体系结构的应用系统中，用户通过浏览器向分布在网络上的服务器（可以是多个）发出请求，服务器对浏览器的请求进行处理，将用户所需要的信息返回到浏览器，而其余如数据请求、处理加工、结果返回及动态网页生成、对数据库的访问和应用程序的执行等工作全部由 Web 服务器来完成。随着 Windows 将浏览器技术植入操作系统内部，这种结构已成为当今应用软件常用的体系结构。从方便用户的角度来看，B/S 结构应用程序相对于传统的 C/S 结构应用程序是一个非常大的进步。

B/S 结构的主要特点是分布性强、维护方便、开发简单且共享性强、总体拥有成本低，但也有数据安全性的问题、软件的个性化特点明显降低等不足之处，对于传统模式下的一些特殊功能和要求实现起来有一定的困难。

当前，应用十分普及的数据库应用系统很多都是采用 B/S 架构，所以本章主要介绍 B/S 架构的开发环境和相关技术。

为了便于读者学习、理解和掌握开发案例，本章首先对目前几个较为流行的 Web 应用开发平台做一个简要介绍，然后再具体介绍我们所选择的开发平台的功能和特点。

7.2　Web 应用系统开发平台简介

基于 B/S 结构的 Web 应用技术是 Internet/Intranet 技术的核心，是构建基于 Web 的企业应用系统的关键技术。一方面企业应用的需求不断发生变化，另一方面信息技术特别是软件工程领域组件（Component）技术的迅速发展与成熟，促进了 B/S 结构的不断优化，使得 Web 技术及其应用系统不断发展和壮大。目前比较流行的几个 Web 应用系统的开发平台是 ASP、PHP、JSP 和 ASP.NET。

7.2.1　ASP

ASP（全称为 Active Server Pages）是微软系统的脚本语言，利用它可以执行动态的 Web 服务应用程序。执行的时候，是由 IIS 调用程序引擎的，解释执行嵌在 HTML 中的 ASP 代码，最终将结果和原来的 HTML 一同送往客户端。ASP 的语法与 Visual BASIC 非常类似，学过 VB 的人很快就可以掌握，ASP 也是这几种脚本语言中最简单易学的开发语言。由于 ASP 脚本语言非常简单，其代码也简单易懂，因此结合 HTML 代码，可快速地完成网站的应用程序开发，但是 ASP 也有一个很大的缺点，那就是只能运行在 Windows 平台上，不能跨平台运行，自身存在着一定的缺陷，最重要的就是开发系统的安全性存在隐患，所以不适合于开发大型的、对安全性要求高的应用系统。

7.2.2　PHP

PHP 是基于预处理 HTML 页面模型的一种脚本语言。它大量地借用了 C 和 Perl 语言的语法，并结合 PHP 自己的特性，使 Web 开发者能够快速地编写出动态页面代码。可以用于管理动态内容、处理会话跟踪，甚至构建整个电子商务站点。它支持很多当前流行的数据库，包括 MySQL、PostgreSQL、Oracle、Sybase、Informix 和 Microsoft SQL Server 等。PHP 本身就是为处理超文本 HTML 而设计的，而且它是开源的，可扩展性强，所以应用非常广泛。

7.2.3　JSP

JSP（全称为 Java Server Pages）是 Sun 公司推出的一种网络编程语言。JSP 技术是以 Java 语言作为脚本语言的，没有学过 Java 的读者，入门可能会有一点困难。形式上 JSP 和 ASP 或 PHP 看上去很相似——都可以被内嵌在 HTML 代码中。

JSP 是多线程的，可以用来实现大规模的应用服务，JSP 在响应第一个请求的时候就被载入，一旦被载入，便处于已执行状态。对于以后其他用户的请求，它并不会创建新进程，而是创建一个线程（Thread），用于处理用户的请求，并将结果发送给客户。由于线程与线程之间可以通过创建它们的父线程（Parent Thread）来实现资源共享，这样就大大减轻了服务器的负担。

同样，因为 JSP 是基于 Java 的脚本语言，因此其具有 Java 语言的最大优点——平台无关性，也就是所谓的"一次编写，随处运行"（Write Once Run Anywhere，WORA）。

另外 JSP 应用的效率及安全性也是很好的，所以虽然配置和部署相对于其他的脚本语言来说要复杂一些，但却受到了越来越多的开发者的青睐。对于跨平台的中大型企业应用系统来说（如银行金融机构），基于 Java 技术的 MVC 架构几乎成为唯一的选择，应用前景非常广泛。

7.2.4 ASP.NET

ASP 最新的版本 ASP.NET 并不完全与 ASP 早期的版本后向兼容，因为该软件进行了完全重写。ASP.NET 的优势在于它简洁的设计和实施，语言灵活，可以使用脚本语言（如 VBScript、JScript、PerlScript 和 Python）和编译语言（如 VB、C#、C、Cobol、Smalltalk 和 Lisp），并支持复杂的面向对象特性，且有良好的开发环境支持。

高效性：ASP.NET 是编译性的编程框架，运行的是服务器上编译好了的运行时库的代码，可以利用早期绑定，实施编译来提高效率。

简单性：.NET 可视化编程，提供了基于组件、事件驱动的可编程网络表单，大大简化了编程。一些很平常的任务如表单的提交、客户端的身份验证、分布系统和网站配置都变得非常简单。

但是与 ASP 一样，ASP.NET 应用也只能运行在 Windows 平台上，不能跨平台运行，并且存在安全隐患。

7.2.5 本教程案例开发平台的选择

Java 由于其不依赖平台的特点而使得它受到广泛的关注，Java 已成为网络时代最重要的语言之一。目前，Java 语言不仅是一门正在被广泛使用的编程语言，而且也已成为软件设计开发者应当掌握的一门基础语言，国内外大多数大学的计算机科技相关的专业都已将 Java 语言列入了本科教学计划，掌握 Java 语言已经成为共识，IT 行业对 Java 人才的需求正在不断地增长。鉴于一般高等院校计算机专业都会开设 Java 语言程序设计课程及学习 JSP 的重要性，本书的案例也选择用 JSP 开发平台进行开发。

7.3 JSP 开发工具及设计模式

本书中案例开发所使用的集成开发环境（Integrated Development Environment，IDE）是 Eclipse，数据库服务器是 SQL Server 2008，Web 服务器是 Apache Tomcat，编程语言是 Java，编译环境是 JDK，JS 类库是 jQuery，数据交换用的是 JSON 格式数据，设计模式有代理模式、工厂模式和 MVC 模式等。下面就对这些开发工具及设计模式的功能和特点进行简要介绍。

7.3.1 Eclipse

Eclipse 是一个开放源代码的、基于 Java 的可扩展开发平台。它是一个框架和一组服务，通过插件组件来构建应用开发环境。Eclipse 附带了一个标准的插件集，包括 Java 开发工具（Java Development Tools，JDT）。

1. Eclipse 版本历史

Eclipse 最初是由 IBM 公司开发的替代商业软件 Visual Age for Java 的下一代 IDE 开发环

境，2001 年 11 月贡献给了开源社区，现在它由非营利软件供应商联盟 Eclipse 基金会（Eclipse Foundation）来管理。2003 年，Eclipse 3.0 选择 OSGi 服务平台规范作为运行时架构。2007 年 6 月，稳定版 Eclipse 3.3 发布，2008 年 6 月发布了代号为 Ganymede 的 3.4 版，2009 年 7 月发布了代号为 GALILEO 的 3.5 版，2010 年 6 月发布了代号为 Helios 的 3.6 版，2011 年 6 月发布了代号为 Indigo 的 3.7 版。

2. Eclipse 语言拓展

Eclipse 是著名的跨平台的自由集成开发环境（IDE），最初主要用于 Java 语言开发，但是目前亦有人通过插件使其作为其他计算机语言比如 C++ 和 Python 的开发工具。Eclipse 本身只是一个框架平台，但是对众多插件的支持使得 Eclipse 拥有其他功能相对固定的 IDE 软件很难具有的灵活性。许多软件开发商都以 Eclipse 为框架开发自己的 IDE。

Eclipse 最初是由 OTI 和 IBM 两家公司的 IDE 产品开发组创建的，起始于 1999 年 4 月。IBM 提供了最初的 Eclipse 代码基础，包括 Platform、JDT 和 PDE。目前由 IBM 牵头，围绕着 Eclipse 项目已经发展成为了一个庞大的了 Eclipse 联盟，有 150 多家软件公司参与到了 Eclipse 项目中，其中包括 Borland、Rational Software、Red Hat 及 Sybase 等。Eclipse 是一个开放源码项目，它其实是 Visual Age for Java 的替代品，其界面跟先前的 Visual Age for Java 差不多，但由于其开放源码的特性，任何人都可以免费得到，并可以在此基础上开发各自的插件，因此越来越受到人们的关注。包括 Oracle 在内的许多大公司也纷纷加入了该项目，并宣称 Eclipse 将来能成为可进行任何语言开发的 IDE 集大成者，使用者只需要下载各种语言的插件即可。

3. Eclipse 插件开发环境

Eclipse 不仅可以当作 Java IDE 来使用，还包括了插件开发环境（Plug-in Development Environment，PDE），这个组件主要针对希望扩展 Eclipse 的软件开发人员，因为它允许开发人员构建与 Eclipse 环境无缝集成的工具。由于 Eclipse 中的每样东西都是插件，因此对于为 Eclipse 提供插件，以及为用户提供一致和统一的集成开发环境而言，所有工具的开发人员都具有同等的发挥场所。

Eclipse 的这种平等性和一致性并不仅限于 Java 开发工具。尽管 Eclipse 是使用 Java 语言开发的，但它的用途并不仅限于 Java 语言，支持诸如 C/C++ 等编程语言的插件已经可用，或预计会推出。Eclipse 框架还可以用来作为与软件开发无关的其他应用程序类型的基础，比如内容管理系统。

4. Eclipse 的主要组成

Eclipse 是一个开放源代码的软件开发平台，它主要由 Eclipse 项目、Eclipse 工具项目和 Eclipse 技术项目这三个项目组成，具体包括 4 个部分——Eclipse Platform、JDT、CDT 和 PDE。JDT 支持 Java 开发，CDT 支持 C 开发，PDE 支持插件开发，Eclipse Platform 则是一个开放的可扩展 IDE，它提供了一个通用的开发平台。Eclipse Platform 允许工具建造者独立开发与他人工具无缝集成的工具。

5. Eclipse SDK

Eclipse SDK（软件开发者包）是 Eclipse Platform、JDT 和 PDE 所生产的组件合并，它们可以一并下载。这些部分合并在一起提供了一个具有丰富特性的开发环境，它们允许开发者高效地构造可以无缝集成到 Eclipse Platform 中的工具。Eclipse SDK 是由 Eclipse 项目生产的工具和来自其他开放源代码的第三方软件组合而成的。Eclipse 项目生产的软件以 GPL 协议的形式发布，第三方组件也有各自的许可协议。

6. Eclipse 的下载与安装

Eclipse 软件的下载地址：http://www.eclipse.org/downloads/，选择平台和版本后即可下载。Eclipse 下载完成后不需要安装，只要将其解压缩到指定的目录，然后打开 eclipse.exe 文件就可以运行了。

7.3.2 数据库服务器 SQL Server 2008

微软的 SQL Server 数据库管理系统是很多高校数据库实验类课程的实验平台，是广受开发人员欢迎的数据库服务器，SQL Server 2008 是应用广泛的成熟版本。在第 1 章中已经对其进行了介绍，开发网上书店系统时选择其作为应用系统的数据库服务器。

7.3.3 Web 服务器 Apache Tomcat

1. 概述

Apache 是普通服务器，本身只支持 HTML 即普通网页，不过它可以通过插件支持 PHP，还可以与 Tomcat 连通（单向 Apache 连接 Tomcat，即通过 Apache 可以访问 Tomcat 资源，反之则不然）。Apache 只支持静态网页，用 ASP、PHP、CGI、JSP 等编写的动态网页就需要 Tomcat 来进行处理。Tomcat 是由 Apache 软件基金会下属的 Jakarta 项目开发的一个 Servlet 容器，按照 Sun Microsystems 提供的技术规范，实现了对 Servlet 和 Java Server Page（JSP）的支持，并提供了其作为 Web 服务器的一些特有功能，如 Tomcat 管理和控制平台、安全域管理和 Tomcat 阀等。由于 Tomcat 本身也内含了一个 HTTP 服务器，因为它也可以被视作为一个单独的 Web 服务器，但是，不能将 Tomcat 和 Apache Web 服务器混淆，Apache Web Server 是一个用 C 语言实现的 HTTP Web Server，这两个 HTTP Web Server 不是捆绑在一起的。Apache Tomcat 包含一个配置管理工具，也可以通过编辑 XML 格式的配置文件来进行配置。

2. Apache 和 Tomcat 的区别

Apache 是 Web 服务器。Tomcat 是应用（Java）服务器，它只是一个 Servlet 容器，可以认为其是 Apache 的扩展。Apache 和 Tomcat 都可以作为独立的 Web 服务器来运行，但是 Apache 不能解释 Java 程序（JSP/Servlet），在开发中它们一般作为一个整体被使用。

Apache 和 Tomcat 都是一种容器，只不过发布的内容不同：Apache 是 HTML 容器，功能像 IIS 一样；Tomcat 是 JSP/Servlet 容器，用于发布 JSP 及 Java。与 Tomcat 具有类似功能的产品有 IBM 的 Websphere、BEA 的 Weblogic、Sun 的 JRun 等。

打个通俗的比方：Apache 是一辆"卡车"，上面可以装一些东西，如 HTML 等，但是不能装"水"，要装"水"必须要有容器（桶），Tomcat 就是一个"桶"（装像 Java 程序这样的"水"），但是这个"桶"也可以不放在"卡车"上。

Apache 是使用量世界排名第一的 Web 服务器。它可以在几乎所有被广泛使用的计算机平台上运行。

Apache 源于 NCSAhttpd 服务器，经过多次修改，已经成为世界上最流行的 Web 服务器软件之一。Apache 取自"A patchy server"的读音，意思是充满补丁的服务器，因为它是自由软件，所以不断有人为它开发新的功能、新的特性，并修改原来的缺陷。Apache 的特点是简单、速度快、性能稳定，并可作为代理服务器来使用。Apache 对 Linux 的支持也相当完美。

3. Apache Tomcat 的下载与安装

Apache Tomcat 的下载地址为 http://tomcat.apache.org/，读者可以根据自己的实际需求下载特定的平台、版本和需要安装的文件。

7.3.4 Java 介绍

Java 是一种可以编写跨平台应用软件的面向对象的程序设计语言，是 Sun Microsystems 公司于 1995 年 5 月推出的 Java 程序设计语言和 Java 平台（即 JavaSE、JavaEE、JavaME）的总称。Java 技术具有卓越的通用性、高效性、平台移植性和安全性，广泛应用于 PC、数据中心、游戏控制台、科学超级计算机、移动电话和互联网，同时拥有全球最大的开发者专业社群。在全球云计算和移动互联网的产业环境下，Java 更具备了显著的优势和广阔的前景。

1. 什么是 Java

Java 最初被命名为 Oak，是 Sun 公司设计的为开发家用电器等小型系统服务的编程语言，用来解决诸如电视机、电话、闹钟、烤面包机等家用电器的控制和通信问题。由于这些智能化家电的市场需求没有预期的高，Sun 准备放弃该项计划。就在 Oak 几近失败之时，Sun 看到了 Oak 在计算机网络上的广阔应用前景，于是改造了 Oak，以"Java"的名称正式发布。

Java 编程语言的风格十分接近 C、C++ 语言。Java 是一个纯粹的面向对象的程序设计语言，它继承了 C++ 语言面向对象技术的核心，Java 舍弃了 C++ 语言中容易引起错误的指针（以"引用"取代）、运算符重载（operator overloading）、多重继承（以"接口"取代）等特性，增加了垃圾回收器以用于回收不再被引用的对象所占据的内存空间，使得程序员不用再为内存管理而分心。在 Java SE 1.5 版本中，Java 又引入了泛型编程（Generic Programming）、类型安全的枚举、不定长参数和自动装 / 拆箱等语言特性。

Java 不同于一般的编译执行计算机语言和解释执行计算机语言。它首先将源代码编译成二进制字节码（bytecode），然后依赖各种不同平台上的 Java 虚拟机（JVM）来解释执行字节码，从而实现了"一次编译、到处执行"的跨平台特性，但是每次编译执行需要消耗一定的时间，这在一定程度上降低了 Java 程序的运行效率。但在 J2SE 1.4.2 发布之后，Java 的执行速度又有了大幅地提升。

与传统程序不同，Sun 公司在推出 Java 时就将其作为一种开放的技术，全球数以万计的 Java 开发公司被要求所设计的 Java 软件必须相互兼容。"Java 语言要靠群体的力量而非公司的力量"是 Sun 公司的口号之一，并获得了广大软件开发商的认同。

Sun 公司对 Java 编程语言的解释是：Java 编程语言是一个简单、面向对象、分布式、解释性、健壮、安全、与系统无关、可移植、高性能、多线程和动态的语言。

2. Java 的基本概念

Java 是一个纯粹的面向对象的程序设计语言，所有 Java 程序都以类为基本单位，类（Class）是具有共同特性的实体的集合，是一种抽象的概念，实质上是一种对象类型的定义，是对具有相同特征对象的抽象描述。Java 提供了丰富的类库，为编程提供了很大的方便。

关于 Java，有如下的基本概念。

Class 类：object 类中的 getclass 方法将返回 class 类型的一个实例，任何程序启动时包含在 main 中的类都会被加载。Java 提供了丰富的类库，Java 虚拟机加载其所需要的所有类，每一个被加载的类都要再加载它所需要的类。

封装：把数据和行为结合在一个包中并对对象使用者隐藏其实现过程。封装性是面向对象的基本特征之一。

继承：继承是指一个对象直接使用另一个对象的属性和方法。继承性也是面向对象的基本特征之一。Java 子类会继承其父类的所有成员变量和方法，继承具有传递性，即 B 继承了 A，C 又继承 B，则 C 间接继承 A，A、B 统称为 C 的基类。Java 只支持单继承，不支持多继承。

覆盖：当子类声明了与基类相同名字的方法，而且使用了相同的签名时，就称子类的成员覆盖（hide）了基类的成员。

重载：当一个类的多个方法具有相同的名字而含有不同的参数时，便会发生重载。编译器必须挑选出调用的是哪个方法。

多态性：在 Java 中，对象变量是多态的，允许在一个类中定义同名的不同方法，从而支持不同的对象收到相同的消息时可以产生不同的动作。

final 类：final 类是不可扩展的，用户编程时不可以从 final 类上派生新类。final 类对象动态调用比静态调用花费的时间要长。

抽象类：规定一个或多个抽象方法的类，本身必须定义为 abstract。如 public abstract string getDescription。

通用编程：Java 中任何类型的所有对象都可以用 object 类型的变量来代替。

数组列表：ArrayList 动态数组列表是一个类库，定义在 java.util 包中，可自动调节数组的大小。

object 类：object 类是所有 Java 类的根，所有的 Java 类都继承自 object 类，在 object 类中有一个 getclass() 方法，这个方法是用来获取当前运行的类被实例化了的对象，对象类型是 Class 类。

3. Java 与 C/C++ 的差异

熟悉 C 语言和 C++ 语言的读者一定很想搞清楚这个问题，实际上，Java 确实是从 C 语言和 C++ 语言那里继承了很多成分，甚至可以将 Java 看成是类 C 语言发展和衍生的产物。比如 Java 语言的变量声明、操作符形式、参数传递和流程控制等方面和 C 语言、C++ 语言是完全相同的。尽管如此，Java 和 C 语言、C++ 语言又有很多差别，主要表现在如下几个方面。

1）Java 中对内存的分配是动态的，它采用的是面向对象的机制，采用运算符 new 为每个对象分配内存空间，而且，实际内存的大小还会随程序运行的情况而改变。程序运行中 Java 系统自动对内存进行扫描，将长期不用的空间当作"垃圾"进行收集，使得系统资源能得到更充分地利用，按照这种机制，程序员就不必再关注内存管理问题了，这使得 Java 程序的编写变得简单明了，并且避免了由于内存管理方面的差错而导致系统出问题。C 语言通过 malloc() 和 free() 这两个库函数来分别实现分配内存和释放内存空间的功能，C++ 语言中则是通过运算符 new 和 delete 来分配和释放内存。在 C 和 C++ 的机制中，程序员必须非常仔细地处理内存的使用问题。一方面，如果对已释放的内存再进行释放，或者对未曾分配的内存进行释放，都会造成死机；另一方面，如果对长期不用的或不再使用的内存不进行释放，则会浪费系统资源，甚至造成资源枯竭。

2）Java 不在所有类之外定义全局变量，而是在某个类中定义一种公用静态的变量来完成全局变量的功能。

3）Java 不用 goto 语句，而是用 try-catch-finally 异常处理语句来代替 goto 语句处理出错或异常。

4）Java 不支持头文件，而 C 和 C++ 语言中都是用头文件来定义类的原型、全局变量、库函数等，这种采用头文件的结构使得系统的运行和维护都变得相当复杂。

5）Java 不支持宏定义，而是使用关键字 final 来定义常量，在 C++ 中则采用宏定义来实现常量定义，这点不利于程序的可读性。

6）Java 对每种数据类型都分配了固定长度。比如，在 Java 中，int 类型总是 32 位的，而在 C 和 C++ 中，同一个数据类型在不同的平台中将分配不同的字节数，同样是 int 类型，在 PC 中为二字节即 16 位，而在 VAX-11 中则为 32 位，这点就造成了 C 语言移植困难，而 Java 则具有跨平台性（平台无关性）。

7）类型转换不同。在 C 和 C++ 中，可通过指针进行任意的类型转换，常常会带来不安全性，而在 Java 中，运行时系统对对象的处理要进行类型相容性检查，以防止进行不安全的转换。

8）结构和联合的处理。在 C 和 C++ 中，结构和联合的所有成员均为公有的，这就带来了安全性隐患；而在 Java 中根本就不包含结构和联合，所有的内容都封装在类里面。

9）Java 不使用指针。指针是 C 和 C++ 中最灵活也最容易产生错误的数据类型。由指针所进行的内存地址操作常会造成不可预知的错误，同时通过指针对某个内存地址进行显式类型转换后，可以访问 C++ 中的一个私有成员，从而导致安全隐患。

10）避免平台依赖。Java 语言编写的类库可以在其他平台的 Java 应用程序中被使用，而 C++ 语言则必须依赖于 Windows 平台。

11）在 B/S 模式应用开发方面，Java 要远远优于 C++。

4. Java 的主要特性

（1）简单易学

Java 语言的语法与 C 语言和 C++ 语言很接近，这就使得大多数程序员很容易学习和使用 Java。另一方面，Java 丢弃了 C++ 中很少使用的、很难理解的、令人迷惑的那些特性，如操作符重载、多继承、自动的强制类型转换等。特别有优势的一点是，Java 语言不使用指针，并且提供了自动进行垃圾回收的功能。

（2）面向对象语言

Java 语言提供了类、接口和继承等原语，为了简单起见，只支持类之间的单继承，但支持接口之间的多继承，并支持类与接口之间的实现机制（关键字为 implements）。Java 语言全面支持动态绑定，而 C++ 语言则只对虚函数使用动态绑定。所以，Java 语言是一个纯的面向对象的程序设计语言。

（3）分布式语言

Java 语言支持 Internet 应用的开发，在基本的 Java 应用编程接口中有一个网络应用编程接口（java net），它提供了用于网络应用编程的类库，包括 URL、URLConnection、Socket、ServerSocket 等。Java 的 RMI（远程方法激活）机制也是开发分布式应用的重要手段。

（4）健壮性

Java 的强类型机制、异常处理、垃圾的自动收集等都是其程序健壮性的重要保证。对指针的丢弃是 Java 的明智选择。Java 的安全检查机制使得 Java 更具健壮性。

（5）安全性

Java 通常被用在网络环境中，为此，Java 提供了一个安全机制以防止恶意代码的攻击。除了 Java 语言所具有的很多安全特性以外，Java 还对通过网络下载的类具有安全防范机制（类 ClassLoader），如分配不同的名字空间以防替代本地的同名类、字节代码检查等，并提供了安全管理机制（类 SecurityManager）为 Java 应用设置安全哨兵。

（6）体系结构中立

Java 程序（后缀为 .java 的文件）在 Java 平台上被编译为体系结构中立的字节码格式（后缀为 .class 的文件），然后就可以在能实现这个 Java 平台的任何系统中运行。这种方式很适合于异构的网络环境和软件的发布。

（7）可移植性

Java 的可移植性来源于体系结构的中立性，另外，Java 还严格规定了各个基本数据类型的长度。Java 系统本身也具有很强的可移植性，Java 编译器是用 Java 实现的，Java 的运行环境是用 ANSI C 实现的。

（8）解释型语言

Java 程序在 Java 平台上被编译为字节码格式，然后其就可以在实现 Java 虚拟机的任何系统中运行。在运行时，Java 平台中的 Java 解释器对这些字节码进行解释执行，执行过程中需要的类在连接阶段都将被载入到运行环境中。

（9）高性能

与那些解释型的高级脚本语言相比，Java 是高性能的。

（10）多线程

在 Java 语言中，线程是一种特殊的对象，它必须由 Thread 类或其子（孙）类来创建。通常有两种方法可创建线程：其一，使用结构为 Thread（Runnable）的构造函数将一个实现了 Runnable 接口的对象包装成一个线程；其二，用继承 Thread 类的方法定义一个子类，并重写 run 方法，使用该子类创建的对象即为线程。值得注意的是 Thread 类已经实现了 Runnable 接口。因此，任何一个线程均有它的 run 方法，而 run 方法中又包含了线程所要运行的代码。线程的活动由一组方法来控制。Java 语言支持多个线程的同时执行，并提供了多线程之间的同步机制（关键字为 synchronized）。

（11）动态性

Java 语言的设计目标之一是适应于动态变化的环境。Java 程序需要的类可以被动态地载入到运行环境中，也可以通过网络来载入所需要的类。这也有利于软件的升级。另外，Java 中的类有一个运行时刻的表示，能进行运行时刻的类型检查。

（12）Applet

Applet 是 Java 的一类特殊应用程序，它嵌入在 HTML 文档中，随网页发布，可实现网页的动态交互。Applet 要求在支持 Java 的浏览器上运行。Java 类库提供的 Applet 类是所有 Applet 程序的根。

Java 语言的优良特性使得 Java 应用具有无比的健壮性和可靠性，这也减少了应用系统的维护费用。Java 对对象技术的全面支持和 Java 平台内嵌的 API 能缩短应用系统的开发时间并降低成本。Java 的"一次编译、到处执行"的特性使得它能够提供一个随处可用的开放结构和在多平台之间传递信息的低成本方式。特别是 Java 企业应用编程接口（Java Enterprise APIs）为企业计算及电子商务应用系统提供了相关技术和丰富的类库。

5. Java 语言相关技术

（1）JDBC（Java Database Connectivity）

JDBC 提供了连接各种关系数据库的统一接口，作为数据源，可以为多种关系数据库提供统一访问接口，它由一组用 Java 语言编写的类和接口组成。JDBC 为工具 / 数据库开发人员提供了一个标准的 API，据此可以构建更高级的工具和接口，使数据库开发人员能够用纯 Java API 编写数据库应用程序。

（2）EJB（Enterprise JavaBeans）

EJB 使得开发者能够方便地创建、部署和管理跨平台的、基于组件的企业应用。

（3）Java RMI（Java Remote Method Invocation）

Java RMI 用于开发分布式 Java 应用程序。一个 Java 对象的方法能被远程 Java 虚拟机所调用。远程方法激活可以发生在对等的两端，也可以发生在客户端和服务器之间，只要双方的应用程序都是用 Java 写的。

（4）Java IDL（Java Interface Definition Language）

Java IDL 提供了与 CORBA(Common Object Request Broker Architecture）无缝的互操作性。这使得 Java 能够集成异构的商务信息资源。

（5）JNDI（Java Naming and Directory Interface）

JNDI 提供了从 Java 平台到统一的无缝的连接。这个接口屏蔽了企业网络所使用的各种命名和目录服务。

（6）JMAPI（Java Management API）

JMAPI 为异构网络上系统、网络和服务管理的开发提供了一整套丰富的对象和方法。

（7）JMS（Java Message Service）

JMS 提供了企业消息服务，如可靠的消息队列、发布和订阅通信及有关推拉（Push/Pull）技术的各个方面。

（8）JTS（Java Transaction Service）

JMS 提供了存取事务处理资源的开放标准，这些事务处理资源包括事务处理应用程序、事务处理管理及监控。

（9）JMF（Java Media Framework API）

JMF 可以帮助开发者将音频、视频和其他一些基于时间的媒体放到 Java 应用程序或 Applet 小程序中，为多媒体开发者提供了捕捉、回放、编解码等工具，是一个弹性的、跨平台的多媒体解决方案。

（10）Annotation（Java Annotation）

Java Annotation 在已经发布的 JDK1.5（tiger）中增加了新的特色名为 Annotation。Annotation 提供了一种机制，可将程序的元素诸如类、方法、属性、参数、本地变量、包和元数据联系起来，这样编译器就可以将元数据存储在 Class 文件中。虚拟机和其他对象可以根据这些元数据来决定如何使用这些程序元素或改变它们的行为。

（11）JavaBeans

在 Java 技术中，值得关注的还有 JavaBeans，它是一个开放的标准的组件体系结构，它独立于平台，但使用的是 Java 语言。一个 JavaBean 是一个满足 JavaBeans 规范的 Java 类，通常定义的是一个现实世界的事物或概念。一个 JavaBean 的主要特征包括属性、方法和事件。通常，在一个支持 JavaBeans 规范的开发环境（如 Sun Java Studio 和 IBM VisualAge for Java）中，可以可视化地操作 JavaBean，也可以使用 JavaBean 构造出新的 JavaBean。JavaBean 的优势还在于 Java 带来的可移植性。现在，EJB（Enterprise JavaBeans）将 JavaBean 概念扩展到了 Java 服务端组件体系结构，这个模型支持多层的分布式对象应用。除了 JavaBeans，典型的组件体系结构还有 DCOM 和 CORBA。

（12）JavaFX

Sun 刚刚发布了 JavaFX 技术的正式版，它使得用户能够利用 JavaFX 编程语言开发互联网应用程序（RIA）。JavaFX Script 编程语言（以下简称为 JavaFX）是 Sun 微系统公司开发的一种 declarative, staticallytyped（声明性的、静态类型的）脚本语言。JavaFX 技术有着良好的前景，包括具有可以直接调用 Java API 的能力。JavaFX Script 是静态类型，所以它同样具有结构化代码、重用性和封装性，如包、类、继承、单独编译和发布单元，这些特性使得使用 Java 技术来创建和管理大型程序成为一种可能。

（13）JMX（Java Management Extensions，即 Java 管理扩展）

JMX 是一个为应用程序、设备、系统等植入管理功能的框架。JMX 可以跨越一系列异构操作系统平台、系统体系结构和网络传输协议，灵活地开发无缝集成的系统、网络和服务管理应用。

（14）JPA（Java Persistence API）

JPA 通过 JDK 5.0 注解或 XML 描述对象——关系表的映射关系，并将运行期的实体对象持久化到数据库中。

7.3.5　JDK

JDK（Java Development Kit）是 Sun Microsystems 针对 Java 开发的产品。自从 Java 推出以来，JDK 已经成为使用最广泛的 Java SDK。JDK 是整个 Java 的核心，包括了 Java 运行环境、Java 工具和 Java 基础的类库。JDK 是学好 Java 的第一步。从 SUN 的 JDK5.0 开始，其提供了泛型等非常实用的功能，其版本也在不断更新，运行效率也得到了非常大的提高。

1. JDK 的版本

SE（J2SE），Standard Edition，标准版，是常用的一个版本，从 JDK 5.0 开始，改名为 Java SE。

EE(J2EE),Enterprise Edition，企业版，使用这种 JDK 来开发 J2EE 应用程序，从 JDK 5.0 开始，改名为 Java EE。

ME（J2ME），Micro Edition，主要用于开发移动设备和嵌入式设备上的 Java 应用程序，从 JDK 5.0 开始，改名为 Java ME。

Eclipse 必须在 JDK 环境中进行安装和运行。

2. JDK 的组成

JDK 包含的基本组件如下。

javac：Java 编译器，将 Java 源程序转成字节码。

jar：Java 打包工具，将相关的类文件打包成一个文件。

javadoc：Java 文档生成器，从源码注释中提取文档。

jdb：debugger，Java 查错工具。

java：运行编译后的 Java 程序（以 .class 作为后缀的）。

appletviewer：Java 小程序浏览器，一种执行 HTML 文件上的 Java 小程序的 Java 浏览器。

Javah：产生可以调用 Java 过程的 C 过程，或者建立能被 Java 程序调用的 C 过程的头文件。

Javap：Java 反汇编器，显示编译类文件中的可访问功能和数据，同时显示字节代码含义。

Jconsole：Java 进行系统调试和监控的工具。

3. 常用的包

java.lang：Java 的基础类，如 String 等都包含在 java.lang 里，java.lang 包是唯一不用引入（import）就可以使用的包。

java.io：包含所有与输入输出有关的类，如文件操作等。

java.nio：为完善 io 包的功能、提高 io 包的性能而写的一个新包，如 NIO 非堵塞应用。

java.net：与网络有关的类，如 URL、URLConnection 等。

java.util：系统辅助类，特别是集合类 Collection、List、Map 等。

java.sql：Java 数据库操作的类，Connection、Statement、ResultSet 等。

javax.servlet：JSP、Servlet 等使用到的类。

4. 环境配置

下面简单介绍一下在 Windows 平台上对 Java 运行环境的安装和设置步骤，并通过运行 HelloWorld 小程序进行测试（关于 Linux 平台上的 JDK 环境配置，读者可以参考相关资料）。

1）下载 j2sdk 1.6.0_21 或更高版本，下载地址为 http://java.sun.com，建议同时下载 Java 帮助文档 Java Documentation，以方便编程时进行联机求助。

2）运行下载的安装程序进行正式安装（以下假设程序安装于 c:\jdk1.6.0_21\，建议安装路径中不要有空格）。

3）设置运行环境参数。

如果操作系统是 Windows 95/98，则需要在 \autoexec.bat 的最后面添加如下 3 行语句：

```
set JAVA_HOME=c:\jdk1.6.0_21\
set PATH=%JAVA_HOME%\bin;%PATH%
set CLASSPATH=.;%JAVA_HOME%\lib
```

可用 DOS 命令 notepad c:\autoexec.bat 打开记事本，加入这 3 行语句。

如果操作系统是 Windows 2000/XP 或 Windows 7 系统，那么设置步骤为：右击"我的电脑"或"计算机"，在快捷菜单中单击"属性"，打开"系统属性"设置窗口，选择"高级"标签页，单击"环境变量"，打开环境变量设置页面，在"系统变量"里进行如下设置。

将 JAVA_HOME 变量值设置为：c:\jdk1.6.0_21\。

在 Path 变量值的最前面加上："%JAVA_HOME%\bin;"（CLASSPATH 中有一英文句号"."后跟一个分号，表示当前路径的意思，使用命令行的方法设置环境变量，只会对当前窗口生效）。

在"系统变量"页面单击"新建"，新建如下变量。

变量名：CLASSPATH。变量值："·;%JAVA_HOME%\lib;"。

4）使用文本编辑器（如 edit.com、记事本、UltraEdit、EditPlus 等）编写如下代码，并保存为文件：HelloWorld.java（注意：大小写必须正确！假设为 c:\test\HelloWorld.java）。

```
/* HelloWorld.java */
public class HelloWorld{
public static void main(String arg[]) {
    System.out.println("Hello,World!");
}
}
```

5）开启一个 DOS 窗口，将工作目录设置为 HelloWorld.java 所在的目录 c:\>**cd \test** 中（加粗内容为从键盘键入的命令，下同）。

6）编译 HelloWorld.java 为 HelloWorld.class，c:\test>**javac HelloWorld.java**。

7）运行 HelloWorld.class，c:\test>**java HelloWorld**。

若程序运行输出的内容为"Hello, World!"，则表示 Java 运行环境 Java SE 安装完成，运行正常。

7.3.6 jQuery

jQuery 是继 prototype 之后又一个优秀的 JavaScript 框架。jQuery 是轻量级的 js 库（压缩后只有 21KB），它兼容 CSS3，还兼容各种浏览器（IE 6.0+、FF 1.5+、Safari 2.0+、Opera 9.0+）。jQuery 使得用户能够更方便地处理 HTML documents、events、实现动画效果，并且能方便地为网站提供 AJAX 交互。jQuery 的文档说明很全面，各种应用也介绍得很详细，同时还有很多成熟的插件可供选择。jQuery 能够使用户的 HTML 页保持代码和内容分离，也就是说，不用再在 HTML 里面插入一堆 js 来调用命令了，只需要定义 id 即可。

1. jQuery 简介

jQuery 由美国人 John Resig 创建，至今已吸引了来自世界各地的众多 JavaScript 高手加入其团队。jQuery 是继 prototype（原型）之后又一个优秀的 JavaScript 框架，其宗旨是"WRITE LESS，DO MORE"，即写更少的代码，做更多的事情。

2. jQuery 的简单应用

（1）得到 jQuery 对象

jQuery 提供了很多便利的函数，如 each(fn)，但是使用这些函数的前提是：使用的对象是 jQuery 对象。使一个 Dom 对象成为一个 jQuery 对象很简单，具体实现方式（只是一部分）如下。

```
var a = $("#cid");
var b = $("<p>hello</p>");
var c = document.createElement("table");
var tb = $(c);
```

（2）代替 body 标签的 onload

对于 jQuery 这个开发惯例，也许是除了 $() 之外，用得最多的地方了。比较一下下面代码：

```
$(document).ready(function(){
   alert("hello");
});                                    ①
<body onload="alert('hello');">        ②
```

" <body onload="alert('hello');">" 中的 " alert('hello');" 要等到页面全部加载完毕才执行，注意是全部加载，包括 dom、图片等其他资源。

代码①当 dom 加载完就可以执行了。

代码②同时做到表现和逻辑分离。并且可以在不同的 js 文件中做相同的操作，即 $(document).ready (fn) 可以在一个页面中重复出现，而不会产生冲突。基本上 jQuery 的很多 plugin 都是利用这个特性，正因为有这个特性，多个 plugin 共同使用起来，在初始化时不会发生冲突。

当使用 jQuery 时，推荐使用代码②。

3. jQuery 事件机制

应用中使用最多的事件可能就是 button 的 onclick 了。以前习惯在其 input 元素上写 onclick = "fn()"，使用 jQuery 可以使 JavaScript 代码与 HTML 代码分离，保持 HTML 的清洁性，还可以很轻松地绑定事件，甚至可以不知道"事件"这个名词。

```
$(document).ready(function(){
    $("#clear").click(
            function(){
                    alert("I am about to clear the table");
    } );
    $("form[12]").submit(validate);
});
function validate(){
//do some form validation
}
```

4. jQuery 的下载与安装

jQuery 库文件的下载地址为 http://jquery.com/，在写 HTML 页面时引入 jQuery 的方法为：在 HTML 页面的 head 标签内加入如下内容。

```
<script src="JS/jquery-1.3.2.min.js" type="text/javascript"></script>
```

7.3.7 JSON

JSON（JavaScript Object Notation) 是一种轻量级的数据交换格式，它基于 JavaScript（Standard ECMA-262 3rd Edition - December 1999) 的一个子集。JSON 采用完全独立于语言的文本格式，但是也使用了类似于 C 语言家族的习惯（包括 C、C++、C#、Java、JavaScript、Perl、Python 等）。这些特性使 JSON 成为理想的数据交换语言，易于阅读和编写，同时也易于机器解析和生成。

1. JSON 的基础结构

JSON 建构于如下两种结构。

1）"名称 / 值"对的集合（A collection of name/value pairs）。在不同的语言中，"名称 / 值"对被理解为对象（object）、记录（record）、结构（struct）、字典（dictionary）、散列表（hash table）、有键列表（keyed list）或者关联数组（associative array）。

2）值的有序列表（An ordered list of values）。在大部分语言中，有序列表被理解为数组（array）。

这些都是常见的数据结构，大部分现代计算机语言都以某种形式支持它们，这使得一种数据格式在同样基于这些结构的编程语言之间进行交换成为可能。

2. JSON 的基础

简单地说，JSON 可以将 JavaScript 对象中表示的一组数据转换为字符串，然后就可以在函数之间轻松地传递这个字符串，或者在异步应用程序中将字符串从 Web 客户机传递给服务器端程序。这个字符串看起来有点儿古怪，但是 JavaScript 很容易解释它，而且 JSON 还可以表示比 "名称 / 值" 对更复杂的结构。例如，可以表示数组和复杂的对象，而不仅仅是键和值的简单列表。

3. JSON 表示 "名称 / 值" 对的方式

按照最简单的形式，可以用下面这样的 JSON 表示 "名称 / 值" 对：{ "Name": " 李明 " }。这个示例非常基本，而且其实际上比等效的纯文本 "名称 / 值" 对占用更多的空间：Name=" 李明 "。但是，当将多个 "名称 / 值" 对串在一起时，JSON 就会体现出它的价值了。首先，可以创建包含多个 "名称 / 值" 对的记录，比如 {"Name": " 李明 ", "dept":" 计算机学院 ", "email": "aaaa" }，在这种情况下 JSON 更容易使用，而且可读性更好。例如，它可以明确地表示以上三个值都是同一记录的一部分，花括号使这些值有了某种联系。

4. JSON 表示数组

当需要表示一组值时，JSON 不但能够提高可读性，而且还可以减少复杂性。例如，表示一个学生姓名的列表。在 XML 中，需要很多开始标记和结束标记；如果使用传统的 "名称 / 值" 对，那么必须要建立一种专有的数据格式，或者将键名称修改为 Student -Name 这样的形式。如果使用 JSON，就只需将多个带花括号的记录分组在一起即可：{"Student":[{"Name":" 李 明 ", "email":"aaaa"},{"Name":" 张 春 林 ","email":"bbbb"},{ "Name": " 李 涛 ", "email": "cccc" }]}，这点不难理解。在这个示例中，只有一个名为 Student 的变量，值是包含三个条目的数组，每个条目是一个学生的记录，其中包含了姓名和电子邮件地址。上面的示例演示了如何用括号将记录组合成一个值。当然，也可以使用相同的语法表示多个列表值（每个值包含多个记录），如：

```
{"programmers":[{"Name":"李明","email":"aaaa"},{"Name:"张春林","email":"bbbb"},{"Name:
"李 涛","email":"cccc"}], "authors":[{"Name": " 张 杰 ","genre":" 科 技 "},{"Name":"马
云","genre":" 科 幻 "},{"Name:"王 云 浩","genre":" 武 打 "}], "musicians":[{"Name":"王 林 ",
"instrument":" 吉他 "},{"Name":"刘欣", "instrument": " 钢琴 " } ] }
```

如上所示，JSON 能够表示多个列表值，每个值能够包含多个记录。在不同的主条目（programmers、authors 和 musicians）之间，记录中实际的 "名称 / 值" 对可以不一样。JSON 是完全动态的，允许在 JSON 结构的中间改变表示数据的方式。在处理 JSON 格式的数据时，没有需要遵守的预定义的约束。因此，在同样的数据结构中，可以改变表示数据的方式，甚至可以用不同的方式表示同一事物。

5. JSON 格式应用

掌握 JSON 格式，可以简化在 JavaScript 中对它的使用。JSON 是 JavaScript 原生格式，这意味着在 JavaScript 中处理 JSON 数据时不需要任何特殊的 API 或工具包。

6. 将 JSON 数据赋值给变量

创建一个 JavaScript 变量，然后将 JSON 格式的数据字符串直接赋值给它，例如：

```
var student = {"programmers":[{"Name":" 李 明 ","email":"aaaa"},{"Name:" 张 春 林
","email":"bbbb"},{"Name:" 李 涛","email":"cccc"}], "authors":[{"Name": " 张 杰 ",
```

"genre":" 科 技 "},{"Name":" 马 云 ","genre":" 科 幻 "},{"Name":" 王 云 浩 ","genre":" 武 打 "}],
"musicians":[{"Name":" 王林 ","instrument":" 吉他 "},{"Name":" 刘欣 ", "instrument": " 钢琴 " }] }

现在 student 变量包含了前面所看到的 JSON 格式的数据，并且可以对这些数据进行
访问。

7. 访问数据

上面的长字符串实际上只是一个数组，将这个数组放进 JavaScript 变量之后，就可以很
轻松地访问它。实际上，只需要用点号表示法来表示数组元素。所以，要想访问 programmers
列表的第一个条目的姓名，只需在 JavaScript 中使用这样的代码即可：student.programmers[0].
Name。注意，数组索引是从零开始的，所以，这行代码首先访问 student 变量中的数据，然
后移动到名为 programmers 的条目，再移动到其第一个记录（[0]），最后，访问 Name 域的值，
获得的结果是字符串值"李明"。

下面是使用同一变量的几个示例。

```
student.authors[1].genre          // 结果值是 " 科幻 "
student.musicians[3].Name         // 未定义。引用第 4 个记录，只有 2 个
student.programmers[2].Name       // 结果值是 " 李涛 "。
```

利用这样的语法，可以在不需要使用任何额外的 JavaScript 工具包或 API 的情况下，处
理任何 JSON 格式的数据。

8. 修改 JSON 数据

可以用点号和括号访问数据，也可以按照同样的方式轻松地修改 JSON 数据，示例如下。

```
student.musicians[1].Name = " 张丹 ";
```

在将字符串转换为 JavaScript 对象之后，就可以通过这种方式修改变量中的数据。

9. JSON 数据转换回字符串

如果不能轻松地将对象转换回本文提到的文本格式，那么对所有数据的修改都没有太大
的应用价值。在 JavaScript 中这种转换也很简单，语句如下所示。

```
String newJSONtext = student.toJSONString();
```

将 JSON 对象转换为可以在任何地方使用的文本字符串 newJSONtext。例如，可以将它
用作 Ajax 应用程序中的请求字符串。

将任何 JavaScript 对象转换为 JSON 文本，并非只能处理原来用 JSON 字符串赋值的变
量。为了对名为 myObject 的对象进行转换，只需要执行相同形式的命令即可：

```
String myObjectInJSON = myObject.toJSONString();
```

这就是 JSON 与其他数据格式之间最大的差异。如果使用 JSON，通过调用一个简单的函
数，即可获得经过格式化的数据，从而可以直接使用。对于其他数据格式，则需要在原始数
据和格式化数据之间进行转换，即使使用了 Document Object Model 这样的 API（提供了将自
己的数据结构转换为文本的函数），也需要学习这个 API 并使用 API 的对象，而不是使用原生
的 JavaScript 对象和语法。

结论：如果需要处理大量的 JavaScript 对象，那么 JSON 将会是一个很好的选择，它可以
轻松地将数据转换为可以在请求中发送给服务器端程序的格式。

10. JOSN 数据具体形式

1）对象是一个无序的"名称/值"对集合。一个对象以"{"（左括号）开始，"}"（右括号）结束。每个"名称"后跟一个":"（冒号）。"名称/值"对之间使用","（逗号）进行分隔。如图 7-1 所示。

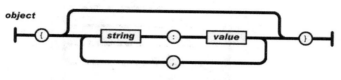

图 7-1 对象的表示结构

2）数组是值（value）的有序集合。一个数组以"["（左中括号）开始，"]"（右中括号）结束。值之间使用","（逗号）进行分隔，如图 7-2 所示。

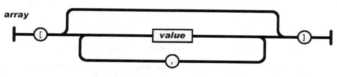

图 7-2 数组的表示结构

3）值（value）可以是双引号括起来的字符串（string）、数值（number）、true、false、null、对象（object）或数组（array）。这些结构可以嵌套，如图 7-3 所示。

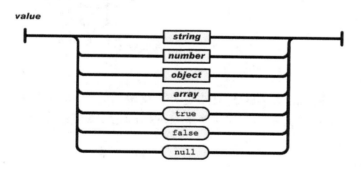

图 7-3 值的表示结构

4）字符串（string）是由双引号包围的任意数量 Unicode 字符的集合，使用反斜线转义。一个字符（character）即为一个单独的字符串（character string）。字符串（string）与 C 或 Java 中的字符串非常相似，如图 7-4 所示。

5）数值（number）与 C 或 Java 中的数值非常相似。其除去了未曾使用的八进制与十六进制格式和一些编码细节，如图 7-5 所示。

11. JSON 和 XML 的比较

（1）可读性

JSON 和 XML 的可读性可谓不相上下，前者是简易的语法，后者是规范的标签形式。

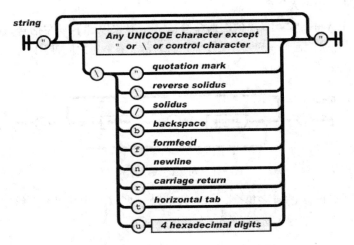

图 7-4　字符串的表示结构

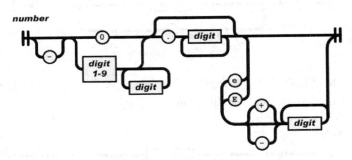

图 7-5　数值的表示结构

（2）可扩展性

XML 有很好的可扩展性，JSON 当然也有，比较而言，XML 的可扩展性更强。但是 JSON 与 JavaScript 配合得更完美，可以存储 JavaScript 复合对象，这点是 XML 不可比拟的优势。

（3）编码难度

XML 有丰富的编码工具，比如 Dom4j、JDom 等，JSON 也有提供的工具。即使在无工具的情况下，相信熟练的开发人员一样能很快地写出想要的 XML 文档和 JSON 字符串，不过，XML 文档要多出很多结构上的字符。

（4）解码难度

XML 的解析方式有两种：一是通过文档模型进行解析，也就是通过父标签索引出一组标记，例如，xmlData.getElementsByTagName("tagName")，但是这需要在预先知道文档结构的情况下才能使用，且无法进行通用的封装；二是遍历节点（document 及 childNodes），这可以通过递归来实现，不过解析出来的数据依然是形式各异，往往也不能满足预先的要求。一般来说，XML 这样可扩展的结构数据解析起来一定都会比较困难。

JSON 数据解析也有同样的问题。如果在预先知道 JSON 结构的情况下，使用 JSON 进行数据传递十分方便，可以写出很多实用美观、可读性强的代码。进行纯粹的前台开发更适合选择 JSON。但是对于后台应用开发，JSON 就有点复杂，毕竟 XML 才是真正的结构化标记语言，用于进行数据传递。如果不知道 JSON 的结构而去解析 JSON，是很困难的。使用 json.js 中的 toJSONString() 就可以得到 JSON 的字符串结构，熟悉 JSON 的人看到这个字符串之后，对 JSON 的结构会很明了，就会更容易地操作 JSON。因此，众多前台开发人员仍然选择 JSON。

以上是在 JavaScript 中仅对于数据传递功能的 XML 与 JSON 进行对比分析。在 JavaScript 中，JSON 属于主场作战，其优势当然要远远优于 XML。

（5）实例比较

XML 和 JSON 都使用结构化方法来标记数据，下面来做一个简单的比较。

用 XML 表示中国部分省市的数据如下。

```xml
<?xml version="1.0" encoding="utf-8"?>
<country>
<name> 中国 </name>
    <province>
<name> 黑龙江 </name>
<cities>
<city> 哈尔滨 </city>
<city> 大庆 </city>
</cities>
</province>
<province>
<name> 广东 </name>
<cities>
<city> 广州 </city>
<city> 深圳 </city>
<city> 珠海 </city>
</cities>
</province>
<province>
<name> 台湾 </name>
<cities>
<city> 台北 </city>
<city> 高雄 </city>
</cities>
</province>
<province>
<name> 新疆 </name>
<cities>
<city> 乌鲁木齐 </city>
</cities>
</province>
</country>
```

用 JSON 表示则如下所示。

```
{name:" 中国 ", province:[{name:" 黑龙江 ",cities:{city:[" 哈尔滨 "," 大庆 "]}}, {name:
" 广东 ",    cities:{ city:[" 广州 "," 深圳 "," 珠海 "]}}, { name:" 台湾 ", cities:{ city:[" 台
北 "," 高雄 "]}},{name:" 新疆 ",cities:{ city:[" 乌鲁木齐 "]}}] }
```

从上例的分析可知，在编码的可读性方面，XML 有明显的优势，更贴近自然语言；JSON 人工读起来不是很流利，更像一个数据块，但这恰恰适合于机器阅读，通过 JSON 的索引 .province[0].name 就能够读取"黑龙江"这个值。

7.3.8 代理模式

代理模式的主要作用是为其他对象提供一种代理以控制对这个对象的访问。在某些情况下，一个对象不想或不能直接引用另一个对象时，代理对象可以在客户端和目标对象之间起到中介的作用。

代理模式的思想是为了提供额外的处理或不同的操作从而在实际对象与调用者之间插入一个代理对象。这些额外的操作通常需要与实际对象进行通信。

1. 代码示例

假设有一个 Italk 接口，有空的方法 talk()（说话），所有的 student 对象都要实现（implements）这个接口，实现 talk() 方法，前端有多处都将 student 实例化，执行 talk() 方法，后来发现在这些前端实例里还要加入唱歌（sing），那么既不能在 Italk 接口里增加 sing() 方法，又不能在每个前端均增加 sing() 方法，只有增加一个代理类 talkProxy，在这个代理类里实现 talk() 和 sing() 两种方法，然后在需要 sing() 方法的客户端调用代理类即可，具体代码如下。

接口类 Italk：

```java
public interface Italk {
    public void talk(String msg);
}
```

实现类 people：

```java
public class people implements Italk {
public String username;
public String age;
public String getName() {
return name;
}
public void setName(String name) {
this.username= name;
}
public String getAge() {
return age;
}
public void setAge(String age) {
this.age = age;
}
public people(String name1, String age1) {
this.username= name1;
this.age = age1;
}
public void talk(String msg) {
System.out.println(msg+"! 你好，我是 "+name+"，我年龄是 "+age);
}
}
```

代理类 talkProxy：

```java
public class talkProxy implements Italk {
Italk talker;
public talkProxy(Italk talker) {
//super();
this.talker=talker;
}
public void talk(String msg) {
```

```
talker.talk(msg);
}
public void talk(String msg,String singname) {
talker.talk(msg);
sing(singname);
}
private void sing(singname){
System.out.println(" 唱歌: "+singname);
}
}
}
```

应用端 **myProxyTest**：

```
public class myProxyTest {
/** 代理模式
* @param args
*/
public static void main(String[] args) {
// 不需要执行额外方法的情况
Italk people1=new people(" 湖海散人 ","18");
people1.talk("No ProXY Test");
System.out.println("----------------------------");
// 需要执行额外方法的情况
talkProxy talker=new talkProxy(people1);
talker.talk("ProXY Test"," 七里香 ");
}
}
```

7.3.9 工厂模式

工厂模式的定义：提供创建对象的接口。

1. 为什么常用工厂模式

因为工厂模式就相当于是创建实例对象的 new，所以经常要根据类 Class 生成实例对象，如 A a=new A()，工厂模式也是用来创建实例对象的，因此，以后使用 new 时要多留意是否可以考虑使用工厂模式，虽然比较耗时，但会给系统带来更大的可扩展性和尽量少的维护工作量。

以类 Sample 为例，如果要创建 Sample 的实例对象：

```
Sample sample=new Sample();
```

可是，实际情况是，通常都要在创建 sample 实例时做点初始化的工作，比如赋值、查询数据库等。

首先，可以使用 Sample 的构造函数，这样生成实例的语句就可以写成：

```
Sample sample=new Sample( 参数 );
```

但是，如果创建 sample 实例时所做的初始化工作不是像赋值这样简单的事，而可能是很长的一段代码，如果把这段代码也写入构造函数中，则会显得不够清晰简洁（这时就需要 Refactor 进行重整），易读性很差。

代码的易读性差的原因分析如下：一般应用中，初始化工作如果是一段很长的代码，则说明要做的工作很多，将很多工作装入一个方法中是有风险的，这也有悖于 Java 面向对象的原则，面向对象的封装性（Encapsulation）和分派（Delegation）的特点意味着应该尽量将长的代码分派"切割"成小段，将每段再"封装"起来（减少段和段之间的耦合联系），这样就可以将风险分散，以后如果需要做修改，也只需要更改每个小段，而不会发生牵一动百的事情。

例如在一个应用中，需要将创建实例的工作与使用实例的工作分开，即让创建实例所需要的大量初始化工作从 Sample 的构造函数中分离出去，这时就需要使用 Factory 工厂模式来生成对象，而不能再用简单的 new Sample(参数)。

再例如，如果 Sample 有个继承名为 MySample，按照面向接口编程，需要将 Sample 抽象成一个接口。现在 Sample 是接口，有两个子类 MySample 和 HisSample，实例化时代码分别如下：

```
Sample mysample=new MySample();
Sample hissample=new HisSample();
```

随着项目的深入，Sample 可能还会派生出很多子类，要对这些子类逐个进行实例化，可能还要对以前的代码进行修改：加入后来子类的实例。这在传统程序中是无法避免的，如今一开始就有意识地使用工厂模式，就可以避免出现这些问题。

2. 工厂方法

可以建立一个专门生产 Sample 实例的工厂，代码如下。

```
public class Factory{
public static Sample creator(int which){
//getClass 产生 Sample，一般可使用动态类装载装入类。
if (which==1)
    return new SampleA();
else if (which==2)
    return new SampleB();
}
}
```

在程序中，要实例化 Sample 时，就使用如下语句：

```
Sample sampleA=Factory.creator(1);
```

这种方式就不会涉及 Sample 的具体子类，达到封装的效果，从而减少产生错误的机会。

使用工厂方法要注意几个角色，首先要定义产品接口，如上面的 Sample ；产品接口下有 Sample 接口的实现类，如 SampleA；其次还要有一个 factory 类，用来生成产品 Sample。

3. 抽象工厂

工厂模式中有工厂方法（Factory Method）和抽象工厂（Abstract Factory）这两个模式，它们的区别在于需要创建对象的复杂程度。

上面的例子工厂方法中是创建一个对象 Sample，如果还有新的产品接口 Sample2，假设 Sample 有两个 concrete 类：SampleA 和 SampleB，Sample2 也有两个 concrete 类：Sample2A 和 Sample2B，那么就可以将上例中的 Factory 变成抽象类，将共同部分封装在抽象类中，不同的部分使用子类来实现，将上例中的 Factory 拓展成抽象工厂的方法如下。

```
public abstract class Factory{
public abstract Sample creator();
public abstract Sample2 creator(String name);
}
public class SimpleFactory extends Factory{
public Sample creator(){
```

```
.........
return new SampleA
}
public Sample2 creator(String name){
.........
return new Sample2A
}
}
public class BombFactory extends Factory{
public Sample creator(){
......
return new SampleB
}
public Sample2 creator(String name){
......
return new Sample2B
}
}
```

从上面的代码中可以看到两个工厂各自生产出一套 Sample 和 Sample2。不使用两个工厂方法来分别生产 Sample 和 Sample2 的原因在于：在 SimpleFactory 内，生产 Sample 和生产 Sample2 的方法之间有一定的联系，从而将这两个方法捆绑在一个类中，这个工厂类有其本身的特征，其制造过程是统一的。 在实际应用中，工厂方法用得比较多，而且是与动态类装入器组合在一起应用。

由此可见，工厂方法确实为系统结构提供了非常灵活和强大的动态扩展机制，只要更换一下具体的工厂方法，系统的其他地方无须进行任何变换，就有可能将系统功能进行彻底的改变。

7.3.10 MVC 模式

MVC（Model-View-Controller）模式是软件工程中的一种软件架构模式，它将软件系统分为三个基本部分：模型（Model）、视图（View）和控制器（Controller）。MVC 模式最早由 Trygve Reenskaug 在 1974 年提出，是施乐帕罗奥多研究中心（Xerox PARC）在 20 世纪 80 年代为程序语言 Smalltalk 发明的一种软件设计模式。MVC 模式的目的是实现一种动态的程序设计，以简化后续对程序的修改和扩展，并且使程序某一部分的重复利用成为可能。除此之外，此模式通过对复杂度的简化，使程序结构更加直观。软件系统分离自身基本部分的同时也赋予了各个基本部分应有的功能。MVC 的三个主要部分分别如下。

控制器：负责转发请求，并对请求进行处理。

视图：用于界面设计人员进行图形界面设计。

模型：用于程序员编写程序应有的功能（实现算法等）、数据库专家进行数据管理和数据库设计（可以实现具体的功能）。

它们之间的关系如图 7-6 所示。

MVC 的优点具体表现在如下几个方面。

1）三个层相互独立。如果某一层的需求发生了变化，就只需要更改相应层中的代码而不会影响到其他层中的代码。

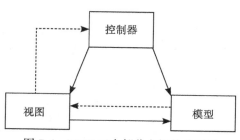

图 7-6　MVC 三个部分之间的关系图

2）分层后更有利于组件的重用。如控制层可独立成一个可用的组件，视图层也可做成通用的操作界面。

3）模型的可移植性。因为模型是独立于视图的，所以可以把一个模型独立地移植到新的平台上进行工作，需要做的只是在新平台上对视图和控制器进行新的修改。

为了使结构更清晰，本教程开发的应用系统采用的是 MVC 模式。控制器是继承自 GenericServlet 类的简单实现，对应于 MyController.jar。视图层是用 HTML 页面加 jQuery 来实现的。模型层主要是基于 JDBC 对数据库进行操作的。

当前，面向对象的编程已经成为主流，模型层的方法接受的参数也是用对象来实现的。前台传来的信息打包成 JSON 格式数据，在后台处理成实体对象。后台处理完毕后，要返回查询数据时，再把数据打包成 JSON 数据格式的字符串传回前台，因为是 Ajax 请求（dataType : "json"），所以前台接收到的就是 JSON 格式的数据。

第8章 数据库课程设计课题选编

本章将给出一些数据库课程设计的选题，并简要描述其应用需求（可以扩充和完善）。进行数据库课程设计时，各组同学可以选择其中的一个或几个，进行详细的需求分析、设计，也可以根据自己所熟悉的应用领域自拟课程设计题目，从而完成课程设计任务。

对于每个选定的课题，一般应该完成如下几项工作。

1）认真完成系统需求分析，明确数据要求和处理要求（需求分析）。

2）设计出系统的概念模型，画出 E-R 图（概念设计）。

3）设计系统的关系模式，根据设计所需也可以增加辅助关系模式，并找出各关系模式的关键字（逻辑设计）。

4）在数据库管理系统中建立数据库，建立与各关系模式所对应的表，并设计所需的视图、索引等（物理设计和实施）。

5）输入一批模拟数据。设计一些应用系统常见的数据操作要求，在数据库管理系统中进行数据操纵，检查结果。

6）在所设计的关系模式基础上开发相应的应用系统程序，完成基本的数据管理功能。（选做）。

7）认真进行回顾和总结，撰写课程设计报告。

1. 学生宿舍管理系统

学生宿舍是学生们最为熟悉的领域，假定学校有若干栋宿舍楼，每栋宿舍楼有若干层，每层有若干个寝室，每个寝室可住若干个学生，学生宿舍管理系统可对学校的学生宿舍进行规范管理，其管理的对象具体如下。

宿舍信息：编号、楼层、床位数、单价等。

学生：学号、姓名、性别、年龄、所在院系、年级、电话等。

每个宿舍最多可以居住 4 个学生，每个学生只能住在一个宿舍，不同宿舍的费用标准可以不同。不同院系、年级的同学可以住同一间宿舍。

系统要能够对宿舍、学生、住宿信息进行登记和调整，并能够随时进行各种查询和统计等处理操作，具体如下。

1）寝室分配：根据院系和年级进行寝室分配。

2）学生管理：实现入住学生信息的登记、维护和查询功能。

3）信息查询：按公寓楼号、学生姓名等信息查询住宿信息。

4）出入登记（可选）：对学生进出公寓的情况进行登记，实现基本的出入监控功能。

2. 小区物业管理系统

小区有多栋住宅楼，每栋住宅楼有多套物业（房屋），物业管理公司提供物业管理服务，业主需要按月缴纳物业费。小区物业管理系统可对物业公司的日常工作进行管理。

小区物业管理系统管理的对象具体如下。

楼宇信息：楼号、户数、物业费标准。

房屋信息：楼号、房号、面积、楼层等。

业主信息：身份证号、姓名、性别、工作单位、电话、家庭人口等。

管理员：工号、姓名、性别、年龄、电话等。

物业管理情况：日期、业主、要求、处理情况、负责人。

物业费信息：楼号、房号、缴费日期、起止日期、金额等。

物业公司的管理规定具体如下。

（1）每栋楼中物业费的标准均相同，不同楼的物业费标准可以不同；每栋楼有多位管理员参与管理，每个管理员可以管理多栋楼宇；每位业主可以拥有多套房屋，每套房屋只能有一个业主。业主的物管需求需要进行登记，并有专人负责处理，还要记录处理情况（满意、不满意）。

（2）系统应该可以进行方便地信息登记、调整、查询、统计等工作。

3. 人才市场管理系统

随着人才流动的正常化，以及大专院校毕业生就业人数的增长，人才市场的业务越来越红火。人才市场管理系统可实现对人才市场业务的规范化管理。

系统主要管理如下信息。

用人单位：编号、名称、联系人、电话、招聘人数、学历要求、职称要求。

求职人员：身份证号、姓名、地址、电话、学历、职称等。

人才市场的规定具体如下。

（1）每个招聘单位可以招聘多名求职人员，每个求职人员只能与一家单位签约；每位求职人员可以给多个单位投递简历，但只能被一家录用。

（2）系统应该能够登记招聘单位和求职人员的信息，记录求职人员投递简历的情况，登记求职人员的签约情况，并能够进行各种基本的查询、统计功能。

4. 邮局订报管理系统

尽管电子读物越来越普及，但还是有很多读者对纸质刊物情有独钟，所以邮局的报刊征订业务一直非常受欢迎。邮局订报管理系统就是对客户在邮局订阅报刊进行管理，包括查询报刊、订阅报刊、订阅信息的查询和统计等的处理，系统的主要业务具体如下。

1）客户可随时查询并获取通过邮局可以订阅的报刊的详细情况，包括报刊编号、报刊名称、报刊单价、报刊类型（日报/周刊/旬刊/半月刊/月刊/双月刊/季刊）、报刊版面规格、报刊出版单位等，这样可以便于客户了解情况，进行选订。

2）客户查询报刊情况后即可订阅所需的报刊，可一次性订购多种报刊，每种报刊也可以订阅若干份，交清所需金额后，就可视作订阅处理完成。

3）为便于邮局投递报刊，客户应登记如下信息：客户姓名、客户电话、客户地址及邮政编码，邮局将即时为每一位客户编制唯一的客户代码。

4）邮局对每种报刊的订购人数不做限制，每个客户可多次订阅报刊，所订报刊亦可重复。

5. 高校教学管理系统

教学管理是所有高校都应具备的最基本的管理功能。高校教学管理系统可实现高等院校的简单教学管理，包括学生入学登记、学生选课、教师登记考试成绩、补考处理、学生成绩统计、教师教学工作量统计，可随时查询院系、教师、学生、课程、选课、成绩等情况。

系统的主要信息分别如下。

院系：编号、院系名、负责人等。

教师：工号、姓名、性别、所属院系、职称、年龄、出生年月、基本工资等。

学生：学号、姓名、性别、年龄、所属院系等。

课程：课程代号、课程名、课时数、课程类型、学分等。

假定学校学籍管理的具体规定如下。

1）学生入学时需要进行新生登记，登记后即可选课学习课程。

2）每门课程可以同时开设多个班，由多位教师进行讲授，每位教师也可上多门课。

3）每个学生最多可以选修 120 个学分（不考虑每学期的学分限制），每门课可以有多个学生选修，最少要有 15 人才能开课，但不能超过 50 人，以保证教学质量。

4）学生选修每门课都会获得一个成绩，若成绩不及格则补考后还需要记录补考成绩。只有成绩及格了才能获得相应课程的学分。

6. 产品销售管理系统

企业生产多种产品，产品销售管理系统可模拟产品销售过程中的管理，管理对象包括产品、客户、发票等，可以实现产品销售，并能进行各种查询、统计等的处理，系统的基本情况具体如下。

系统管理的对象如下所述。

客户：每个客户将分配唯一客户号，需要登记客户姓名、地址、电话、信用状况（优 / 良 / 一般 / 差）、预付款（cpm）等信息。

产品：产品编码、产品名称、规格、单价、库存数量等。

客户购买产品要开具发票，每张发票由唯一的发票号、客户名称、购买日期、付款金额和若干购买产品细节所组成。

产品细节包括：序号、产品号、购买数量等。

企业的产品销售管理规定具体如下。

1）客户可多次购买任意产品，每次均可购买多种产品。

2）客户每次购买都要开具发票，一张发票只能开给一个客户。

3）一张发票可以包含多种产品，同类产品在一张发票上只能出现一次。

7. 企业用电管理系统

企业用电管理系统是供电部门对所辖区域的企业用电进行管理的系统，假设企业全部采用分时电表，分谷（低谷时段）、峰（高峰时段）时段分别计量。系统涉及的信息具体如下。

用电企业：用电企业编号、用电企业名、地址、电话、联系人等。

电费信息：谷价、峰价。

用电情况：用电企业编号、谷电量、峰电量、总电量、查表时间、电费等。

企业用电管理系统要求能够进行如下工作。

1）能够查询各个用电企业的月耗电量及电费，并统计企业年用电情况、电费开支情况。

2）能够统计查询各个用电企业的总的谷电量和峰电量。

3）能够统计该区域的峰谷电量比例及电费情况。

8. 车辆租赁管理系统

现如今的生活方式下，人们经常需要租赁车辆，比如婚庆、自驾游等，车辆租赁公司也由此应运而生，车辆租赁管理系统就是借助计算机对车辆租赁情况进行全面的管理。

系统的主要管理对象具体如下。

车辆信息：包括车辆类型、车辆名称、购买时间、车辆状况、租金标准等。

客户信息：身份证号、姓名、年龄、地址、电话等。

司机信息：身份证号、姓名、年龄、地址、电话、驾驶证号等。

系统的基本功能和规定具体如下。

1）可随时查询车辆信息、客户信息、车辆租赁信息。

2）可进行客户租赁车辆的处理，每个客户可以租赁多辆车，每辆车都需要安排一位司机，租车时要说明租期并预付押金。每辆车在不同的时间可以租赁给不同的客户。

3）租赁模式：有日租、包月等类型。

4）系统应该可以随时进行当天租金统计和一定时间段内的租金统计，以及进行车辆租赁情况统计分析。

9. 人力资源管理系统

人力资源管理系统可实现对企业人力资源的科学管理。企业有若干个部门，每个部门均有一名经理和多名员工，公司可设置多级岗位，对应的薪酬标准也不同，员工日常工作需要进行考勤，岗位变动需要进行登记，系统管理的对象具体如下。

部门信息：部门号、部门名、经理。

员工信息：工号、姓名、出生日期、年龄、政治面貌、健康状况、职称、所在部门、月薪、年薪等。

岗位信息：岗位号、岗位名、级别、薪酬标准等。

考勤信息：工号、日期、加班／迟到／请假／旷工、时长等。

人力资源管理系统需要实现如下功能。

1）人事变动：新进员工登记、员工离职登记、人事变更记录。

2）考勤信息查询、统计，进行考核、奖惩。

3）能够进行基本的薪酬管理，具有各种查询、统计功能等。

10. 酒店客房管理系统

酒店需要一个客房信息管理系统以对旅客的住宿情况进行管理。

系统需要维护所有客房的详细信息，登记入住旅客的信息，并实现各种相关的查询和统计功能。

系统涉及的数据和要实现的功能具体如下。

客房：房号、面积、类型（单人间、标准间、高级标间、三人间、豪华套房）、租金等。

旅客：身份证号、姓名、性别、年龄、电话等。

每间客房可以按类型入住多位旅客，每位旅客的信息都要进行登记；旅客可以多次入住酒店的不同客房，每次入住时都需要预付定金、登记入住时间、房号，在离开时登记退房时间，并进行结账。

系统应提供丰富灵活的查询和统计功能。

11. 毕业设计管理子系统

学校有若干个系，每个系有若干专业，需要通过一个毕业设计管理子系统对毕业设计的情况进行管理。系统的主要功能具体如下。

登记毕业设计课题，包括：编号、题目、类型、指导老师等。

老师信息包括：工号、姓名、性别、职称、所在系、电话等。

学生选题：每位学生可以选择一个题目进行登记，完成之后指导老师会给学生评定成绩（优秀、良好、中等、及格、不及格）。

毕业设计的管理规定是：每位老师可以申报多个不同的题目，指导多名学生，每个学生只能有一位指导老师；每个学生参加一个课题，每个课题由一个学生负责完成；不同老师的课题可以相同。

12. 车辆销售管理系统

现如今的生活方式下，汽车已经成了人们代步的主要交通工具，汽车销售公司（4S 店）也由此应运而生，车辆销售管理系统就是为汽车销售公司而设计的，借助计算机对车辆销售情况进行全面的管理。

系统的主要管理对象具体如下。

车辆信息：包括车辆系列名（如大众辉腾、迈腾、速腾等）、车辆类型（家用、商用、MPV、SUV 等）、车架号（唯一）、发动机号（唯一）、排量、颜色、出厂时间、统一定价等。

客户信息：身份证号、姓名、年龄、地址、电话等。

员工信息：工号、姓名、性别、年龄、电话等。

系统的基本功能和规定具体如下。

1）可以随时查询和维护车辆信息、客户信息、员工信息、车辆销售信息。

2）进行客户购置车辆的处理，每个客户可以购置多辆车，每辆车只能卖给一位客户；每位员工可以销售多辆汽车，每辆汽车则只能由一位员工负责销售。

3）汽车销售成交时登记具体的成交明细（购置时间、成交价格等）信息。

4）系统可以随时进行车辆销售情况的统计和分析。

主要参考文献

[1]　王珊，萨师煊. 数据库系统概论 [M]. 5 版. 北京：高等教育出版社，2014.

[2]　王珊，萨师煊. 数据库系统概论 [M]. 4 版. 北京：高等教育出版社，2006.

[3]　苗雪兰，等. 数据库系统原理及应用教程 [M]. 4 版. 北京：机械工业出版社，2014.

[4]　William R. Stanek. SQL Server 2008 管理员必备指南 [M]. 贾洪峰，译. 北京：清华大学出版社，2009.

[5]　崔群法. SQL Server 2008 从入门到精通 [M]. 北京：电子工业出版社，2009.

[6]　蒋海昌. Java Web 设计模式之道 [M]. 北京：清华大学出版社，2013.

[7]　李刚. 疯狂 Java 程序员的基本修养 [M]. 北京：电子工业出版社，2013.

[8]　Mike Hotek. SQL Server 2008 从入门到精通 [M]. 潘玉琪，译. 北京：清华大学出版社，2011.

[9]　胡剑锋，等. SQL Server 数据库管理标准教程 [M]. 北京：北京理工大学出版社，2007.

[10]　郑阿奇，等. SQL Server 2008 应用实践教程 [M]. 北京：电子工业出版社，2010.

[11]　刘斌. 精通 Java Web 整合开发 [M]. 北京：电子工业出版社，2011.

[12]　明日科技. Java 从入门到精通 [M]. 3 版. 北京：清华大学出版社，2012.

[13]　张永强. Java 程序设计教程 [M]. 北京：清华大学出版社，2010.

[14]　Abraham Silberschatz，等. 数据库系统概念 [M]. 杨冬青，等译. 北京：机械工业出版社，2008.

[15]　李兆锋，等. Java Web 项目开发案例精粹 [M]. 北京：电子工业出版社，2010.

[16]　杭志，等. 数据库应用系统开发教程与上机指导 [M]. 北京：清华大学出版社，2007.

[17]　申时凯. 数据库原理与技术（SQL Server 2005）[M]. 北京：清华大学出版社，2010.

[18]　吴骅，王学昌. 物理数据库设计：索引、视图和存储技术 [M]. 北京：清华大学出版社，2010.

[19]　C J Date. SQL 与关系数据库理论 [M]. 周成兴，等译. 北京：清华大学出版社，2010.

[20]　何玉洁，等. 数据库原理与应用教程 [M]. 3 版. 北京：机械工业出版社，2010.

[21]　董明. SQL Server 2005 高级程序设计 [M]. 北京：人民邮电出版社，2008.

[22]　钱雪忠，等. 数据库原理及技术课程设计 [M]. 北京：清华大学出版社，2009.

[23]　曹新谱，等. 数据库原理与应用（SQL Server）[M]. 北京：冶金工业出版社，2010.

[24]　Jakob Nielson，Hoa Loranger. 网站优化：通过提高 Web 可用性构建用户满意的网站 [M]. 张亮，译. 北京：电子工业出版社，2009.

[25]　Michael Blaha，James Rumbaugh. UML 面向对象建模与设计 [M]. 车皓阳，杨眉，译. 2 版. 北京：人民邮电出版社，2006.

[26]　Kalen Delaney. Microsoft SQL Server 2005 技术内幕：存储引擎 [M]. 聂伟，等译. 北京：

电子工业出版社，2007.

[27] Marco Bellinaso. ASP.NET 2.0 网站开发全程解析 [M]. 杨剑，译. 2 版. 北京：清华大学出版社，2008.

[28] Ron Patton. 软件测试 [M]. 张小松，王钰，曹跃，等译. 北京：机械工业出版社，2005.

[29] 李超. CSS 网站布局实录：基于 Web 标准的网站设计指南 [M]. 2 版. 北京：科学出版社，2007.

[30] 孙东梅. 网站建设与网页设计详解 [M]. 北京：电子工业出版社，2008.

[31] 王志英，蒋宗礼，等. 高等学校计算机科学与技术专业实践教学体系与规范 [M]. 北京：清华大学出版社，2008.

推荐阅读

数据库系统概念（原书第6版）

作者：Abraham Silberschatz 等　译者：杨冬青 等
中文版：ISBN：978-7-111-37529-6，99.00元
中文精编版：978-7-111-40085-1，59.00元

数据集成原理

作者：AnHai Doan 等　译者：孟小峰 等
ISBN：978-7-111-47166-0　定价：85.00元

数据库系统：数据库与数据仓库导论

作者：内纳德·尤基克 等　译者：李川 等
ISBN：978-7-111-48698-5　定价：79.00元

分布式数据库系统：大数据时代新型数据库技术 第2版

作者：于戈 申德荣 等
ISBN：978-7-111-51831-0　定价：55.00元

推荐阅读

机器学习与R语言实战

作者：丘祐玮（Yu-Wei Chiu） 译者：潘怡 等
ISBN：978-7-111-53595-9 定价：69.00元

机器学习与R语言

作者：Brett Lantz 译者：李洪成 等
ISBN：978-7-111-49157-6 定价：69.00元

机器学习导论（原书第3版）

作者：埃塞姆·阿培丁 译者：范明
ISBN：978-7-111-52194-5 定价：79.00元

机器学习：实用案例解析

作者：Drew Conway 等 译者：陈开江 等
ISBN：978-7-111-41731-6 定价：69.00元

推荐阅读

程序设计导论：Python语言实践（英文版）

作者：[美] 罗伯特·塞奇威克 等 定价：139.00
中文版：978-7-111-54924-6 定价：79.00英文版：978-7-111-52401-4

Java语言程序设计（第10版）

作者：[美] 梁勇 中文版书号：978-7-111-50690-4 定价：85.00
英文版书号：978-7-111-57169-8 定价：99.00

Java语言程序设计（第10版）

作者：[美] 梁勇 中文版书号：978-7-111-54856-0 定价：89.00
英文版书号：978-7-111-57168-1 定价：99.00

C++程序设计：基础、编程抽象与算法策略

作者：[美] 埃里克 S. 罗伯茨 中文版书号：978-7-111-54696-2 定价：129.00
英文版书号：978-7-111-56149-1 定价：139.00